葉層のトポロジー

葉層のトポロジー

田 村 一 郎 著

数学選書

岩 波 書 店

序

トーラス上の特異点のないベクトル場において，軌道はトーラスにストライプ模様を与え，トーラスを軌道(複数)の和に分解する(図1.10)．葉層構造(Foliation)とはこのように多様体を葉とよばれる弧状連結な部分集合の和に分解することによって得られる‘模様’で，葉(複数)が局所的にはEuclid空間を幾重にも層をなして積み重ねた形になっているものである(図4.2,図4.4)．上述のトーラスの例では一つの軌道が一つの葉である．葉はそれ自身多様体であって，もとの多様体の次元と葉の次元との差をその葉層構造の余次元という．

一つの多様体の(与えられた余次元の)葉層構造はしたがって局所的にはすべて同じ構造であるが，大域的にはその‘模様’はさまざまに変化している．‘コンパクトな葉が存在するか’，‘稠密な葉が存在するか’或いはまた‘すべての葉が同相であるか’といった葉層構造の大域的な性質を位相的視点から論ずるのが‘葉層のトポロジー(Topology of Foliations)’である．

葉層構造のように多様体上でその局所的性質によって定義される構造はその他にも微分可能構造，組合せ的構造，複素構造などがあり，それら多様体上の構造の大域的な研究は現代における幾何学の主要な課題となっている．本書では，専門家以外にも数学に関心を持つ多くの人々に現代の幾何学を広く紹介することを目的として，多様体上の一つの構造としての葉層構造について，その発端から現在に至る約40年間の発展の中からほぼ歴史的順序にしたがって幾つかの主要な仕事を取り上げ，それらを出来るだけ分かり易く解説した．出て来る概念にはすべて説明を与え，必要に応じて注をつけることによって大学初年級程度の知識で読みこなせるように留意した．

葉層構造は初め積分可能な連立全微分方程式の解によって与えられるものとして意識されるようになったが，そこでの取り扱いは単に小域的なものに止まった．葉層構造論として独立したのは後述のReebの本以後であるが，それに先立つものとしてトーラス上の軌道の研究がある．

1880年代に発表された論文‘微分方程式によって定義される曲線について’の中でのPoincaréの位相的思考は，Denjoyの1932年の論文でのトーラス上の軌道の位相的研究において精密化され，さらに1945年のSiegelによる拡張と続いたが，トーラスといった限られた所での問題でありながら，その鮮明な結果と位相幾何学的方法の効果的な適用という典型的なパターンによって，これらの研究は内容的に葉層のトポロジーの発端と見做せるものである．第1章ではこのPoincaré–Denjoy–Siegelの定理を図を多く使って特に丁寧に説明している．ここでのトーラス上での接ベクトル，接平面等は第2章以後の多様体上でのそれらの概念についての心理的な準備に役立つのではないかと思う．

第2章ではC^r多様体の基礎概念を述べた．あとで必要な範囲に限ってほんの入口のところだけをまとめたものであるが，ここと第7章での微分形式の部分とを合せれば簡単な‘多様体入門’と見做せよう．§28でのFrobeniusの定理はそれが本質的に葉層構造と関連するものであるという立場から述べてある．

或る葉層構造におけるコンパクトな葉を局所的な構造の変化によって破壊し，コンパクトな葉を持たない葉層構造にする方法がある(§23)．これに使われるWilsonの力学系(1966年)，Schweitzerの力学系(1972年)を第5章で述べた．

葉層構造をそれ迄の解析学的な雰囲気の中から取り戻して，初めて幾何学の対象として明確な定義を与えたのは1952年に出版されたReebの本‘葉層構造を持つ多様体の位相的性質’である．第5章ではこの本の主な結果である局所安定性定理，大域安定性定理を証明した．その当時，Reebの先生であったEhresmann等によって導入されたC^rバンドルの概念と葉層構造との対比がこれら二つの定理の発想になっている．

第6章では1964年にNovikovによって証明された3次元球面の余次元1の葉層構造におけるコンパクトな葉の存在について述べた．これは1970年にNovikovがFields賞を授与されたとき，彼の微分位相幾何学，代数的位相幾何学の業績と並んで授賞理由にあげられた仕事である．

1971年に発見されたGodbillon–Vey特性類は現在幾何学全般に大きな影響を与えつつある特異特性類の第1号である．第8章ではその定義と3次元葉層コボルディズム群が連続無限濃度の元を持つことを示すThurstonによる計算(1972年)を紹介した．この章では第7章の諸定理が繰り返し使われる．

第1章でのトーラス，§14のS^3の余次元2の葉層構造についてのSeifert予想，§25のNovikovの定理などといい，第8章での上記の結果といい，葉層構造では低次元の多様体において既に興味ある事実が得られるところにその一つの特色がある．本書では図によって説明できるように，特に低次元多様体での結果を選んで取り上げた．

各章は相互に関連はあるがそれぞれ独立な主題を扱っている．参照してある定理を番号にしたがって頁をめくり返して見る手数をいとわなければ，少しなれた読者はどの章からでも自由に読み始めることが出来よう．

さらに葉層構造について学びたい人のために，本書に述べることの出来なかった結果に関する論文も含めた葉層構造論文献を巻末につけた．葉層構造論の論文は最近ではその急激な発展にともなって数多く出ているが，それ迄はReeb以後から数えてもその数はそれ程多くない．したがって，この文献は完全を期したものではないが，そのほとんどを含んでいると思う．

最後に，多くの有益な注意をいただいたり文献を作成していただいたりした水谷忠良，一楽重雄，森田茂之，西森敏之，土屋信雄，稲葉尚志の諸君と，出版についていろいろお世話になった岩波書店の荒井秀男氏に感謝の意を表したい．

昭和51年2月　　田村一郎

目　　次

第1章　トーラス上の特異点のない力学系

§1 ‘微分方程式によって定義される曲線について’

1881年から1886年にかけて‘微分方程式によって定義される曲線について’という同一の題名で発表された四つの論文において，Poincaréは微分方程式の解として定義される曲線を幾何学的に追跡することによる，微分方程式の新しい研究を実行している(あとがきI参照)．彼はこの論文の冒頭で次のように述べている．

‘微分方程式によって定義される関数の完全な理論は純粋数学や力学の多くの問題に対して極めて有用である．不幸にして，よく知られているように大抵の場合には，その方程式を既に知られた関数たとえば求積法によって定義される関数を用いて積分することは出来ない．したがって，定積分あるいは不定積分によって研究出来る場合に話を限ってしまえば，研究の範囲は非常にせばめられて，応用上現われる大多数の問題は解決出来ないまま終るであろう．

それ故，微分方程式によって定義される関数を，より簡単な関数に帰着させることでなく，それ自身として研究することが必要である．’

ここでPoincaréは微分方程式の解としてえられる関数の定性的研究を提唱するのである．

‘関数の完全な研究は二つの部分から成り立つ．それは

(1) 定性的部分，すなわちその関数によって定まる曲線の幾何学的研究

(2) 定量的部分，すなわち関数値の計算

である．たとえば，Sturmの定理により代数方程式をしらべるとき，はじめに実根の数を確かめるがこれが定性的部分である．次いでこれらの根の数値が計算されるがこれが方程式の定量的研究である．同じように，代数曲線をしらべ

るには，閉曲線をなす分枝や無限に延びる分枝がどんな状態になっているかなど，その曲線を追跡することから始める．このような曲線の定性的研究のあとで，曲線上の点を正確に決定することが出来るのである．

すべての関数の理論は当然定性的部分から始められるべきであり，したがって最初に問題となるのは

‘微分方程式により定義された曲線を追跡せよ’

ということである.’

さらに，定性的研究が関数の数値計算に有効であることを注意したあと，Poincaré は次のように彼の構想を語っている．

‘この定性的研究はそれ自身極めて興味あるものである．実際，解析学や力学における種々の非常に重要な問題がこれに帰着される．三体問題を例にとろう．天体の一つが常に天空の有限の領域にとどまっているか，それとも無限に遠ざかって行くかということ，さらにまた，二つの天体の間の距離が限りなく増大または減少するか，それともそれが或る限界内にとどまっているかということをわれわれは定性的研究の対象とすることが出来るだろう．三つの天体の軌道を定性的に追跡することで完全に解決できるこの種の問題はその他いくらでも存在するのではないだろうか．……幾何学者の前に広大な分野が開けている.’

Poincaré の定性的研究とは今日の言葉でいえば位相的研究のことで，微分方程式によって定義される曲線を数値的にしらべるのでなく，曲線の位相的性質に注目してトポロジーの立場からその特性をとらえようというのである．この彼の構想はその後発展して‘力学系の理論’として結実した(あとがきⅠ参照)．

上述の四つの論文のうち三番目の論文の最後の章において，彼はトーラス上で微分方程式により定義される曲線について論じている．あとで述べるようにトーラス上には特異点をもたない微分方程式系(力学系)が存在し，その解としてえられる曲線はトーラス上に葉層構造を定める．この意味でこの部分は‘葉層のトポロジー’の出発点となった．以下この章ではトーラス上の力学系に関する Poincaré とそれに続く Denjoy および Siegel の結果を述べることにする．

§2　平面上のベクトル場とその軌道曲線

直線上に座標(すなわち原点 O と正の向きおよび単位)を定めれば，直線上の点はすべて実数によって表わされる．

同様に，平面上に x 座標軸と y 座標軸からなる直交座標系をとることによって，平面上の点 P は二つの実数 x, y の対 (x, y) を座標とする点として表わされるし，逆に任意の二つの実数 x, y の対 (x, y) はそれを座標とする平面上の点を定める．(x, y) を座標とする点 P を $P(x, y)$ と書く．

実数全体の集合を $\boldsymbol{R}$ と書くことにしよう．平面上に直交座標系をきめておけば，平面は集合の記法によって

$$\{P(x, y);\ x, y \in \boldsymbol{R}\}$$

と書くことができる．一般に，a が或る性質 C をもつことを $C(a)$ と書くことにすれば，$\{a; C(a)\}$ は $C(a)$ であるようなすべての a の集合を表わす．

平面上に二点 $P(x, y)$ および $P'(x', y')$ が与えられたとき，P と P' の間の**距離** $\rho(P, P')$ はよく知られているように

$$\rho(P, P') = \sqrt{(x-x')^2+(y-y')^2}$$

で与えられる．$P, P', P''(x'', y'')$ を平面上の点とするとき，距離 ρ が‘**距離の公理**’

(i)　$\rho(P, P') \geqq 0$ であって，$P=P'$ のとき且つそのときに限り $\rho(P, P')=0$,

(ii)　$\rho(P, P') = \rho(P', P)$,

(iii)　$\rho(P, P') \leqq \rho(P, P'')+\rho(P'', P')$　　(三角不等式)

を満たしていることもよく知られている．

P を平面上の点とする．正の実数 ε に対して，P との間の距離が ε より小さい点全体の集合を $U_\varepsilon(P)$ と書き，P の **ε 近傍**という．すなわち

$$U_\varepsilon(P) = \{P';\ \rho(P, P') < \varepsilon\}$$

である．

ε 近傍は次のように平面の位相を定める．A を平面上の点の集合とする．A に属する点 P に対して

$$U_\varepsilon(P) \subset A$$

を満たす ε が存在するとき，P を A の**内点**という．平面上の点 P' について，

任意の $\varepsilon>0$ に対して

$$A \cap U_\varepsilon(P') \neq \phi \qquad (\phi \text{ は空集合})$$

がつねに成り立っているとき，P' を A の**触点**という．また，$U_\varepsilon(P') \cap A$ がつねに無限個の点を含むとき，P' を A の**集積点**という．たとえば，$A=\{P(x,0); x$ は有理数$\}$ とすれば，$P(\sqrt{2},0)$ は A の触点であり，また集積点である．しかしどの x に対しても，$P(x,0)$ は A の内点ではない．

A の内点全体の集合を $\mathrm{Int}\,A$ と書き，A の**内部**という．$A=\mathrm{Int}\,A$ であるとき，A を**開集合**という．A の触点全体の集合を $\bar{A}$ と書き，A の**閉包**という．$A=\bar{A}$ であるとき，A を**閉集合**という．

平面上の単位円 $\{(x,y); x^2+y^2=1\}$ を S^1 と書く．S^1 の部分集合 $\{(\cos\theta, \sin\theta); \theta$ は有理数$\}$ を A とすると，$\bar{A}=S^1$ である．

点 P の ε 近傍 $U_\varepsilon(P)$ は開集合である．なぜなら，$U_\varepsilon(P)$ の点 P' に対して，$\varepsilon'=\varepsilon-\rho(P,P')$ とすると

$$U_{\varepsilon'}(P') \subset U_\varepsilon(P)$$

が成り立つからである．

平面上の点列 $P_1, P_2, \cdots, P_n, \cdots$ に対して，

$$\lim_{n\to\infty} \rho(P_n, P_0) = 0$$

のような点 P_0 が存在するとき，

$$\lim_{n\to\infty} P_n = P_0$$

と書き，P_0 をこの点列の**極限点**という．

平面上の二つの点 P, Q は有向線分 $\overrightarrow{PQ}$ を定める．有向線分 $\overrightarrow{PQ}$ を**点 P におけるベクトル**という(図1.1)．ふつうベクトルは平行移動によって重ね合せることができる有向線分をすべて同一視したものとして定義される．したがって，

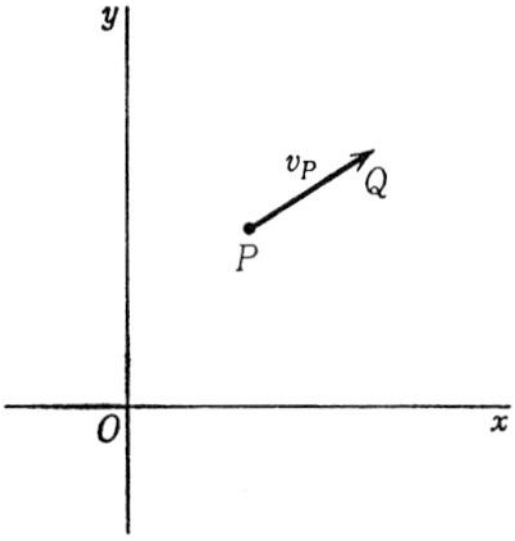

図1.1

有向線分 $\overrightarrow{PQ}$ によって代表されるふつうの意味のベクトルを v とすると，点 P におけるベクトルとは点 P と v との対 (P, v) のことである．この対 (P, v) を v_P と書くことにする(図 1.1)．v_P をふつうの意味のベクトル v と区別するために**束縛ベクトル**ということもある．

点 P におけるベクトル v_P は点 P と v の x 成分 ξ，y 成分 η によりきまる．ξ, η を v_P の **x 成分**，**y 成分**ということにする．とくに，$\xi=\eta=0$ であるとき，v_P を点 P における**零ベクトル**という．

A を平面上の点の或る集合とする．A の各点 P に対して，P におけるベクトル v_P が指定されているとき，そのようなベクトル全体の集合 $\{v_P; P\in A\}$ を A で定義された**ベクトル場**あるいは A 上の**ベクトル場**といい，$X(A)$ または単に X と書く．点 $P(x, y)$ におけるベクトル v_P の x 成分，y 成分をそれぞれ $\xi(x, y), \eta(x, y)$ とすると，$\xi(x, y), \eta(x, y)$ は $P(x, y)\in A$ のような x, y に対して定義された関数である．A 上のベクトル場はこの関数 $\xi(x, y), \eta(x, y)$ により決定される(図 1.2)．

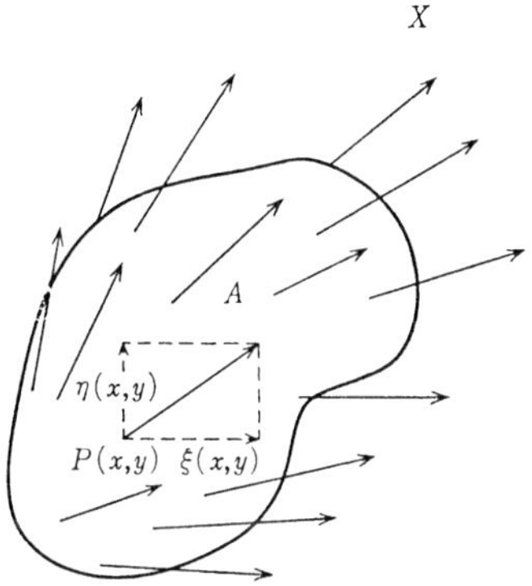

図 1.2

A 上のベクトル場 $X=\{v_P; P\in A\}$ について，どの v_P もすべて零ベクトルでないとき，X を**特異点のないベクトル場**という．

X を A 上のベクトル場とし P を A の内点とする．上述の関数 $\xi(x, y), \eta(x, y)$ が P で **C^r である**とき，すなわち $\xi(x, y), \eta(x, y)$ がともに P において第 r 階までの偏導関数を持ちそれらが連続であるとき，X は P において **C^r である**という．A が開集合であって，A の各点で X が C^r であるとき，X を **C^r ベクトル場**という．ここで，$r=0, 1, 2, \cdots, \infty$ であって，C^0 ベクトル場とは $\xi(x, y)$,

$\eta(x,y)$ がともに連続であることであり，C^∞ ベクトル場とは $\xi(x,y), \eta(x,y)$ がともに何回でも偏微分可能ということである．

α, β を $\alpha<\beta$ のような実数とし，φ を開区間

$$]\alpha, \beta[= \{t \in \boldsymbol{R}; \alpha<t<\beta\}$$

から平面への写像とする．$\alpha<t<\beta$ に対して，平面上の点 $\varphi(t)$ の座標を $(\varphi_1(t), \varphi_2(t))$ と書くことにすると，$\varphi_1(t), \varphi_2(t)$ は $]\alpha, \beta[$ で定義された実数値関数である．$\varphi_1(t), \varphi_2(t)$ が連続関数であるとき，φ を開区間 $]\alpha, \beta[$ で定義された**連続曲線**という．また，$\varphi_1(t), \varphi_2(t)$ が C^r であるとき，φ を開区間 $]\alpha, \beta[$ で定義された $\boldsymbol{C^r}$ **曲線**という．区間 $[\alpha, \beta], [\alpha, \beta[= \{t \in \boldsymbol{R}; \alpha \leqq t<\beta\}$，$]\alpha, \beta]$，$]\alpha, \infty[$，$]-\infty, \beta[$，$]-\infty, \beta]$ で定義された連続あるいは C^r 曲線についても同様に定義する．

φ を開区間 $]\alpha, \beta[$ で定義された C^r 曲線で，$r \geqq 1$ であるとする．$\alpha<t<\beta$ に対して，点 $\varphi(t)$ におけるベクトルでその x 成分，y 成分がそれぞれ $\varphi_1'(t), \varphi_2'(t)$ (t に関する導関数)のものを C^r 曲線 φ の $\varphi(t)$ における**接ベクトル**という(図1.3)．

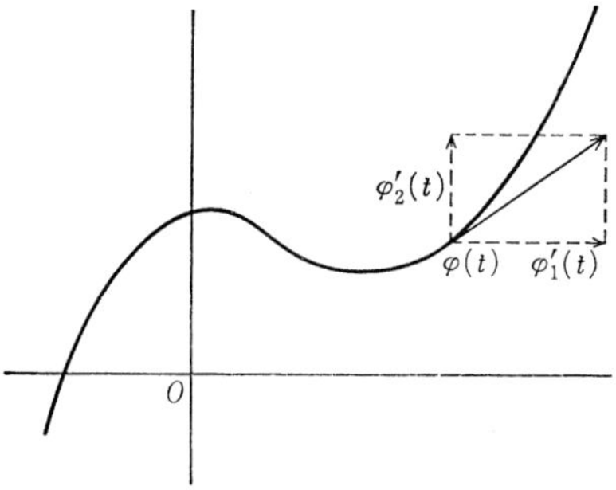

図**1.3**

A を平面上の開集合とし，$X = \{v_P; P \in A\}$ を A 上の C^r ベクトル場とする．この X に関して，開区間 $]\alpha, \beta[$ で定義された C^{r+1} 曲線 φ が，$\alpha<t<\beta$ に対して

(i)　$\varphi(t) \in A$,

(ii)　$\varphi(t)$ における φ の接ベクトルは X に属するベクトル $v_{\varphi(t)}$ に等しい

という二つの条件をつねに満たしているとき，φ をベクトル場 X の**軌道曲線**あるいは**積分曲線**という(図1.4)．区間 $[\alpha, \beta], [\alpha, \infty[$ 等で定義された軌道曲線についても全く同様に定義する．

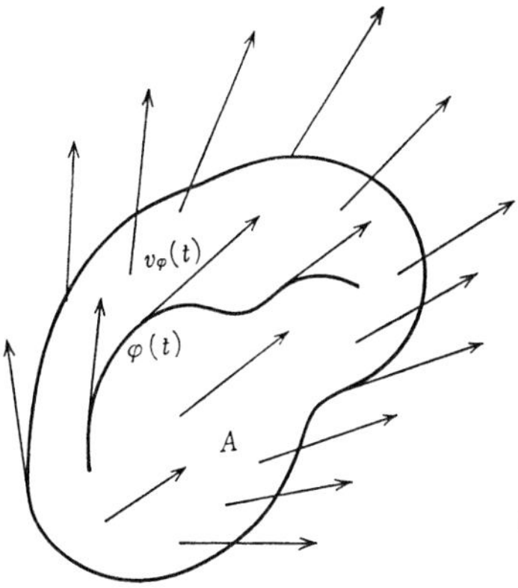

図 1.4

点 $P(x,y)$ における $v_P \in X$ の x 成分，y 成分を $\xi(x,y), \eta(x,y)$ とすると，φ が X の軌道曲線であるためには，二つの関数 $\varphi_1(t), \varphi_2(t)$ が連立常微分方程式

$$(*) \qquad \frac{d\varphi_1}{dt}(t) = \xi(\varphi_1(t), \varphi_2(t)), \qquad \frac{d\varphi_2}{dt}(t) = \eta(\varphi_1(t), \varphi_2(t))$$

を満たすことが必要十分である．

いま，X が平面全体で定義された C^r ベクトル場で，$r \geqq 1$ であるとする．このとき，常微分方程式の解の存在と一意性の定理によって，点 $P_0(x_0, y_0)$ と実数 t_0 に対して，t_0 を含む或る開区間 $]t_0-\tau, t_0+\tau[$ で定義された C^{r+1} 関数 $\varphi_1(t)$, $\varphi_2(t)$ で次の二つの条件

(i)　$t_0-\tau<t<t_0+\tau$ に対して，連立常微分方程式(*)が成り立つ，

(ii)　$\varphi_1(t_0) = x_0, \quad \varphi_2(t_0) = y_0$

を満たすものが一意的に存在することが知られている(あとがき I，注 1 参照)．したがって，X に対して開区間 $]t_0-\tau, t_0+\tau[$ で定義された軌道曲線 φ で，$\varphi(t_0) = P_0$ であるものが一意的に存在する．ここで，P_0 の ε 近傍 $U_\varepsilon(P_0)$ において

$$|\xi(x,y)| < M_0, \qquad |\eta(x,y)| < M_0 \qquad (M_0 \text{ は或る正数})$$

であるときには，τ として $\varepsilon/2M_0$ をえらべる．

次に，$]t_0-\tau, t_0+\tau[$ に属する点 t_1 を $t_0+\tau$ に十分近くとるとき，$\varphi(t_1)$ の ε' 近傍 $U_{\varepsilon'}(\varphi(t_1))$ において，$|\xi(x,y)|<M_1$, $|\eta(x,y)|<M_1$ (M_1 は或る正数)となっていれば，$\tau'=\varepsilon'/2M_1$ として，前述のように開区間 $]t_1-\tau', t_1+\tau'[$ で定義された X の軌道曲線 $\bar{\varphi}$ で，$\bar{\varphi}(t_1)=\varphi(t_1)$ となるものが一意的に存在する．$t_0+\tau<t_1+\tau'$

であれば，一意性によって開区間 $]t_1, t_0+\tau[$ では φ と $\bar{\varphi}$ とは一致する．したがって，$t_1<t<t_1+\tau'$ に対して $\varphi(t)=\bar{\varphi}(t)$ と定義することによって，$]t_0-\tau, t_1+\tau'[$ で定義された軌道曲線 φ で，$\varphi(t_0)=P_0$ を満たすものがえられる．

適当な条件，たとえばすべての x, y について $|\xi(x,y)|<M$, $|\eta(x,y)|<M$ (M は或る正数)が満たされているときには，上述の操作を t の正の方向および負の方向につづけて軌道曲線を延長することにより，区間 $]-\infty, \infty[$ で定義された軌道曲線 φ で，$\varphi(t_0)=P_0$ を満たすものが一意的に存在することがいえる．

とくに $t_0=0$ とするとき，この $\varphi(0)=P_0$ である軌道曲線を**点 P_0 を始点とする X の軌道曲線**といい，t を媒介変数としてこれを

$$\varphi(t, P_0)$$

と書く．

$P(x,y)$ を始点とする X の軌道曲線 $\varphi(t, P(x,y))$ は t および x, y の関数である．すでに述べたように $\varphi(t, P(x,y))$ は t に関して C^{r+1} であるが，x, y に関して C^r であることがやはり常微分方程式の解の初期値についての微分可能性の定理として知られている．

§3　トーラス上のベクトル場とその軌道曲線

平面上の二点 $P(x,y), P'(x',y')$ について，その座標の間に $x-x', y-y'$ がともに整数であるという条件が満たされているとき，関係 $P\sim P'$ が成り立つと定める．この関係 $\sim$ は明らかに同値関係の三つの条件

(i)　$P\sim P$,

(ii)　$P\sim P'$　ならば　$P'\sim P$,

(iii)　$P\sim P', P'\sim P''$　ならば　$P\sim P''$

を満たしている．

P と関係 $\sim$ にある平面上の点すべてからなる集合 $\{Q; Q\sim P\}$ を P の定める**同値類**といい $[P]$ と書く．P を同値類の**代表元**という．$[P(x,y)]$ は平面上の点で座標が $(x+m, y+n)$ の点の集合である．ただし $m, n=0, \pm1, \pm2, \cdots$.

平面上の点は関係 $\sim$ による同値類に類別される．この同値類を元とする集合，すなわち同値関係 $\sim$ による商集合を**トーラス**といい，T と書く．言いかえれば，

トーラス T は平面から関係～にある点を同一視することによってえられる．同値類 $[P], [P']$ 等を p, p' 等と書き，トーラス T の点という．

平面上で四つの点 $A(0,1), B(0,0), C(1,0), D(1,1)$ が定める正方形 $ABCD$ を考えよう．任意の点 $P(x,y)$ に対して整数 m, n を適当にえらんで，$0 \leqq x-m \leqq 1$, $0 \leqq y-n \leqq 1$ とすると，正方形 $ABCD$ に属する点 $Q(x-m, y-n)$ について

$$P(x,y) \sim Q(x-m, y-n)$$

が成り立つ．また，正方形 $ABCD$ に属する二つの点 P', P'' について $P' \sim P''$ が成り立つのは，$P'=P''$ の場合を除けば，P', P'' がともに正方形 $ABCD$ の辺上にあって，$P'(x,0) \sim P''(x,1)$, $P'(0,y) \sim P''(1,y)$ 等の場合である．したがって，トーラス T は辺 AB と辺 DC，辺 AD と辺 BC を関係～による同一視にしたがって貼り合せることによってえられる(図1.5)．或いはまた，図1.5(ii)に示すように円筒の両端の円周を同一視することによってえられると考えてもよい．

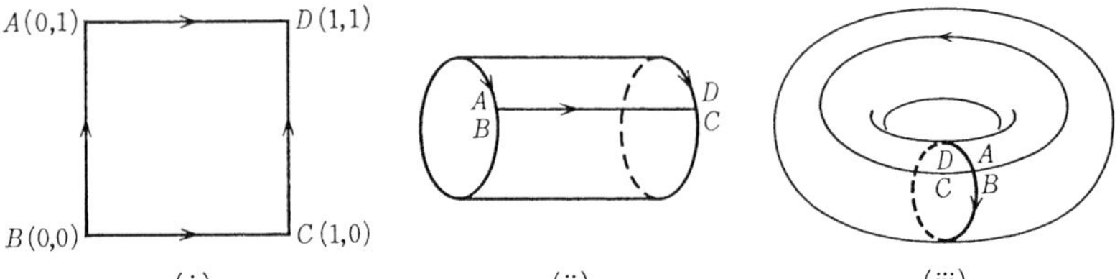

図**1.5**

トーラス T に次のようにして距離を定義することができる．$p=[P], p'=[P']$ を T の二つの点とし，$Q \in [P], Q' \in [P']$ とする．平面上の二点 Q, Q' の間の距離 $\rho(Q,Q')$ を考え，Q, Q' を $Q \in [P], Q' \in [P']$ の条件のもとで，$\rho(Q,Q')$ が最小になるようにとったときの $\rho(Q,Q')$ の値を $\rho(p,p')$ と書き，p と p' との間の距離という．すなわち

$$\rho(p,p') = \operatorname*{Min}_{Q \in [P]=p,\ Q' \in [P']=p'} \rho(Q,Q')$$

である．次の補助定理が示すように，T は距離 ρ に関して距離空間となる．

補助定理 1.1　トーラス T の点 p, p', p'' に対して ρ は‘距離の公理’

(i)　$\rho(p,p') \geqq 0$ であって，$p=p'$ のとき且つそのときに限り $\rho(p,p')=0$,

(ii)　$\rho(p,p') = \rho(p',p)$,

(iii)　$\rho(p,p') \leqq \rho(p,p'')+\rho(p'',p')$

を満たしている.

証明　(i), (ii)が成り立つのは明らかであろう. 定義から $Q\in[P]=p$, $Q''\in[P'']=p''$ および $Q'''\in[P'']=p''$, $Q'\in[P']=p'$ で

$$\rho(p,p'') = \rho(Q,Q''), \qquad \rho(p'',p') = \rho(Q''',Q')$$

となるものが存在する. いま, Q', Q'', Q''' が $Q'(x',y')$, $Q''(x'',y'')$, $Q'''(x''',y''')$であるとすると, $x''-x'''$ および $y''-y'''$ はともに整数だから,

$$Q'(x',y') \sim \bar{Q}'(x'+x''-x''', y'+y''-y''')$$

である. したがって

$$\begin{aligned}\rho(p,p') &\leqq \rho(Q,\bar{Q}') \leqq \rho(Q,Q'')+\rho(Q'',\bar{Q}')\\ &= \rho(Q,Q'')+\rho(Q''',Q') = \rho(p,p'')+\rho(p'',p')\end{aligned}$$

となって, (iii)が証明された. ▌

pをトーラスTの点とする. 正数εに対してpの**ε近傍**$U_\varepsilon(p)$を

$$U_\varepsilon(p) = \{p'\in T\,;\,\rho(p',p)<\varepsilon\}$$

と定義する. $p=[P(x,y)]$とするとき, 平面上に四つの点 $A'(x-(1/2), y+(1/2))$, $B'(x-(1/2), y-(1/2))$, $C'(x+(1/2), y-(1/2))$, $D'(x+(1/2), y+(1/2))$をと

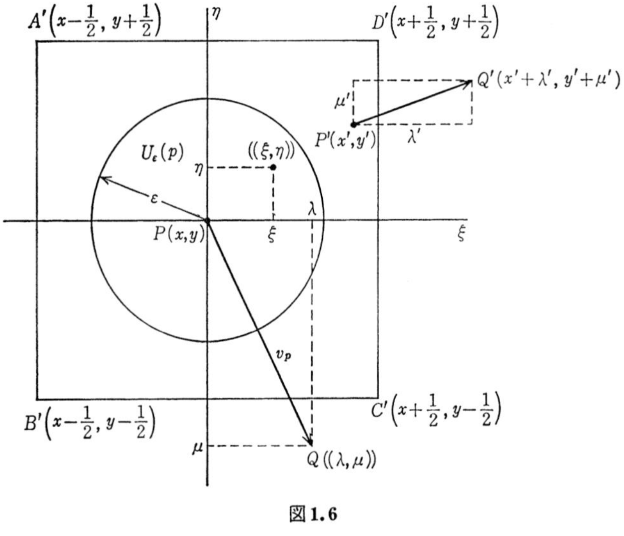

図1.6

り，正方形 $A'B'C'D'$ を考えれば，T はこの正方形から辺 $A'B'$ と辺 $D'C'$，辺 $A'D'$ と辺 $B'C'$ を同一視することによりえられるから，$0<\varepsilon<1/2$ と ε をとれば，$U_\varepsilon(p)$ は図1.6のように平面上に明確に書き表わされる．

$P(x,y)$ を原点として，ξ 座標軸，η 座標軸を図1.6のようにそれぞれ x 座標軸，y 座標軸に平行にとり，この新しい座標系に関する座標を《 , 》と書くことにすれば，$U_\varepsilon(p)\,(\varepsilon<1/2)$ の点はこの座標に関して《ξ,η》（ただし $\sqrt{\xi^2+\eta^2}<\varepsilon$）で表わされる（図1.6）．この座標系を $(P;\xi,\eta)$ と書き，$U_\varepsilon(p)$ の**局所座標系**（$\varepsilon<1/2$）ということにする．

ε 近傍 $U_\varepsilon(p)$ は平面の場合と同様に次のようにトーラス T に位相を定める．A を T の部分集合とする．A に属する点 p に対して

$$U_\varepsilon(p)\subset A$$

を満たす ε が存在するとき，p を A の**内点**という．T の点 p' が任意の $\varepsilon>0$ に対してつねに

$$U_\varepsilon(p')\cap A \neq \phi$$

であるとき，p' を A の**触点**という．また，$U_\varepsilon(p')\cap A$ がつねに無限個の点を含むとき，p' を A の**集積点**という．

A の内点全体の集合を $\mathrm{Int}\,A$ と書き，A の**内部**という．$A=\mathrm{Int}\,A$ であるとき A を**開集合**という．A の触点全体の集合を $\bar{A}$ と書き，A の**閉包**という．$A=\bar{A}$ であるとき A を**閉集合**という．また，$\bar{A}=T$ であるとき，集合 A は T において**稠密**であるという．たとえば，$A=\{[P(x,y)];\,x,y$ は有理数$\}$ は T で稠密である．

トーラス T の点列 $p_1,p_2,\cdots,p_n,\cdots$ に対して，

$$\lim_{n\to\infty}\rho(p_n,p_0)=0$$

のような点 p_0 が存在するとき，

$$\lim_{n\to\infty}p_n=p_0$$

と書き，p_0 をこの点列の**極限点**という．

p を T の一点とする．$0<\varepsilon<1/2$ のとき，$U_\varepsilon(p)$ に局所座標系 $(P;\xi,\eta)$ を上述のように導入したが，座標《ξ,η》が $U_\varepsilon(p)$ の点を表わすのは $\sqrt{\xi^2+\eta^2}<\varepsilon$ の場合だけであった．任意の二つの実数の対《ξ,η》に対しても，《ξ,η》を座標とする点

を幾何学的に実現できるように，$P(x,y)$を原点としξ座標軸，η座標軸を直交座標系とする平面を形式的に考え，$U_\varepsilon(p)$をこの平面の一部分であると見做すことにする．この平面を点pにおけるトーラスTの**接平面**という．

この接平面上の有向線分$\overrightarrow{P(x,y)Q(\!(\lambda,\mu)\!)}$を一般に$v_p$と書き，点$p$におけるトーラス$T$の**接ベクトル**という(図1.6)．ただし，$P(x,y)$は接平面の原点$(\!(0,0)\!)$であり，$Q(\!(\lambda,\mu)\!)$は接平面上で座標が$(\!(\lambda,\mu)\!)$の点である．$\lambda,\mu$を接ベクトル$v_p$の**$\xi$成分**，**$\eta$成分**ということにする．接ベクトル$v_p$は$p$と二つの実数の対$(\!(\lambda,\mu)\!)$によって定まる．$\lambda=0,\mu=0$のとき，$v_p$を**零ベクトル**という．

図1.6のように，正方形$A'B'C'D'$からトーラスTが構成されたと考えると，Tの点$p'=[P'(x',y')]$(ただしP'は正方形$A'B'C'D'$上の点)における接ベクトル$v_{p'}$でξ成分，η成分がそれぞれλ',μ'のものを平面上の有向線分$\overrightarrow{P'(x',y')Q'(x'+\lambda',y'+\mu')}$によって表わすことができる(図1.6)．

トーラスTの各点pに対して，pにおける接ベクトルv_pが指定されているとき，そのようなベクトル全体の集合$\{v_p;p\in T\}$をT上の**ベクトル場**といい，Xと書く．Xに関して$v_p\ (p\in T)$がすべて零ベクトルでないとき，Xを**特異点のないベクトル場**という．Xの各ベクトルを上述の方法で平面上の正方形$A'B'C'D'$の点における有向線分として表わすと，図1.7のように正方形$A'B'C'D'$で定義された§2の意味でのベクトル場$\hat{X}$がえられる．(たとえば四つの点

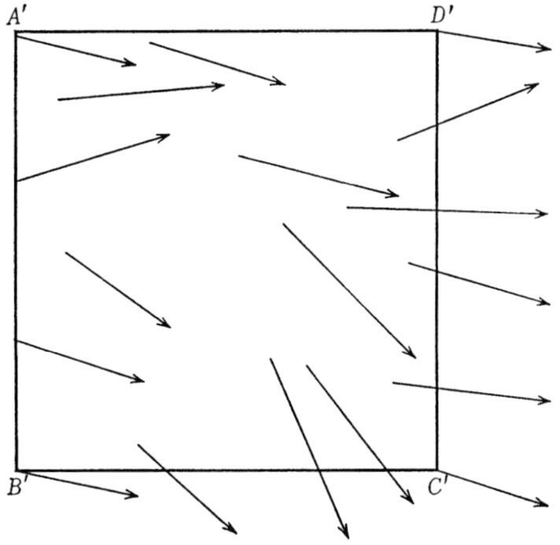

図1.7

A', B', C', D' における $\hat{X}$ のベクトルはすべて互いに平行移動で重ね合すことができることに注意.)

$\hat{X}$ が点 $P(x, y)$ で(§2の意味で)C^r であるとき，T 上のベクトル場 X は p で **C^r である**という．X が T の各点で C^r であるとき，X を T 上の **C^r ベクトル場**という．X を T 上の C^r ベクトル場とすると，定義から明らかなように $\hat{X}$ は $U_\varepsilon(P)$ において C^r である.

開区間 $]\alpha, \beta[$ からトーラス T への写像

$$\varphi\colon]\alpha, \beta[\to T$$

を考えよう．$\varphi(\bar{t})$ の任意に与えられた ε 近傍 $U_\varepsilon(\varphi(\bar{t}))$ に対して $(\alpha<\bar{t}<\beta)$,

$$\varphi(]\bar{t}-\delta, \bar{t}+\delta[) \subset U_\varepsilon(\varphi(\bar{t}))$$

が成り立つような $\delta>0$ がつねに存在するとき，φ は $\bar{t}$ において**連続**であるという．φ が開区間 $]\alpha, \beta[$ の各点で連続であるとき，φ を開区間 $]\alpha, \beta[$ で定義されたトーラス T の**連続曲線**という.

連続曲線 $\varphi\colon]\alpha, \beta[\to T$ は，$\bar{t}-\delta<t<\bar{t}+\delta$ に対して，$\varphi(t) \in U_\varepsilon(\varphi(\bar{t}))$ であるが，いま $\varepsilon<1/2$ として，$U_\varepsilon(\varphi(\bar{t}))$ の局所座標系による $\varphi(t)$ の座標を $(\!(\varphi_1(t), \varphi_2(t))\!)$ と書くことにすると，φ が連続曲線であることから，φ_1, φ_2 は開区間 $]\bar{t}-\delta, \bar{t}+\delta[$ で定義された連続関数である．ここで，関数 φ_1, φ_2 がともに $\bar{t}$ で C^r であるとき，連続曲線 φ は $\bar{t}$ において **C^r である**という．連続曲線 φ が開区間 $]\alpha, \beta[$ の各点で C^r であるとき，φ を開区間 $]\alpha, \beta[$ で定義されたトーラス T の **C^r 曲線**という.

φ を C^r 曲線とするとき，局所座標系の定義から直ちに分かるように，上述の関数 φ_1, φ_2 は開区間 $]\bar{t}-\delta, \bar{t}+\delta[$ でともに C^r である.

区間 $[\alpha, \beta]$，$]\alpha, \infty[$，$]-\infty, \infty[$ 等で定義されたトーラス T の連続曲線或いは C^r 曲線についても同様に定義する.

区間 $]-\infty, \infty[$ で定義された T の C^r 曲線

$$\varphi\colon]-\infty, \infty[\to T$$

に対して，或る0でない正数 u が存在して

$$\varphi(t+u) = \varphi(t) \qquad (-\infty<t<\infty)$$

となっているとき，この φ を T の **C^r 閉曲線**という．この場合，上述のような u のうち最小のものを $\bar{u}$ とすると，φ の像 $\varphi(]-\infty, \infty[)$ は

$$\varphi(\,]-\infty,\infty[\,)=\varphi([0,\bar{u}])$$

となって，φは$[0,\bar{u}]$の部分だけできまる．この意味で上述の閉曲線を，閉区間$[0,\bar{u}]$で定義されたTのC^r曲線$\varphi:[0,\bar{u}]\to T$で，$\varphi(0)=\varphi(\bar{u})$であり，$U_\varepsilon(\varphi(0))=U_\varepsilon(\varphi(\bar{u}))$の局所座標系で$\varphi$の$0\leqq t<\delta$および$\bar{u}-\delta<t\leqq\bar{u}$の部分を$\langle\!\langle\varphi_1(t),\varphi_2(t)\rangle\!\rangle$と表わしたとき，$t=0$における$\varphi_1,\varphi_2$の右からの微分と$t=\bar{u}$における$\varphi_1,\varphi_2$の左からの微分が$r$階まで一致するものとして定義してもよい．閉曲線$\varphi$の像$\varphi([0,\bar{u}])$は$T$の閉集合である．

上述のように，φを$[0,\bar{u}]$で定義されたTのC^r閉曲線とする．もしφが，$0\leqq t_1<t_2<\bar{u}$に対してつねに

$$\varphi(t_1)\neq\varphi(t_2)$$

であるとき，このφを**C^r単純閉曲線**という．また，φの像$L=\varphi([0,\bar{u}])$を同じく**C^r単純閉曲線**という．

φを開区間$]\alpha,\beta[$で定義されたトーラスTのC^r曲線で，$r\geqq 1$であるとする．$\alpha<\bar{t}<\beta$に対して，前述のようにφの$]\bar{t}-\delta,\bar{t}+\delta[$の部分を$U_\varepsilon(\varphi(\bar{t}))$の局所座標系で$\langle\!\langle\varphi_1(t),\varphi_2(t)\rangle\!\rangle$と表わしたとき，点$\varphi(\bar{t})$における$T$の接ベクトルで$\xi$成分，$\eta$成分がそれぞれ$\varphi_1'(\bar{t}),\varphi_2'(\bar{t})$のものを$\varphi(\bar{t})$における$\varphi$の**接ベクトル**といい，$\dfrac{d\varphi}{dt}(\bar{t})$と書く(図1.8)．

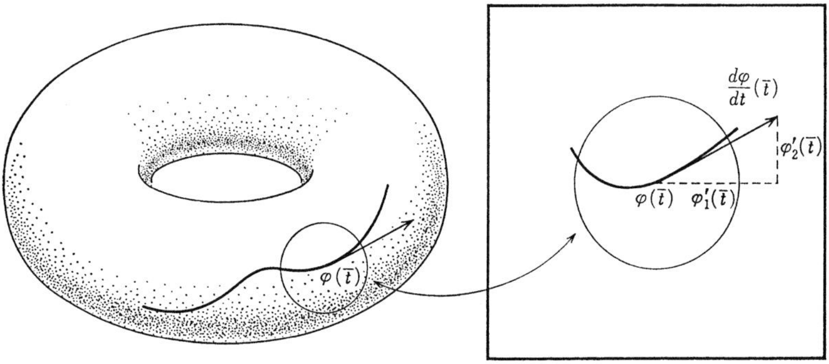

図1.8

$X=\{v_p;p\in T\}$をT上のC^rベクトル場とする．開区間$]\alpha,\beta[$で定義されたC^{r+1}曲線φがあって，$\alpha<t<\beta$に対して$\varphi(t)$におけるφの接ベクトル$\dfrac{d\varphi}{dt}(t)$がつねに$v_{\varphi(t)}\in X$に等しいとき，φをXの**軌道曲線**或いは**積分曲線**という(図

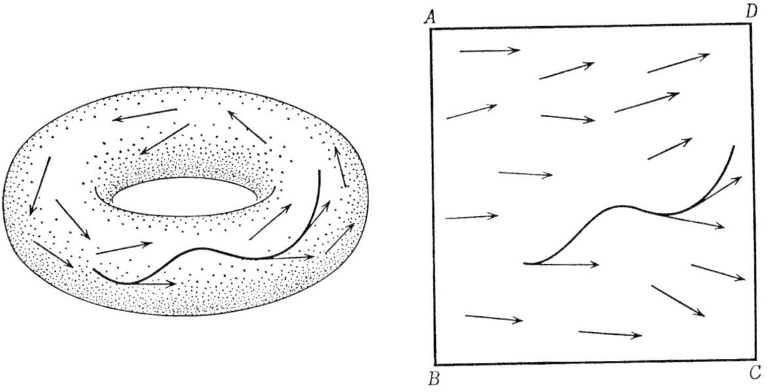

図 **1.9**

1.9).

いま，$U_\varepsilon(p)$ の局所座標系に関して $p'\in U_\varepsilon(p)$ の座標が (ξ,η) であるとき，$v_{p'}\in X$ の ξ 成分，η 成分を $\lambda(\xi,\eta)$, $\mu(\xi,\eta)$ と書くことにすると，φ が $U_\varepsilon(p)$ において X の軌道曲線であるためには，$\varphi(t)$ をこの局所座標系で $(\varphi_1(t),\varphi_2(t))$ と表わすとき，連立常微分方程式

$$\frac{d\varphi_1}{dt}(t)=\lambda(\varphi_1(t),\varphi_2(t)),\qquad \frac{d\varphi_2}{dt}(t)=\mu(\varphi_1(t),\varphi_2(t))$$

が満たされることが必要十分である．

したがって，$r\geqq 1$ とすると§2に述べたのと全く同様に，常微分方程式の解の存在と一意性の定理によって，或る開区間 $]-\tau,\tau[$ で定義された X の軌道曲線 φ で，$\varphi(0)=p$ を満たすものが一意的に存在する．

さらに，トーラス T 上の C^r ベクトル場 X に対しては，よく知られているように $|\lambda(\xi,\eta)|<M$, $|\mu(\xi,\eta)|<M$ を満たす正数 M がつねに存在するから(あとがき I，注2参照)，§2と全く同じ論法により上述の $]-\tau,\tau[$ で定義された φ を延長することができて，$]-\infty,\infty[$ で定義された X の軌道曲線 φ で $\varphi(0)=p$ を満たすものが一意的に存在することが分かる．これを**点 p を始点とする X の軌道曲線**といい，t を媒介変数として

$$\varphi(t,p)$$

と書く．

$\varphi(t,p)$ は前述のように t に関して C^{r+1} であるが，常微分方程式の解の初期値

についての微分可能性の定理からpに関してはC^rであることが知られている．ここでpに関してC^rであるとは，$U_\varepsilon(p)$に関する局所座標系での$p'\in U_\varepsilon(p)$の座標を$(\!(\xi,\eta)\!)$とすると，$\varphi(t,p'(\!(\xi,\eta)\!))$は$|\xi|,|\eta|$が十分小であるときは$U_{\varepsilon'}(\varphi(t,p))$に属していて，$U_{\varepsilon'}(\varphi(t,p))$の局所座標系に関する$\varphi(t,p'(\!(\xi,\eta)\!))$の座標を$\bar{\xi}(\xi,\eta)$, $\bar{\eta}(\xi,\eta)$と書くとき，$\bar{\xi},\bar{\eta}$がξ,ηのC^r関数となることである．

以上をまとめれば次の定理がえられる．

定理 1.2 XをトーラスT上のC^rベクトル場で，$r\geqq 1$であるとする．pをTの任意の点とするとき，pを始点とするXの軌道曲線$\varphi(t,p)$が一意的に存在する．$\varphi(t,p)$はtに関してはC^{r+1}，pに関してはC^rである．

Xが特異点のないベクトル場の場合には，軌道曲線$\varphi(t,p)$は閉曲線であるか或いはtの増加，減少につれて限りなく延びて行く曲線である．

トーラス上のベクトル場を**トーラス上の力学系**ともいう．トーラス上の力学系とはトーラス上に微分方程式系が与えられていることであり，この意味で軌道曲線を積分曲線ともいうわけである．

トーラスT上のC^rベクトル場Xの点pを始点とする軌道曲線$\varphi(t,p)$の上に点$\bar{p}=\varphi(\bar{t},p)$をとるとき，$t$を媒介変数とする曲線$\bar{\varphi}(t)=\varphi(t+\bar{t},p)$は明らかに$X$の軌道曲線であって，$\bar{\varphi}(0)=\varphi(\bar{t},p)=\bar{p}$であるから，軌道曲線の一意性から$\bar{\varphi}(t)=\varphi(t,\bar{p})$である．したがって

$$\varphi(t,\varphi(\bar{t},p)) = \varphi(t+\bar{t},p)$$

が成り立つ．

トーラスTの部分集合$\{\varphi(t,p);\,-\infty<t<\infty\}$を$p$を通る$X$の**軌道**といい，$C(p)$と書く．3行上の式から，$\bar{p}\in C(p)$とすると

$$C(p)=C(\bar{p})$$

である．

このことと，トーラスTの点は必ず或る軌道上にあることから，Tは各軌道に類別される．

pを始点とするC^rベクトル場Xの軌道曲線$\varphi(t,p)$が，異なる二つの値t_1,t_2 $(t_1<t_2)$に対して

$$\varphi(t_1,p) = \varphi(t_2,p)\text{であって，或る}\ t_1<t<t_2\ \text{で}\ \varphi(t,p) \neq \varphi(t_1,p)$$

であるとき，軌道曲線$\varphi(t,p)$は**周期的**であるという．また，このとき軌道$C(p)$

を**周期的軌道**という．

$\varphi(t,p)$が周期的であれば，この曲線はC^{r+1}閉曲線である．さらに，軌道曲線の一意性から，これはC^{r+1}単純閉曲線となっている．

点pを通るXの軌道$C(p)$がTで稠密，すなわち

$$\overline{C(p)}=T$$

であるとき，この軌道$C(p)$はTで**エルゴード的**であるという．このとき$C(p)$は明らかにTの閉集合ではない．

§4　トーラス上の軌道の位相的性質

XをトーラスT上のC^rベクトル場とし，$r\geqq 1$とする．いま，$p\in T$を始点とするXの軌道曲線$\varphi(t,p)$の$0\leqq t$の部分を考え，$0\leqq s<\infty$に対して$\{\varphi(t,p);s\leqq t<\infty\}$の閉包の共通部分を$p$を通る軌道$C(p)$の$\omega$極限集合とよび，$L^+(p)$と書く：

$$L^+(p)=\bigcap_{0\leqq s<\infty}\overline{\{\varphi(t,p);s\leqq t<\infty\}}.$$

同様に，pを通る軌道$C(p)$のα極限集合$L^-(p)$を

$$L^-(p)=\bigcap_{-\infty<s\leqq 0}\overline{\{\varphi(t,p);-\infty<t\leqq s\}}$$

で定義する．$L^+(p), L^-(p)$はともに空でない閉集合である(あとがき I，注3参照)．

AをTの部分集合とする．任意の$p\in A$に対して，pを始点とするXの軌道曲線$\varphi(t,p)$がつねにすべてAに含まれるとき，すなわち

$$\bigcup_{p\in A}\{\varphi(t,p);-\infty<t<\infty\}=A$$

であるとき，Aを**不変集合**という．

定理 1.3　ω極限集合およびα極限集合は不変集合である．

証明　xを$L^+(p)$の任意の点とすると，定義から$\lim_{i\to\infty}t_i=\infty$となる数列$\{t_i\}$で

$$\lim_{i\to\infty}\varphi(t_i,p)=x$$

となるものが存在する．xを始点とするXの軌道曲線上の点$\varphi(\hat{t},x)$に対して，$\varphi(t_i+\hat{t},p)$を考えれば，

$$\lim_{i\to\infty}\varphi(t_i+\hat{t},p)=\lim_{i\to\infty}\varphi(\hat{t},\varphi(t_i,p))=\varphi(\hat{t},x)$$

となるから，$\varphi(\hat{t},x)\in L^+(p)$．したがって $L^+(p)$ は不変集合である．$L^-(p)$ に関しても全く同様である．▌

次にトーラス T 上のベクトル場の例をいくつか述べよう．

a,b を二つの実数で，そのどちらかは0でないとする．トーラス T の各点において，ξ 成分，η 成分がそれぞれ a,b である接ベクトルを考えると，T 上のベクトル場がえられる．これを $X_{a,b}$ と書くことにすると，$X_{a,b}$ は特異点のない C^∞ ベクトル場である．

p を始点とする $X_{a,b}$ の軌道曲線 $\varphi(t,p)$ は，各 $U_\varepsilon(q)$ の局所座標系 $(q\in T)$ において

$$\frac{d\varphi_1}{dt}=a,\qquad \frac{d\varphi_2}{dt}=b$$

の解として与えられるから，$p=[P(x,y)]$ とすると

$$\varphi(t,p)=[Q(x+at,y+bt)]$$

である(図1.10)．

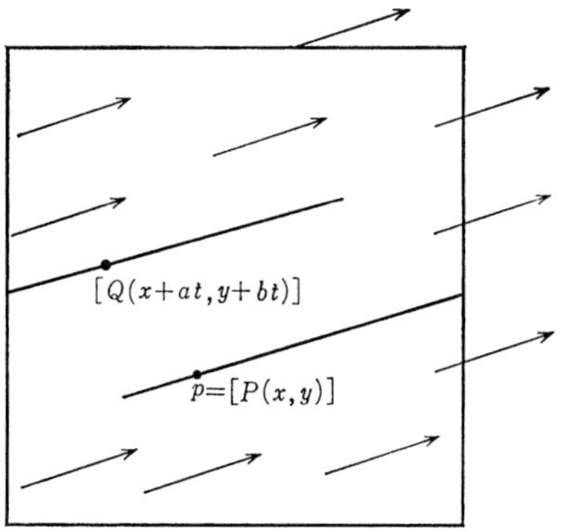

図1.10

ここで a と b との比が有理数である場合と無理数である場合に分けて考えよう．

(I)　b/a が有理数であるか或いは $a=0$ の場合．この場合には，整数 m,n と実数 λ を適当にえらんで

$$a=m\lambda,\qquad b=n\lambda$$

とおくことができるから，

$$\varphi\left(\frac{1}{\lambda}, p\right) = [Q(x+m, y+n)] = p$$

であって，p を始点とする軌道曲線は $t=1/\lambda$ のとき再び p にもどってくる．したがって，任意の点 p を通る軌道 $C(p)$ はすべて周期的で，T の C^∞ 単純閉曲線である．$C(p)$ の ω 極限集合，α 極限集合もこの C^∞ 単純閉曲線である．

（II）b/a が無理数である場合．この場合には軌道が周期的になることはない．なぜなら，或る軌道曲線 $\varphi(t,p)$ が周期的であったと仮定すると，$t_1 \neq t_2$ であって $\varphi(t_1,p)=\varphi(t_2,p)$ となる t_1, t_2 が存在するが，$p=[P(x,y)]$ とすればこれは

$$[P_1(x+at_1, y+bt_1)] = [P_2(x+at_2, y+bt_2)]$$

であることを示すから，$a(t_1-t_2), b(t_1-t_2)$ はともに整数であって，$a=0$ であるか或いは b/a が有理数でなければならないからである．

さて，$p'=[P'(x',y')]$ を T の任意の点としよう．$p=[P(x,y)]$ を始点とする $X_{a,b}$ の軌道曲線は $p_n=\left[P_n\left(x', y'+(y-y')+\dfrac{b}{a}(x'-x)+\dfrac{b}{a}n\right)\right] (n=0,1,2,\cdots)$ を通る．実数 λ に対して，$\{\lambda+m; m=0,\pm1,\pm2,\cdots\}$ のうちで絶対値がもっとも小さいものを $\langle\lambda\rangle$ と書くことにすると，b/a は無理数だから Diophantus 近似によって

$$\left\langle y-y'+\frac{b}{a}(x'-x)+\frac{b}{a}n\right\rangle \qquad n=0,1,2,\cdots$$

は 0 に収束する部分列を含むことがいえる（あとがき I，注 4 参照）．したがって，与えられた $\varepsilon>0$ に対して

$$\rho(p', p_n) < \varepsilon$$

のような p_n が存在するから，p を通る軌道 $C(p)$ は

$$p' \in \overline{C(p)}$$

である．p' は T の任意の点だったから

$$\overline{C(p)} = T,$$

すなわち $C(p)$ はエルゴード的である．この場合には任意の軌道 $C(p)$ の ω 極限集合，α 極限集合は $L^+(p)=L^-(p)=T$ である．

以上のことをまとめれば，次の定理をうる．

定理 1.4　$X_{a,b}$ の軌道は，$a=0$ または b/a が有理数の場合はすべて周期的であり，b/a が無理数の場合はすべてエルゴード的である．

$X_{a,b}$ の軌道はこのようにすべて一斉に周期的であるかそうでないかのいずれかとなったが，一般の特異点のない C^r ベクトル場 $X(r\geqq 1)$ に関しては，周期的となる軌道とそうでない軌道が同時に現われてくる場合がある．そのような例を述べるために次の補助定理を証明しておこう．この補助定理はあとでもしばしば使われるものである．

補助定理 1.5　$]-\infty,\infty[$ で定義されている C^∞ 関数 $\Phi(x)$ で次の条件(i), (ii), (iii)を満たすものが存在する(図 1.11)．

(i)　$\Phi(x)=\begin{cases}0 & |x|\geqq 2,\\ 1 & |x|\leqq 1.\end{cases}$

(ii)　$1\leqq|x|\leqq 2$ のとき，$0\leqq\Phi(x)\leqq 1$.

(iii)　$|\Phi'(x)|$ は有界であって，$x\leqq 0$ のとき $\Phi'(x)\geqq 0$, $x\geqq 0$ のとき $\Phi'(x)\leqq 0$.

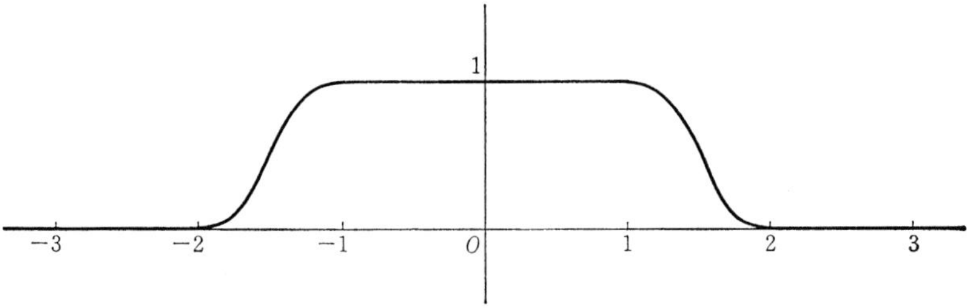

図 1.11

証明　関数 $\alpha(x)$ を

$$\alpha(x)=\begin{cases}e^{1/(x(x-1))} & 0<x<1,\\ 0 & x\leqq 0 \text{ および } 1\leqq x\end{cases}$$

と定義すると，$\alpha(x)$ は $]-\infty,\infty[$ で定義された C^∞ 関数である．いま，

$$\beta(x)=\int_0^x \alpha(x)dx\Big/\int_0^1 \alpha(x)dx$$

とすると，$\beta(x)$ は $]-\infty,\infty[$ で定義された C^∞ 関数で，$x\leqq 0$ のとき $\beta(x)=0$, $x\geqq 1$ のとき $\beta(x)=1$, $0<x<1$ のとき $0<\beta(x)<1$ である．$\Phi(x)=\beta(x+2)\beta(2-x)$ と定義すれば Φ は上記の条件を満たす．▌

$A(0,1), B(0,0), C(1,0), D(1,1)$ が定める正方形 $ABCD$ において，c を

$$c>4\,|\Phi'(x)| \qquad (-\infty<x<\infty)$$

のような実数として(補助定理 1.5(iii)), $0\leqq t\leqq 1$ を媒介変数とする曲線 C_s を

$$x=t, \qquad y=s+\frac{1}{c}\Phi(2-4s)(\Phi(t+1)-1)$$

で定義する．ただし $0\leqq s\leqq 1$ である(図 1.12 参照).

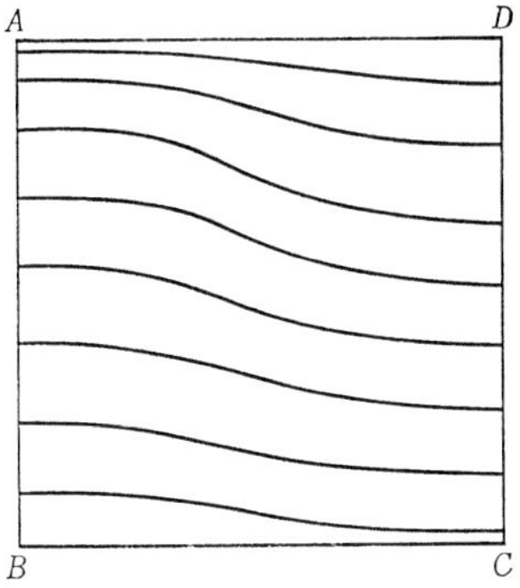

図 **1.12**

曲線の族 $\{C_s; 0\leqq s\leqq 1\}$ は正方形 $ABCD$ を覆い，上に定義した y は t を固定したとき s の単調増加関数だから，$s\neq s'$ ならば $C_s\cap C_{s'}=\phi$ である．また，正方形 $ABCD$ の辺上の点では C_s の接線は x 軸に平行である．したがって，正方形 $ABCD$ から $\overrightarrow{AB}$ と $\overrightarrow{DC}$, $\overrightarrow{BC}$ と $\overrightarrow{AD}$ を同一視してトーラス T を構成すると，$\{C_s; 0\leqq s\leqq 1\}$ はトーラス T を覆う C^∞ 曲線の族を定める.

$\{C_s; 0\leqq s\leqq 1\}$ の接ベクトルからえられる T 上のベクトル場を X とすると，X は特異点のない C^∞ ベクトル場であって，その軌道曲線は $\{C_s; 0\leqq s\leqq 1\}$ から同一視によってえられる C^∞ 曲線の族である．X の軌道のうち閉曲線となるのは，C_0 或いは C_1 からえられるもの一つだけである．その他の軌道はすべて周期的でないし，その閉包も T にはならないからエルゴード的でもない.

トーラス T の C^r ベクトル場($r\geqq 1$)に関して，数値計算によって軌道曲線を求めることとは全く異る位相的視点に立って，‘周期的な軌道が存在するか’とか‘軌道がすべてエルゴード的であるための条件’といった軌道の位相的性質の研究を提唱したのは§1で述べたように Poincaré であった．彼が考察したのは解析的なベクトル場についてであったが，その後 1932 年に Denjoy は本質的でない解析性の条件を除いて，C^r ベクトル場に関して r の値と軌道の位相的

性質に関する美しい定理を証明した．後述の定理 1.10 および定理 1.12 がそれである．さらに 1945 年に Siegel は Denjoy の結果を一般化して次の定理を証明したのである(あとがき I 参照)．

定理 1.6 (Denjoy–Siegel)　X をトーラス T 上の特異点のない C^r ベクトル場とする．このとき，$r \geqq 2$ ならば X の軌道に関して次の(i), (ii)のうちのいずれかが成り立つ．

(i)　X の軌道のうちに周期的なものが存在する．

(ii)　X の軌道はすべてエルゴード的である．

また，$r=1$ の場合には(i), (ii)のどちらも成り立たない例がある．

§5 から §7 まででこの定理を証明するが，定理 1.4 で $a=0$ 或いは b/a が有理数の場合，および上述の $\{C_s; 0 \leqq s \leqq 1\}$ から定義した C^∞ ベクトル場の場合が(i)の例であり，定理 1.4 で b/a が無理数の場合が(ii)の例である．

§5　Denjoy の定理

Denjoy はトーラス T 上の特異点のない C^r ベクトル場 $X=\{v_p; p \in T\}$ で，$r \geqq 2$ であり，各 v_p の ξ 成分が 0 でない場合を考察した．v_p の ξ 成分は p に関して連続であるから，すべて正或いはすべて負である．どちらでも証明は同じであるから，以下 v_p の ξ 成分はすべて正であるとしよう．

トーラス T を図 1.5(ii)の円筒から両端の円周を同一視して構成されている

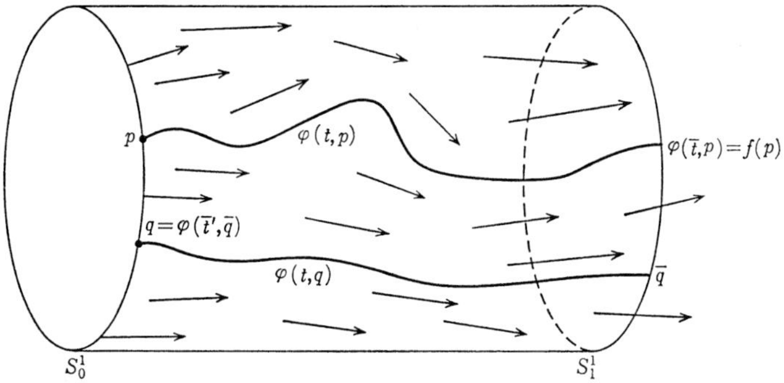

図 1.13

と考えることにする．辺 AB から出来る円周を $S_0{}^1$，辺 CD からできる円周を $S_1{}^1$ とする(図 1.13)．トーラス T では $S_0{}^1$ と $S_1{}^1$ とは同一視されるが，以下 T を $S_0{}^1=S_1{}^1$ で切断した円筒状のものを考える．

$p\in S_0{}^1$ とすると，p を始点とする X の軌道曲線 $\varphi(t,p)$ は局所座標系に関して

$$\frac{d\varphi_1}{dt}(t)=\lambda(\varphi_1(t),\varphi_2(t)),\qquad \frac{d\varphi_2}{dt}(t)=\mu(\varphi_1(t),\varphi_2(t))$$

の解$(\!(\varphi_1,\varphi_2)\!)$であって，この場合には $\lambda(\varphi_1(t),\varphi_2(t))>0$ であるから，$\varphi(t,p)$ は t が 0 から増加するに従って $S_1{}^1$ に確実に近づいて行く．したがって，$\bar{t}>0$ で $\varphi(\bar{t},p)\in S_1{}^1$ となる最小の $\bar{t}$ が存在する．

$\varphi(\bar{t},p)$ を $f(p)$ と書くことにすると，$S_0{}^1$ から $S_1{}^1$ への写像

$$f: S_0{}^1\to S_1{}^1$$

がえられる．

一般に，

$$g: S^1\to S^1$$

を円周 S^1 から S^1 への写像とする．円周 S^1 上の点を複素数を使って，$e^{2\pi\theta i}\in S^1$ $(\theta\in\boldsymbol{R})$ と表わすことにすると，$e^{2\pi\theta i}$ に対して $g(e^{2\pi\theta i})=e^{2\pi\bar{\theta}i}$ となる $\bar{\theta}$ が存在し，$\bar{\theta}$ は整数だけの違いを除いて一意的にきまる．$\bar{\theta}$ を $\bar{g}(\theta)$ と書くことにする．すなわち

$$g(e^{2\pi\theta i})=e^{2\pi\bar{g}(\theta)i}$$

である．

ここで，g が $e^{2\pi\theta i}$ において連続，すなわち $\bar{g}(\theta)$ と $0<\varepsilon$ が与えられたとき，十分小さな $\delta>0$ をえらべば $|\theta-\theta'|<\delta$ のような $e^{2\pi\theta' i}$ に対して $\bar{g}(\theta')$ として

$$|\bar{g}(\theta)-\bar{g}(\theta')|<\varepsilon$$

を満たすものがとれるとする．したがって，θ' が $|\theta-\theta'|<\delta$ の範囲にあるときにはこの式を満たす $\bar{g}(\theta')$ は一意的にきまり $\bar{g}$ は連続関数である．このようにとった $\bar{g}$ に対して，関数 $\bar{g}$ が θ において C^r であるとき，g は $e^{2\pi\theta i}$ において **C^r である**という．g が S^1 の各点で C^r であるとき，写像 $g: S^1\to S^1$ は **C^r である**という．また，S^1 の各点 $e^{2\pi\theta i}$ に関して，$\theta<\theta'<\theta+\delta$ ならば上述の関数 $\bar{g}$ がつねに $\bar{g}(\theta)<\bar{g}(\theta')$ であるとき，g を**向きを保つ写像**という．

$g: S^1\to S^1$ が S^1 の上への 1 対 1 写像であって，g および g の逆写像 $g^{-1}: S^1\to$

S^1 がともに C^r であるとき，g を **C^r 同相写像**という．

定理1.2に述べたように，$\varphi(t,p)$ は始点 p に関して C^r であるから，前述の f に関して $p=e^{2\pi\theta i}$，$f(p)=e^{2\pi\bar{f}(\theta)i}$ とおけば，$|\theta-\theta'|<\delta$ に対して $|\bar{f}(\theta)-\bar{f}(\theta')|<\varepsilon$ (ただし ε は十分小) ととった $\bar{f}(\theta')$ は θ' の C^r 関数である．したがって，f は C^r 写像である．

$\bar{q}\in S_1{}^1$ を始点とする X の軌道曲線 $\varphi(t,\bar{q})$ は，t が0から減少して行くと，$S_0{}^1$ に確実に近づいて行くから，$\bar{t}'<0$ で $\varphi(\bar{t}',\bar{q})\in S_0{}^1$ となる最大の $\bar{t}'$ が存在する．$\varphi(\bar{t}',\bar{q})=q$ とすると，軌道曲線の一意性から

$$f(q)=\bar{q}$$

が成り立つ(図1.13)．すなわち，$\bar{q}$ に q を対応させる写像は f の逆写像 f^{-1}: $S_1{}^1\to S_0{}^1$ である．$\varphi(t,\bar{q})$ が始点 $\bar{q}$ に関して C^r であることから(定理1.2)，この f^{-1} はまた C^r 写像であって，したがって $f:S_0{}^1\to S_1{}^1$ は C^r 同相写像である．また，図1.13から f が向きを保つ写像となることも明らかであろう．

トーラス T 上の任意の点を始点とする X の軌道曲線は媒介変数 t が増加するに従って，上述のように $S_1{}^1$ に向って確実に近づいて行き $S_1{}^1=S_0{}^1$ と交わるから，X の軌道はすべて $S_0{}^1$ 上の点を始点とする軌道曲線からえられる．

$p\in S_0{}^1=S_1{}^1$ を始点とする軌道曲線 $\varphi(t,p)$ は t が0から増加するとき，$f(p)=\varphi(\bar{t},p)$ において再び $S_0{}^1=S_1{}^1$ と交わる．$\varphi(t,p)$ の p と $f(p)$ との間の部分は $0\leqq t\leqq\bar{t}$ を媒介変数とする弧である(図1.14)．$\varphi(t,p)$ の $\bar{t}<t$ の部分は $f(p)$ を始点とする軌道曲線 $\varphi(t,f(p))$ の $0<t$ の部分と見做すことができて，$\varphi(t,p)$ $(\bar{t}<t)$ が次に $S_0{}^1=S_1{}^1$ と交わる点は t が0から増加するとき $\varphi(t,f(p))$ がはじめて $S_0{}^1=$

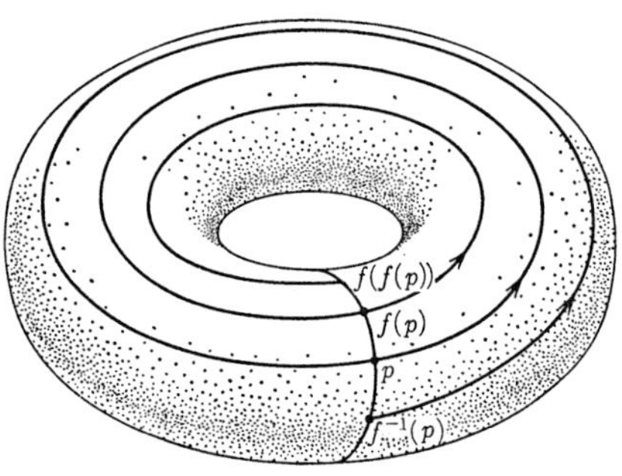

図1.14

$S_1{}^1$ と交わる点 $f(f(p))$ である．以下同様にして，$\varphi(t,p)$ が $t>0$ において $S_0{}^1=S_1{}^1$ と交わる点は

$$f(p),\ f(f(p)),\ f(f(f(p))),\ \cdots$$

であり，$t<0$ において $S_0{}^1=S_1{}^1$ と交わる点は

$$f^{-1}(p),\ f^{-1}(f^{-1}(p)),\ f^{-1}(f^{-1}(f^{-1}(p))),\ \cdots$$

である．$\varphi(t,p)$ の定める軌道 $C(p)$ の位相的性質は上記の $C(p)$ と $S_0{}^1=S_1{}^1$ との交点によって決定される．

一般に，C^r 同相写像 $g:S^1\to S^1$ に関して，$p\in S^1$ として $\overbrace{g(g(g\cdots(g}^{m}(p))\cdots)$ を $g^m(p)$，$\overbrace{g^{-1}(g^{-1}(g^{-1}\cdots(g^{-1}}^{m}(p))\cdots)$ を $g^{-m}(p)$ と書くことにする．ただし，$g^0(p)=p$ とする．

$p\in S^1$ に対して或る 0 でない整数 n で

$$g^n(p)=p$$

となるものが存在するとき，p を g の**周期点**という．また，$p\in S^1$ に対して集合 $\{g^m(p);m$ はすべての整数$\}$ が S^1 で稠密であるとき，p を g の**エルゴード点**という．

上述の C^r 同相写像 $f:S_0{}^1\to S_1{}^1$ において，$p\in S_0{}^1=S_1{}^1$ が f の周期点であるとすると，$\varphi(t,p)$ は或る $t'\neq 0$ において $\varphi(t',p)=p$ となるから軌道 $C(p)$ は周期的である．これに反して，p が f のエルゴード点であるときは，$S_0{}^1=S_1{}^1$ 上の任意の点 p' に対して軌道曲線 $\varphi(t,p)$ は p' の十分近くの点 $f^n(p)$ を通るから，$\varphi(t,p')$ と $\varphi(t,f^n(p))$ は十分近い点である．したがって $\overline{C(p)}=T$ が成り立ち，軌道 $C(p)$ はエルゴード的である．

定理 1.4 の C^∞ ベクトル場 $X_{a,b}\,(a\neq 0)$ の軌道曲線における $f:S_0{}^1\to S_1{}^1$ は $f(e^{2\pi\theta i})=e^{2\pi(\theta+b/a)i}$ であって，b/a が有理数の場合はすべての点は f の周期点であり，b/a が無理数の場合はすべての点はエルゴード点である．

Denjoy は C^r 同相写像 $g:S^1\to S^1$ に関して次の定理を証明した．

定理 1.7 (Denjoy)　$g:S^1\to S^1$ を向きを保つ C^r 同相写像で，$r\geqq 2$ であるとする．このとき，次の (i), (ii) のいずれかが成立する．

(i)　g は周期点をもつ．

(ii)　S^1 のすべての点は g のエルゴード点である．

以下に述べる証明はSiegelにより簡易化されたものである．証明には二つの補助定理が必要である．

$X_{a,b}$ で b/a が有理数である場合のように，定理1.7で(i)の場合は実際に存在する．以下，(i)でないと仮定して，この仮定のもとで補助定理を証明することにする．

S^1 上の点 p に対して，簡単のため $g^n(p)$ を

$$p_n = g^n(p) \qquad (n=0, \pm 1, \pm 2, \cdots)$$

と書くことにする．

S^1 に向きを定めておく．S^1 上の2点 p, q に対して，p からその向きにしたがって q まで行くときの弧 $\widehat{pq}$ 上に点 p' があって $p' \neq p, q$ であるとき，

$$p \prec p' \prec q$$

と書くことにする(図1.15)．もっと一般に弧 $\widehat{pq}$ 上に互いに異る点 $p', p'', p''', \cdots$ がこの順に並んでいるとき，

$$p \prec p' \prec p'' \prec p''' \prec \cdots \prec q$$

と書く．

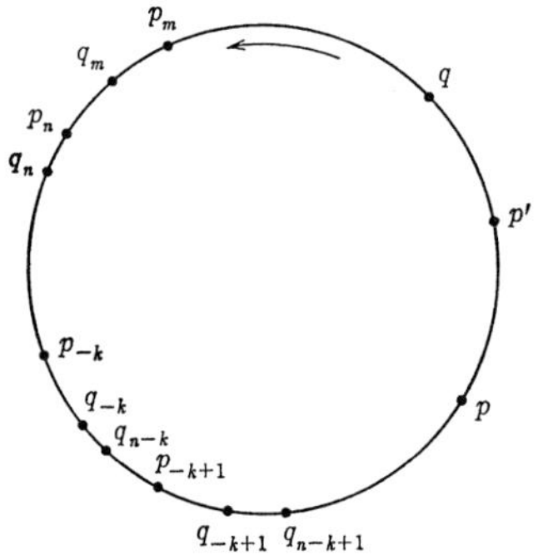

図1.15

補助定理1.8　g が周期点をもたないとすると，S^1 上の点 p と0でない整数 m が与えられたとき，或る整数 h で

$$p \prec p_h \prec p_m$$

となるものが存在する．

証明　2以上の整数 l に対して，

$$p_1 \prec p_2 \prec \cdots \prec p_l \prec p, \qquad p_1 \prec p_{l+1} \prec p$$

が成立していると仮定しよう．このとき，p_{l+1}の位置は

$$(*)\qquad p_l \prec p_{l+1} \prec p$$

であるか，或いは$1 \leqq k \leqq l-1$のような或る整数kに対して

$$(**)\qquad p_k \prec p_{l+1} \prec p_{k+1}$$

となっているかのいずれかである．もしも(**)であるとすると，(**)のg^{-k}による像は

$$p \prec p_{l-k+1} \prec p_1 \qquad (2 \leqq l-k+1 \leqq l)$$

となって，はじめの仮定に反する．したがって(*)が成立していて

$$p_1 \prec p_2 \prec \cdots \prec p_l \prec p_{l+1} \prec p$$

となる．

いま，もしも

$$p_1 \prec p_n \prec p$$

が$n=2, 3, \cdots$に対して成立していると仮定すると，上述の結果をくりかえして使えば

$$p_1 \prec p_2 \prec p_3 \prec \cdots \prec p$$

をうる．有界な単調数列が収束することから，点列$p_1, p_2, \cdots$は一点$\bar{p}$に収束し

$$\lim_{n\to\infty} p_n = \bar{p}$$

となる．ところがgによる$\bar{p}$の像$g(\bar{p})$は

$$g(\bar{p}) = g(\lim_{n\to\infty} p_n) = \lim_{n\to\infty} g(p_n) = \lim_{n\to\infty} p_{n+1} = \bar{p}$$

となるから，$\bar{p}$はgの周期点となってしまい，gが周期点をもたないという仮定に反する．これは矛盾．したがって或る整数$h>1$に対して

$$p \prec p_h \prec p_1$$

が成り立つ．すなわち$m=1$のときの補助定理1.8が証明された．gの代りにg^mとおけば，一般の場合の証明がえられる．▌

$g: S^1 \to S^1$は向きを保つC^r同相写像で周期点をもたないものとする．いま，$u \in S^1$がgのエルゴード点でないと仮定しよう．このときは，集合$\{u, g^{\pm1}(u), g^{\pm2}(u), \cdots\}$の閉包を$K$と書くと，$K \neq S^1$であるから$S^1-K$は空でない開集合である．したがって，$S^1$の弧$\widehat{pq}$で$p, q \in K$であるが弧$\widehat{pq}$の$p, q$以外の点はすべて$K$に属さないものが存在する．$u$が$g$の周期点でないことから，$p \neq q$であ

る．以下，弧 $\widehat{pq}$ から2点 p,q を除いたものを開弧 $\widehat{pq}$ ということにする．

K の定義から，

$$p_n=g^n(p),\qquad q_n=g^n(q)\qquad (n=0,\pm 1,\pm 2,\cdots)$$

はすべて K に属する．また，開弧 $\widehat{p_nq_n}$ に属する点 p' が K に属するとすると，開弧 $\widehat{pq}$ に属する点 $g^{-n}(p')$ が K の点となってしまうから，開弧 $\widehat{p_nq_n}$ には K に属する点は存在しない．この二つのことから，任意の整数 $m,n\,(m\neq n)$ に対して開弧 $\widehat{p_mq_m}$ と開弧 $\widehat{p_nq_n}$ は共通の点をもたない(図1.15)．

上記の $p_n,q_n\,(n=0,\pm 1,\pm 2,\cdots)$ について次の補助定理が成り立つ．

補助定理 1.9　正の整数 N が与えられているとき，$N<n$ のような整数 n で次の(i), (ii)のいずれかを満たすものが存在する(図1.15)．

(i)　n 個の弧 $\widehat{p_{-k}q_{n-k}}$ $(k=1,2,\cdots,n)$ のうちのどの二つも共通点をもたない．

(ii)　n 個の弧 $\widehat{p_{n-k}q_{-k}}$ $(k=1,2,\cdots,n)$ のうちのどの二つも共通点をもたない．

証明　$2N$ 個の弧 $\widehat{pp_{j'}}$ $(j'=\pm 1,\pm 2,\cdots,\pm N)$ を考えよう．いま，その中で弧 $\widehat{pp_m}$ が最小であったとすると，

$$p\prec p_m\prec p_{j'}\qquad (j'\neq m)$$

が成り立つ．ここで補助定理1.8を使えば，

$$p\prec p_h\prec p_m$$

を満たす整数 h が存在する．明らかに $|h|>N$ である．このような h のうち絶対値 $|h|$ が最小のものをあらためて h とすると，

$$p\prec p_m\prec p_j\qquad (0<|j|<|h|,\ \ j\neq m)$$

だから，

$$p\prec p_h\prec p_j\qquad (0<|j|<|h|)$$

が成り立つ．$n=|h|$ とすればこれが求めるものとなる．

なぜなら，もしも $n=|h|$ に対して(i), (ii)のいずれもが成立しないと仮定すると，次の(i)′, (ii)′ がともに成り立つことになる．

(i)′　n 個の弧 $\widehat{p_{-k}q_{|h|-k}}$ $(k=1,2,\cdots,n)$ のうちに共通点をもつものが存在する．

(ii)′　n 個の弧 $\widehat{p_{|h|-k}q_{-k}}$ $(k=1,2,\cdots,n)$ のうちに共通点をもつものが存在する．

$h>0$ であれば(i)′ は次の(i)″ となる：

(i)″ n 個の弧 $\widehat{p_{-k}q_{h-k}}$ $(k=1,2,\cdots,n)$ のうちに共通点をもつものが存在する.

また, $h<0$ であれば (ii)′ は

‘n 個の弧 $\widehat{p_{-h-k}q_{-k}}$ $(k=1,2,\cdots,n)$ のうちに共通点をもつものが存在する’

となるが, g^h による弧 $\widehat{p_{-h-k}q_{-k}}$ の像 $g^h(\widehat{p_{-h-k}q_{-k}})=\widehat{p_{-k}q_{h-k}}$ をとれば, これから (i)″ がえられる. すなわち, h の符号の如何にかかわらず (i)″ が成り立つ.

したがって, $1,2,\cdots,n$ の中からえらんだ或る整数 k,l $(k\neq l)$ に対して

$$p_{-k}\prec p_{-l}\prec q_{h-k}$$

が成り立たなければならない. ここで $k-l=j$ とおくと, $0<|j|<|h|$ であって, 2行上の式の g^k による像をとれば,

$$p\prec p_j\prec q_h$$

となる. p_j は弧 $\widehat{p_hq_h}$ 上にないから, これから

$$p\prec p_j\prec p_h$$

となって, h のとり方に矛盾する. すなわち, $n=|h|$ に対して (i), (ii) のいずれかが成り立つ. ∎

補助定理 1.9 を使って定理 1.7 を証明しよう.

定理 1.7 の証明 向きを保つ C^r 同相写像 $g:S^1\to S^1$ $(r\geqq 2)$ によって, S^1 上の点 $e^{2\pi\eta i}$ が

$$g(e^{2\pi\eta i})=e^{2\pi\bar{g}(\eta)i}$$

に写像されるとすると, $\bar{g}$ は S^1 で定義された関数でその値は整数のちがいを除いて一意的にきまる. 簡単のため $g^n(e^{2\pi\eta i})$ を $e^{2\pi\eta_n i}$ と書くことにする. すなわち

$$\bar{g}^n(\eta)=\eta_n$$

である. $\bar{g}(\eta)$ の値を一つきめておくとき, 正数 δ を十分小にとれば $|\eta-\eta'|<\delta$ のような η' に対して $|\bar{g}(\eta)-\bar{g}(\eta')|<1/2$ となる $\bar{g}(\eta')$ は一意的にきまり, $\bar{g}$ は $]\eta-\delta,\eta+\delta[$ で定義された C^r 関数となる. このことから

$$\frac{d\bar{g}}{d\eta}(\eta)=\frac{d\eta_1}{d\eta}(\eta)$$

が一意的に定まる. 合成関数の微分によって

$$(***)\qquad \frac{d\eta_n}{d\eta}=\prod_{k=1}^{n}\bar{g}'(\eta_{n-k}),\qquad \frac{d\eta}{d\eta_{-n}}=\prod_{k=1}^{n}\bar{g}'(\eta_{-k})\qquad (n=1,2,\cdots)$$

をうる.

$g:S^1\to S^1$ に関して，定理1.7の(i),(ii)がどちらも成立しないと仮定して，それでは矛盾が生ずることを示すことにする．この仮定から，g は周期点をもたず，g に関してエルゴード点でない $u\in S^1$ が存在する．この u から前述(28頁)のように開弧 $\widehat{p_nq_n}$ $(n=0,\pm1,\pm2,\cdots)$ を定義する.

開弧 $\widehat{p_nq_n}$ に対して実数 α_n,β_n を

$$開弧\ \widehat{p_nq_n}=\{e^{2\pi\eta i};\alpha_n<\eta<\beta_n\}$$

によって定義する．α_n,β_n は整数だけのちがいを除いて一意的にきまる．いま，

$$\delta_n=\beta_n-\alpha_n$$

とすると，$\delta_n>0$は一意的にきまって，28頁に述べたように開弧 $\widehat{p_nq_n}$ $(n=0,\pm1,\pm2,\cdots)$のうちのどの二つも共通点をもたないから，

$$\sum_{n=-\infty}^{\infty}\delta_n\leqq 1$$

である．よって当然

$$\lim_{n\to\infty}\delta_n\delta_{-n}=0$$

でなければならない．ところで平均値の定理によって

$$\frac{\delta_n}{\delta_0}=\frac{\beta_n-\alpha_n}{\beta_0-\alpha_0}=\frac{\bar{g}^n(\beta_0)-\bar{g}^n(\alpha_0)}{\beta_0-\alpha_0}=\frac{d\bar{g}^n}{d\eta}(\eta')$$

を満たす $\alpha_0<\eta'<\beta_0$ が存在する．したがって，$\bar{g}^k(\eta')=\eta'_k$ とすると(***)により

$$\frac{\delta_n}{\delta_0}=\prod_{k=1}^{n}\bar{g}'(\eta'_{n-k})$$

が成り立つ．全く同様に $\alpha_0<\eta''<\beta_0$ が存在して，$\bar{g}^k(\eta'')=\eta''_k$ とすると，(***)によって

$$\frac{\delta_0}{\delta_{-n}}=\prod_{k=1}^{n}\bar{g}'(\eta''_{-k})$$

が成り立つ．この二つの式から

$$\log\frac{{\delta_0}^2}{\delta_n\delta_{-n}}=\log\frac{\delta_0}{\delta_{-n}}-\log\frac{\delta_n}{\delta_0}=\sum_{k=1}^{n}(\log\bar{g}'(\eta''_{-k})-\log\bar{g}'(\eta'_{n-k}))$$

$$\leqq \sum_{k=1}^{n} |\log \bar{g}'(\eta''_{-k}) - \log \bar{g}'(\eta'_{n-k})|$$

をうる．ここで $n\to\infty$ とすると，$\delta_n\delta_{-n}\to 0$ だから左辺は $\to\infty$ となる．よって

$$(****) \qquad \lim_{n\to\infty} \sum_{k=0}^{n} |\log \bar{g}'(\eta''_{-k}) - \log \bar{g}'(\eta'_{n-k})| = \infty$$

でなければならない．ところが $a_k' = e^{2\pi\eta'_k i}$，$a_k'' = e^{2\pi\eta''_k i}$ $(k=0, \pm 1, \pm 2, \cdots)$ とすると

$$p_{-k} \prec a_{-k}' \prec q_{-k}, \qquad p_{n-k} \prec a_{n-k}'' \prec q_{n-k}$$

であるが，前述のように二つの開弧 $\widehat{p_{-k}q_{-k}}$，$\widehat{p_{n-k}, q_{n-k}}$ は交わらないから，

$$p_{-k} \prec a_{-k}' \prec q_{-k} \prec a_{n-k}'' \prec q_{n-k} \qquad (k=1, 2, \cdots, n)$$

および

$$p_{n-k} \prec a_{n-k}'' \prec q_{n-k} \prec a_{-k}' \prec q_{-k} \qquad (k=1, 2, \cdots, n)$$

が成り立つ(図 1.16)．

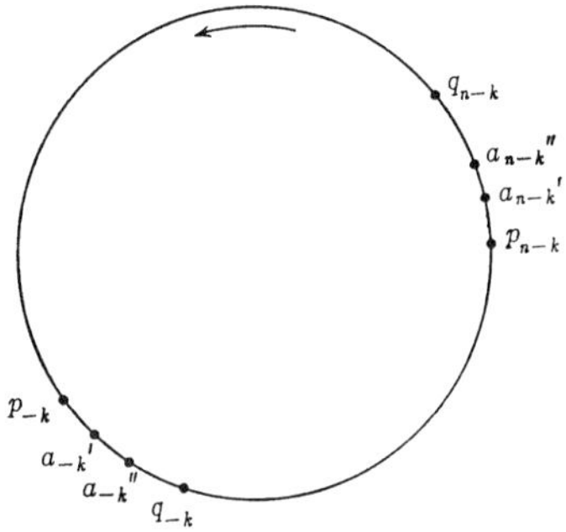

図 **1.16**

関数 $\bar{g}'(\eta): S^1 \to \boldsymbol{R}$ は η の C^{r-1} 関数 $(r\geqq 2)$ であって，$\bar{g}$ が C^r 同相写像であるから $\bar{g}'(\eta)>0$ である．よって関数 $\log \bar{g}'(\eta)$ を考えればこれは C^1 関数で，とくに有界変動である．

補助定理 1.9 により，整数 N が与えられたとき $n>N$ のような整数 n で補助定理 1.9 の(i),(ii)のどちらかを満たすものが存在する．そのような n に対して上から 8 行目および上から 10 行目の式から弧 $\widehat{a_{-k}'a_{n-k}''}$ $(k=1, 2, \cdots, n)$ 或いは弧 $\widehat{a_{n-k}''a_{-k}'}$ $(k=1, 2, \cdots, n)$ はそのうちのどの二つも共通点をもたない．$\log \bar{g}'(\eta)$ は有界変動であったから，これは $\sum_{k=0}^{n} |\log \bar{g}'(\eta''_{-k}) - \log \bar{g}'(\eta'_{n-k})|$ が n によらない一定の値で抑えられることを示している．このことは(****)と矛盾．

よって定理 1.7(i),(ii)のいずれかは成立する. ▌

この証明から明らかなように, 定理 1.7 は g が $C^r\,(r\geqq 2)$ という仮定を弱めて $\bar{g}'$ が有界変動という仮定にしても成立する.

この節の初めに述べたように, トーラス T 上の特異点のない C^r ベクトル場 X でそれに属するベクトルの ξ 成分が 0 でないものが与えられたとき, これから C^r 同相写像 $f: S_0^1\to S_1^1$ が定まり, この f が周期点をもてば X の軌道のうちに周期的なものが存在し, f がエルゴード点をもてば X の軌道のうちにエルゴード的なものが存在する. したがって, 定理 1.7 から直ちに次の定理がえられる. これは定理 1.6 の特別な場合で Denjoy によって証明されたものである.

定理 1.10 (Denjoy)　X をトーラス T 上の特異点のない C^r ベクトル場で, それに属する各ベクトルの ξ 成分は 0 でないとする. このとき $r\geqq 2$ であれば, X の軌道に関して次の(i),(ii)のいずれかが成り立つ.

(i)　X の軌道のうちに周期的なものが存在する

(ii)　X の軌道はすべてエルゴード的である.

§6　Denjoy の C^1 ベクトル場

Denjoy は定理 1.7 および 1.10 における条件 $r\geqq 2$ を $r\geqq 1$ に弱めることが出来ないことを示す例を構成した. この節では彼によって作られた興味ある C^1 ベクトル場について述べよう.

可付番個の閉区間の集合 $\{I_m=[0,l_m];\, m\in \boldsymbol{Z},\, l_m>0\}$ で次の条件

(i)　$\displaystyle\sum_{m\in \boldsymbol{Z}} l_m = l$　　(l は有限),

(ii)　$\displaystyle\lim_{m\to\pm\infty} (l_m/l_{m+1}) = 1$

を満たすものを考えよう. たとえば, $l_m=1/(1+m^2)$ ととればよい.

α を或る無理数とし, $\alpha_m\,(m\in\boldsymbol{Z})$ を次の条件

$$0\leqq \alpha_m<1,\qquad m\alpha-\alpha_m=(\text{整数})$$

を満たすものとして定義する.

閉区間 $[0,1]$ において, 各 $m\in\boldsymbol{Z}$ について α_m のところに I_m を挿入すること

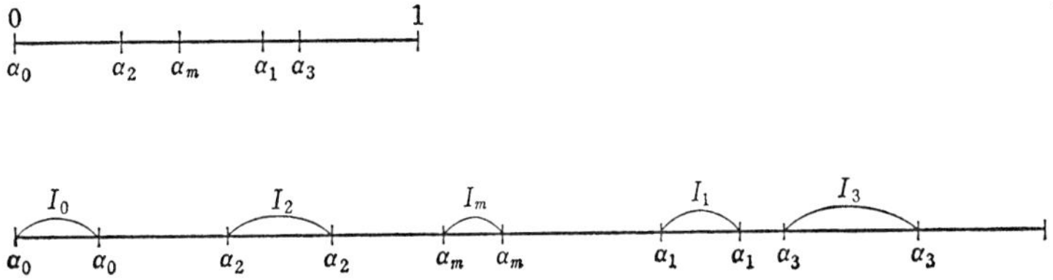

図 1.17

により長さ $1+l$ の直線をつくる(図 1.17). この直線の両端を同一視してできる(周の長さ $1+l$ の)円周を S^1 とする.

したがって

$$I_m \subset S^1 \quad (m \in \boldsymbol{Z}), \qquad S^1 = [0,1] \cup (\bigcup_{m \in \boldsymbol{Z}} I_m)$$

と考えることができる.

C^1 写像 $f_m: I_m \to I_{m+1}$ $(m \in \boldsymbol{Z})$ を次の三つの条件

(i) $\dfrac{df_m}{dt} > 0$,

(ii) $\delta_m > 0$ が存在して, df_m/dt は $[0, \delta_m[$, $]l_m - \delta_m, l_m]$ において 1,

(iii) $\mathrm{Min}\left(1, \dfrac{l_{m+1}}{l_m}\right) - \left(1 - \dfrac{l_{m+1}}{l_m}\right)^2 \leqq \dfrac{df_m}{dt} \leqq \mathrm{Max}\left(1, \dfrac{l_{m+1}}{l_m}\right) + \left(1 - \dfrac{l_{m+1}}{l_m}\right)^2$

を満たすようにつくる. たとえば δ_m を十分小にとり f_m のグラフとして, 図 1.18 のように折線 $ABCD$ をつくり, 折れ目 B, C の部分を二つの直線に接する円弧でおきかえたものをとればよい.

写像 $f_D: S^1 \to S^1$ を

(i) $x \in I_m$ のときは $f_D(x) = f_m(x) \in I_{m+1} \subset S^1$,

(ii) $x \in [0, 1]$ のときは $f_D(x) = x + \alpha -$ (整数) $\in [0, 1] \subset S^1$

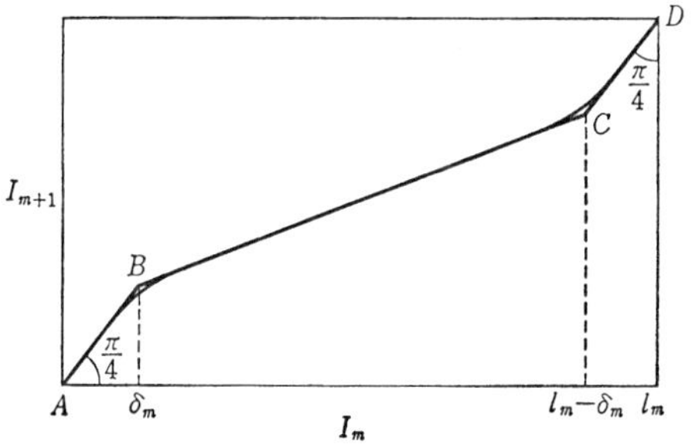

図 1.18

によって定義すると，簡単に確かめられるように f_D は向きを保つ C^1 同相写像であって，この f_D に関しては周期点もエルゴード点も存在しない．よって次の定理がえられた．

定理 1.11　向きを保つ C^1 同相写像 $f_D: S^1 \to S^1$ で S^1 のすべての点は f_D の周期点にもエルゴード点にもならないものが存在する．

この定理を使って，トーラス T 上の C^1 ベクトル場については定理 1.10 が成り立たないことを示す例をつくることができる．

いま，定理 1.11 の f_D に対して，$S^1 \ni e^{2\pi\eta i}$ と見做すことにして，閉区間 $[0,1]$ で定義された C^1 関数 $\bar{f}_D$ を

$$f_D(e^{2\pi\eta i}) = e^{2\pi \bar{f}_D(\eta) i} \qquad (\eta \in [0,1])$$

を満たすように定義する．$\bar{f}_D$ は単調増加関数である．

$\Phi(x)$ を補助定理 1.5 の C^∞ 関数として，$0 \leqq t \leqq 1$ を媒介変数とする $S^1 \times I$ 上の C^∞ 曲線

$$\bar{c}_s : [0,1] \to S^1 \times I \qquad (s \in [0,1[)$$

を

$$\bar{c}_s(t) = (\exp\{2\pi(s + \Phi(t-2)(\bar{f}_D(s) - s))i\}, t)$$

で定義する．$\{\bar{c}_s ; 0 \leqq s < 1\}$ は $S^1 \times I$ 上の C^∞ 曲線の集合であって，定義から明らかなように

$$\bar{c}_s(0) = (e^{2\pi s i}, 0), \qquad \bar{c}_s(1) = (\exp(2\pi \bar{f}_D(s) i), 1),$$

$$\{\bar{c}_s(t); 0 \leqq t \leqq 1\} \cap \{\bar{c}_{s'}(t); 0 \leqq t \leqq 1\} = \phi \qquad (s \neq s')$$

である．

$S^1 \times I$ の両端 $S^1 \times \{0\}, S^1 \times \{1\}$ を図 1.5 のように同一視してトーラス T を構成する．いま，$s_q \ (q = 0, 1, 2, \cdots)$ を

$$0 \leqq s_q < 1, \qquad (f_D)^q(e^{2\pi s i}) = e^{2\pi s_q i}$$

ととるとき，$\bar{c}_s = \bar{c}_{s_0}$ に $\bar{c}_{s_1}$ がつながり，$\bar{c}_{s_1}$ に $\bar{c}_{s_2}$ がつながるといった調子で，$\bar{c}_s$ から $]-\infty, \infty[$ で定義された T 上の曲線

$$c_s :]-\infty, \infty[\to T$$

が定まる．$\bar{c}_s$ の定義から明らかなようにつながりは C^∞ であって，c_s は T 上の C^∞ 曲線である．

曲線 c_s の点 $c_s(t)$ における接ベクトルを $v_{s,t}$ とすると，c_s の定義から明らか

なように$c_s(t)=c_{s'}(t')$ならば$v_{s,t}=v_{s',t'}$であるから,

$$\{v_{s,t}\,;0\leqq s<1,\ -\infty<t<\infty\}$$

はT上のベクトル場である．このベクトル場をX_Dとすると，f_DがC^1であることからX_DはC^1ベクトル場である．X_Dの軌道曲線が$c_s\,(0\leqq s<1)$だから，定理1.11からX_Dの軌道には周期的なものもエルゴード的なものも含まれていない．よって次の定理が証明された．

定理1.12 トーラス上で周期的軌道もエルゴード的軌道も持たないような特異点のないC^1ベクトル場X_Dが存在する．

この例はあとで注意するように，真葉と例外葉を合わせ持つ葉層構造の例となっている(§16).

§7 Siegelの定理

この節でSiegelによる定理1.6の証明を述べる．定理1.10のようなベクトル場については，§5の$S_0{}^1=S_1{}^1$のようにトーラスT上の閉曲線で各軌道曲線が必ずそれを横断するものが自然にとれ，これからC^r同相写像$f:S^1\to S^1$がきまり，このfによって軌道の位相的性質を論ずることができた．ところが一般のベクトル場については，そのような閉曲線の存在は自明ではない．Siegelはしかし一般のベクトル場についても同様な性質をもつ閉曲線の存在を証明したのである．

$X=\{v_p;p\in T\}$をトーラスT上の特異点のないC^rベクトル場で，$r\geqq 1$であるとする．φを閉区間$[0,\alpha]$で定義された$C^{r'}$単純閉曲線$(r'\geqq 1)$で，任意の$0\leqq t\leqq\alpha$に対して$\varphi(t)$におけるφの接ベクトル$\dfrac{d\varphi}{dt}(t)$と$v_{\varphi(t)}\in X$との間に1次関係がつねに成り立たないとき，すなわち，どのtにも

$$\frac{d\varphi}{dt}(t)=\lambda v_{\varphi(t)}$$

となる実数λが存在しないとき，φ或いはφの像をXに関して**横断的**な単純閉曲線という．

補助定理1.13 トーラスT上に特異点のないC^rベクトル場$X(r\geqq 1)$が与えられたとき，Xに関して横断的なC^{r+1}単純閉曲線$L(X)$がつねに存在する．

証明　$v_p \in X$ の ξ 成分，η 成分がそれぞれ λ_p, μ_p であるとする．点 p におけ る T の接ベクトルで ξ 成分，η 成分がそれぞれ $-\mu_p, \lambda_p$ のものを $\bar{v}_p$ と書くことにすると，$\bar{X}=\{\bar{v}_p; p\in T\}$ は T の特異点のない C^r ベクトル場である(図1.19).

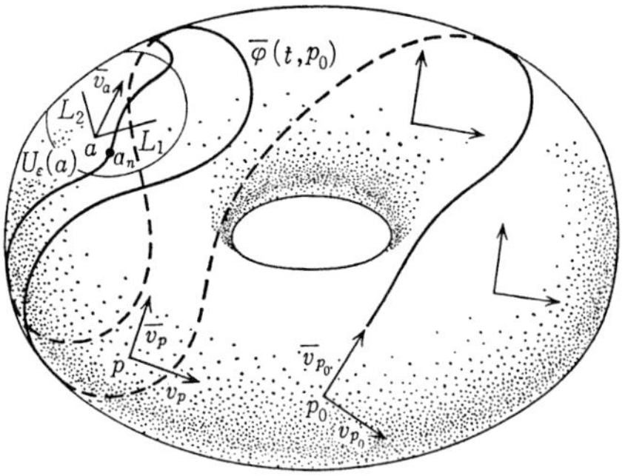

図1.19

いま，T に1点 p_0 を定め，p_0 を始点とする $\bar{X}$ の軌道曲線 $\overline{\varphi}(t,p_0)$ を考えよう．もしも $\overline{\varphi}(t,p_0)$ が周期的であれば，これは単純閉曲線であって $\bar{X}$ の定義から明らかなように X に関して横断的である．したがって求めるものがえられる．また，もしも $\overline{\varphi}(t,p_0)$ が周期的でなければ，$\overline{\varphi}(t,p_0)$ の一部分を使って求める単純閉曲線を次のように構成することができる．

$\overline{\varphi}(t,p_0)$ が周期的でないとすると，$\{\overline{\varphi}(n,p_0); n=0,1,2,\cdots\}$ は無限個の点からなる集合である．したがってこの集合の集積点が少なくとも一つ存在する(あとがきI，注5参照)．a を集積点とすると，$1,2,3,\cdots$ の部分列 $\bar{s}_1, \bar{s}_2, \bar{s}_3, \cdots$ をえらび $a_n=\overline{\varphi}(\bar{s}_n,p_0)$ とするとき

$$\lim_{n\to\infty} a_n = a$$

とできる．

十分小さな $\varepsilon>0$ をとると，a の ε 近傍 $U_\varepsilon(a)$ は次の二つの条件(i),(ii)を満たす．

(i)　$p\in U_\varepsilon(a)$ における $\bar{X}$ のベクトル $\bar{v}_p \in \bar{X}$ の成分を $(\bar{\lambda}_p, \bar{\mu}_p)$ とするとき，$U_\varepsilon(a)$ では $\bar{\lambda}_p, \bar{\mu}_p$ の変化は十分小さい．とくに $\mathrm{Tan}^{-1}(\bar{\mu}_p/\bar{\lambda}_p)$ の変化は $\pi/8$ より小さい．

(ii)　$\overline{\varphi}(t,p_0)$ における a_n と a_{n+1} との間の弧 $\widehat{a_n a_{n+1}}$ 全体が $U_\varepsilon(a)$ に含まれることはない $(n=0,1,2,\cdots)$.

a における $\bar{X}$ のベクトル $\bar{v}_a \in \bar{X}$ の成分を $(\bar{\lambda}_a, \bar{\mu}_a)$ とする．$U_\varepsilon(a)$ の局所座標系に関して，$L_1, L_2 \subset U_\varepsilon(a)$ を

$$L_1 = \{\langle\!\langle(\bar{\lambda}_a+\bar{\mu}_a)t, (-\bar{\lambda}_a+\bar{\mu}_a)t\rangle\!\rangle; 0 \leqq t < \varepsilon'\},$$
$$L_2 = \{\langle\!\langle(\bar{\lambda}_a-\bar{\mu}_a)t, (\bar{\lambda}_a+\bar{\mu}_a)t\rangle\!\rangle; 0 \leqq t < \varepsilon'\}$$

と定義する．L_1, L_2 は a において $\bar{v}_a$ と $\pm\pi/4$ の角度で交わる半直線である(図1.19，図1.20)．

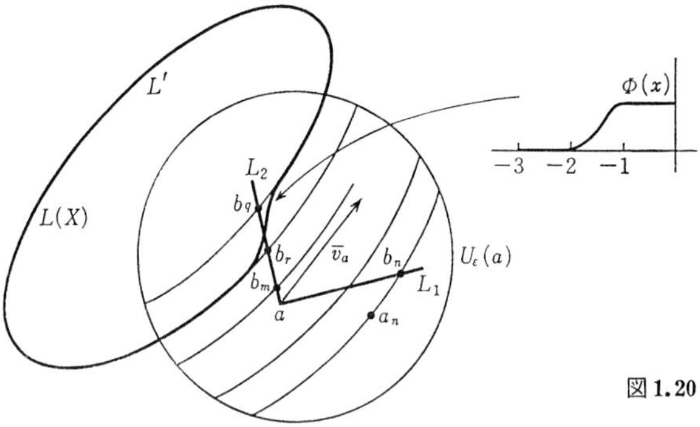

図 **1.20**

$\lim_{n\to\infty} a_n = a$ だから，軌道曲線 $\bar{\varphi}(t, p_0)$ は十分大きい n に対して a_n の近くで L_1 或いは L_2 と交わる．その点を $b_n = \bar{\varphi}(s_n, p_0)$ とする(図1.20)．軌道曲線 $\bar{\varphi}(t, p_0)$ における弧 $\widehat{a_n b_n}$ は $U_\varepsilon(a)$ に含まれるとしてよい．ここで必要があれば部分列 $\bar{s}_1, \bar{s}_2, \bar{s}_3, \cdots$ のとり方を適当に変えることにより，すべての $a_n\,(n=1, 2, \cdots)$ について上述のように b_n がえらべるとしてよい．$U_\varepsilon(a)$ に関する性質(i),(ii)から a_n に対して b_n は一意的にきまり，$s_1, s_2, \cdots$ は単調増加列で $b_1, b_2, \cdots$ はすべて異る点である．また，当然 $\lim_{n\to\infty} b_n = a$ となっている．

$b_1, b_2, \cdots, b_n, \cdots$ は $L_1 \cup L_2$ 上の点であるから，L_1 と L_2 のどちらかの上には無限個ある．したがって，$q < m$ であって

$$b_m \in \overline{ab_q}$$

となる m, q が必ず存在する(図1.20)．軌道曲線 $\bar{\varphi}(t, p_0)$ の $s_q < t \leqq s_m$ の部分が線分 $\overline{b_q b_m}$ とはじめて交わる点を b_r とすると(図1.20)，軌道曲線 $\bar{\varphi}(t, p_0)$ における弧 $\widehat{b_q b_r}$ と $L_1 \cup L_2$ 上の線分 $\overline{b_r b_q}$ との和集合は単純閉曲線 L' をつくる．構成から明らかなように，L' は X に関して横断的で b_q, b_r のところを除いて C^{r+1} である．L' において折れまがっている点 b_q, b_r のところを C^∞ に補正する

ために，補助定理1.5の C^∞ 関数 $\Phi(x)$ の $-3\leqq x\leqq 0$ の部分のグラフ $\{(x,\Phi(x));-3\leqq x\leqq 0\}$ を使って，$\{(x,\Phi(x));-3\leqq x\leqq -2,-1\leqq x\leqq 0\}$ の部分を $\widehat{b_q b_r}$ 上にのせ，$\{(x,\Phi(x));-2\leqq x\leqq -1\}$ の部分で $\overline{b_q b_r}$ を近似する写像を考え，この像によって L' を補正したものを $L(X)$ とすると(図1.20)，$L(X)$ は C^{r+1} 単純閉曲線であって X に関して横断的である．▌

補助定理1.14　補助定理1.13の単純閉曲線 $L(X)$ はトーラス T を二つの部分に分けない．

証明　$L(X)$ が T を二つの部分 A_1, A_2 に分けたと仮定してみよう(図1.21(i))．A_1, A_2 の境界はともに $L(X)$ であるから，$L(X)$ と2次元球体 D^2 の境界を同一視することによって $M_1=A_1\cup D^2$ をつくることができる(図1.21(ii))．M_1 はいわゆる閉曲面である(あとがきI，注6参照)．同様に A_2 から閉曲面 $M_2=A_2\cup D^2$ をつくる(図1.21(iii))．

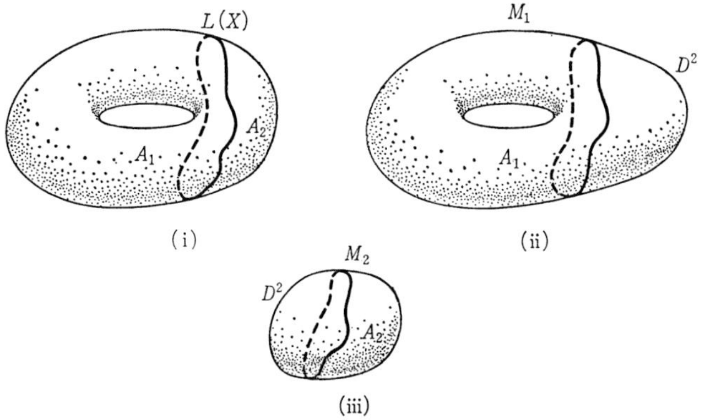

図1.21

T が向きづけ可能な閉曲面だから，M_1, M_2 も向きづけ可能である．また，$L(X)$ を折線で近似してみればわかるように，M_1, M_2 は単体分割可能である．よく知られているように，向きづけ可能な閉曲面 M はEuler数 $\chi(M)$ によって分類できる(あとがきI，注6参照)．2次元球面 S^2 のEuler数は $\chi(S^2)=2$ であり，トーラス T のEuler数は $\chi(T)=0$，それ以外の向きづけ可能な閉曲面のEuler数は負の偶数である．もしも M_1, M_2 のいずれもが S^2 でないとすると，M_1, M_2 のEuler数 $\chi(M_1), \chi(M_2)$ は

$$\chi(M_1) \leqq 0, \qquad \chi(M_2) \leqq 0$$

だから，D^2, S^1 の Euler 数がそれぞれ $\chi(D^2)=1, \chi(S^1)=0$ であることから，

$$\chi(A_i) = \chi(M_i) - \chi(D^2) + \chi(S^1) \leqq -1 \qquad (i=1,2)$$

であって，これから

$$\chi(T) = \chi(A_1 \cup A_2) = \chi(A_1) + \chi(A_2) - \chi(S^1) \leqq -2$$

となり矛盾．よって M_1, M_2 のうちのいずれかは S^2 でなければならない．たとえば，M_1 が S^2 であるとすると，A_1 は S^2 から $\mathrm{Int}\, D^2$ を除いたものだから，A_1 は D^2 と同一視できる．(M_2 が S^2 の場合も同じ論法が適用できる．)

$\{v_p; v_p \in X, p \in A_1\}$ は A_1 上，したがって D^2 上で定義された C^r ベクトル場である．これを X_1 と書くことにしよう．$L(X)$ が X に横断的であることから，D^2 の境界では X_1 のベクトルはすべて外向き或いはすべて内向きである(図1.22)．D^2 の1点 p における X_1 のベクトルを $\hat{v}_p$ とするとき，原点 O から $\hat{v}_p$ に平行に引いた半直線が D^2 の境界 S^1 と交わる点を $f(p)$ とすれば，f は D^2 から S^1 への連続写像

$$f: D^2 \to S^1$$

を定める．f を D^2 の境界 S^1 に制限した写像

$$f|S^1: S^1 \to S^1$$

を考えると，X_1 のベクトルが S^1 ですべて外向き或いはすべて内向きということから，$f|S^1$ は恒等写像にホモトープであり，$f|S^1$ の写像度 $\gamma(f|S^1)$ は1である(あとがきI，注6参照)．一方，$f|S^1$ は $f: D^2 \to S^1$ を制限したものだから

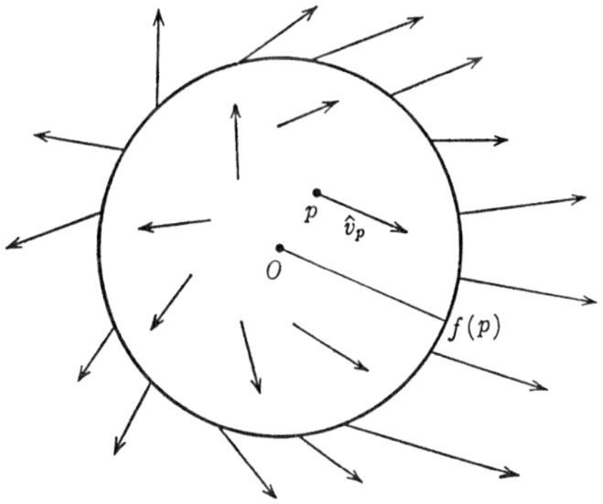

図 1.22

$\gamma(f|S^1)=0$ でなければならない．これは矛盾．したがって M_1, M_2 のうちのいずれも S^2 となることはない．よって $L(X)$ は T を二つの部分に分けない．▌

補助定理 1.15　L をトーラス T の C^0 単純閉曲線で，補助定理 1.13 の $L(X)$ と交わらないとする．このとき，L は $T-L(X)$ を二つの部分に分ける．

証明　T を $L(X)$ によって切り開くと，補助定理 1.14 により二つの $L(X)$ を境界にもつ2次元曲面ができるが，これに二つの D^2 を $L(X)$ と D^2 の境界を同一視することで貼りつけると閉曲面がえられる(図 1.23)．この閉曲面を M' とすると，T が向きづけ可能だから M' も向きづけ可能であって，Euler 数は $\chi(T)=0, \chi(D^2)=1$ だから

$$\chi(M') = \chi(T)+2\chi(D^2) = 2$$

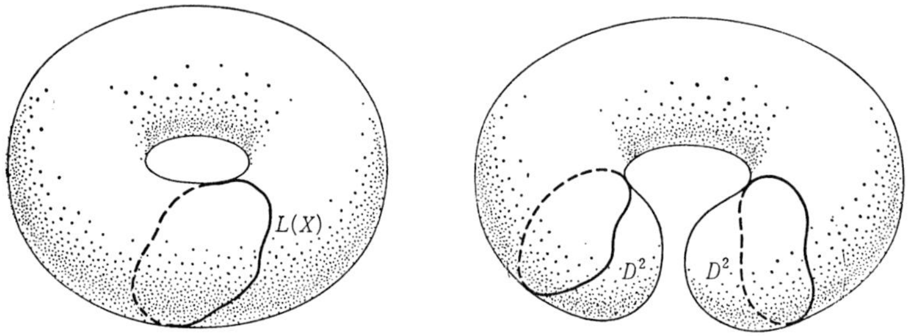

図 1.23

である．よって閉曲面の分類定理から M' は S^2 である．L は M' の C^0 単純閉曲線だから，有名な Jordan の定理から L は M' を二つの部分に分ける．したがって $T-L(X)$ は L によって二つの部分に分けられる．▌

以下，$X=\{v_p; p\in T\}$ をトーラス T 上の特異点のない C^r ベクトル場($r\geqq 1$)で，X の軌道はすべて周期的でないとする．

$\varphi(t,q)$ を $q\in T$ を始点とする X の軌道曲線とする．いま，$\varphi(t,q)$ は $t>0$ の部分において $L(X)$ とは交わらないと仮定してみよう．(この仮定から矛盾が生ずることを示すわけである．)

q を通る X の軌道 $C(q)$ の ω 極限集合 $L^+(q)$ は §4 で述べたように空でない閉集合である．$L(X)$ は X に関して横断的で，$\{\varphi(t,q); 0\leqq t<\infty\}\cap L(X)=\phi$ であるから，明らかに

$$L^+(q)\cap L(X)=\phi$$

である．$L^+(q)$に関して次の補助定理が成立する．

補助定理 1.16　$L^+(q)$の任意の点q'に対して，q'を始点とするXの軌道曲線$\varphi(t,q')$は周期的である．

証明　軌道曲線$\varphi(t,q')$が周期的でないと仮定しよう．補助定理1.13の証明中のように，正の整数の単調増加列$t_1', t_2', \cdots, t_n', \cdots$を適当にえらんで，$\varphi(t_n', q')=a_n$とするとき，$a_1, a_2, \cdots, a_n, \cdots$が$c\in T$に収束し，

$$\lim_{n\to\infty} a_n = c$$

となるようにできる．$L^+(q)$は不変集合であるから(定理1.3)，$a_n\in L^+(q)$ $(n=1, 2, \cdots)$で，$c\in L^+(q)$である．したがって，$c\notin L(X)$．よって，εを十分小にとるとき，cのε近傍$U_\varepsilon(c)$は次の条件(i), (ii), (iii)を満たす．

(i)　$U_\varepsilon(c)\cap L(X)=\phi$．

(ii)　$p'\in U_\varepsilon(c)$におけるXのベクトル$v_{p'}$の成分を$(\lambda_{p'}, \mu_{p'})$とするとき，$U_\varepsilon(c)$では$(\lambda_{p'}, \mu_{p'})$の変化は十分小さい．

(iii)　εは$|\lambda_{p'}|+|\mu_{p'}|$に比して十分小さい．

いま，cにおけるXのベクトルv_cの成分が(λ_c, μ_c)であるとして，$U_\varepsilon(c)$の局所座標系に関して線分lを

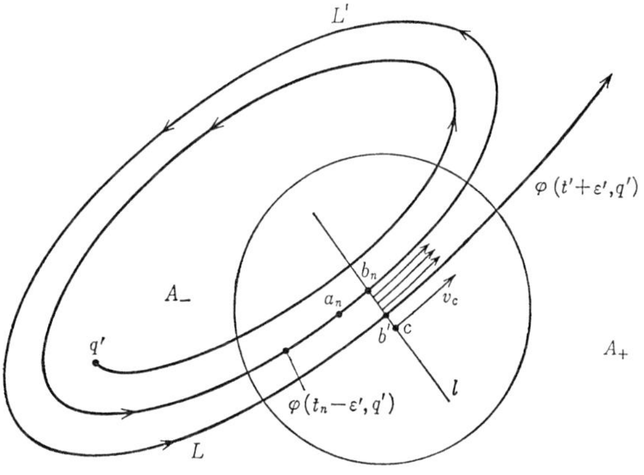

図 **1.24**

$$l=\{\langle\!\langle -\mu_c t, \lambda_c t\rangle\!\rangle;\ -\delta<t<\delta\}$$

で定義する．ただし，δ を十分小にとって，$l\subset U_\varepsilon(c)$ であるとする．l は c において v_c と直交している(図1.24).

軌道曲線 $\varphi(t,q')$ は十分大きい n に対して，a_n の近くで l と交わる．その点を $b_n=\varphi(t_n,q')$ $(|t_n-t_n'|<\varepsilon')$ とする．また，$\varphi(t,q')$ の $t>t_n$ の部分がはじめて l と交わる点を $b'=\varphi(t',q')$ とする．曲線 $\{\varphi(t,q');t_n\leqq t\leqq t'\}$ を L' とすると，明らかに $L'\cap L(X)=\phi$ である．したがって，$L=L'\cup\overline{b_nb'}$ を L' と l 上の線分 $\overline{b_nb'}$ の和集合とすると，L は T 上の C^0 単純閉曲線で，

$$L\cap L(X)=\phi$$

である(図1.24). 補助定理1.15から，この L は $T-L(X)$ を二つの部分に分けている．この二つの部分のうち，$\varphi(t_n-\varepsilon',q')$ を含む部分を A_-，$\varphi(t'+\varepsilon',q')$ を含む部分を A_+ とする．

$L^+(q)$ は不変集合であるから，$\varphi(t'+\varepsilon',q')\in L^+(q)$ であり，したがって或る $\bar{t}$ に対して $\varphi(\bar{t},q)$ は $\varphi(t'+\varepsilon',q')$ に非常に近い点で，$\varphi(\bar{t},q)\in A_+$ である．

軌道曲線 $\varphi(t,q)$ の $\bar{t}\leqq t$ の部分 $L_1=\{\varphi(t,q);\bar{t}\leqq t<\infty\}$ を考えよう．はじめの仮定から $L_1\cap L(X)=\phi$ であり，また，L_1 は L' を横断することはなく，$\overline{b_nb'}$ における X のベクトルの向きが A_- から A_+ へ向っているから(図1.24)，$L_1\subset A_+$ である．したがって $L^+(q)\subset A_+$ でなければならないが，これは $\varphi(t_n-\varepsilon',q')\in A_-$ が $L^+(q)$ の点であることに反する．よって軌道曲線 $\varphi(t,q')$ は周期的である．∎

この補助定理1.16によって，X の軌道曲線 $\varphi(t,q)$ が $t>0$ の部分において $L(X)$ とは交わらないと仮定すると，X は周期的軌道をもつこととなり，仮定に反する．$t>0$ を $t<0$ でおきかえても全く同様のことが成り立つ．よって次の補助定理が証明された．

補助定理 1.17 X をトーラス T 上の特異点のない C^r ベクトル場で，$r\geqq 1$ とし，X の軌道曲線はすべて周期的でないとする．このとき，T の任意の点 q を始点とする X の軌道曲線 $\varphi(t,q)$ は $t>0$ の部分で補助定理1.13の $L(X)$ と必らず交わる．ここで，$t>0$ を $t<0$ としても同じ結論をうる．

この補助定理で X の軌道曲線がすべて周期的でないという条件は必要である．この条件をおとすと§4の第3の例(21頁)のように上記の結論は成立しな

い．

定理1.6の証明　補助定理1.17と定理1.7を使って定理1.6を証明する．Xの軌道曲線はすべて周期的でないと仮定しよう．Tの任意の点qを始点とする軌道曲線$\varphi(t,q)$はすべて$L(X)$と交わるから（補助定理1.17），Xの軌道をしらべるには$L(X)$上の点を通る軌道をしらべればよい．$q\in L(X)$を始点とする軌道曲線$\varphi(t,q)$が$t>0$の部分で$L(X)$と交わる点のうちtが最小であるものを$\bar{f}(q)$とする．補助定理1.17からそのような$\bar{f}(q)$は必ず存在する．$L(X)$をS^1と同一視すると，$\bar{f}$はC^r同相写像$\bar{f}:S^1\to S^1$を定める（$r\geqq 2$）．もしも$\bar{f}$が周期点をもてば，定理1.10の場合のようにXは周期的軌道をもつことになり仮定に反する．よって定理1.7からS^1のすべての点は$\bar{f}$のエルゴード点である．したがって定理1.10の場合のようにすべての軌道はエルゴード的である．▌

第1章で述べたトーラス上の特異点のない力学系は第3章§23において3次元球面上のSchweitzerの力学系の構成に本質的に使用されるとともに，第4章以下における葉層構造のもっとも低い次元での例として葉層構造の直観的理解に役立つものである．

第2章　C^r 多様体と接空間

§8　位相空間

多様体の定義を述べる準備として，位相空間の基本的概念をここで簡単にまとめておく．

集合 X に対して，X の部分集合を元とする集合(族) $\mathcal{O}=\{U_\lambda;\ U_\lambda\subset X, \lambda\in\Gamma\}$ が与えられて，次の三つの条件

($\mathrm{O_I}$)　$X\in\mathcal{O}$，$\phi\in\mathcal{O}$　　(ϕ は空集合)，

($\mathrm{O_{II}}$)　$\{U_\lambda;\lambda\in\Gamma'\}$ を $\mathcal{O}$ の任意の部分集合とするとき

$$\bigcup_{\lambda\in\Gamma'} U_\lambda\in\mathcal{O},$$

($\mathrm{O_{III}}$)　$U_\lambda, U_\mu\in\mathcal{O}$ ならば

$$U_\lambda\cap U_\mu\in\mathcal{O}$$

を満たしているとき，$\mathcal{O}$ は X に**位相**を定めるといい，$(X,\mathcal{O})$ 或いは単に X を**位相空間**という．また，$\mathcal{O}$ をこの位相の**開集合系**，$\mathcal{O}$ の元を X の**開集合**という．

位相空間 X の元を**点**という．X の点 x に対し，x を含む開集合を x の**近傍**という．X の部分集合 F が，$\mathcal{O}$ の或る元 U に対して $F=X-U$ であるとき，F を X の**閉集合**という．

$\mathcal{O}'$ を開集合系 $\mathcal{O}$ の或る部分集合とする．もしも，任意の開集合 $U\in\mathcal{O}$ がつねに $\mathcal{O}'$ に属する開集合の和集合として

$$U=\bigcup_{\mu} U_\mu \qquad (U_\mu\in\mathcal{O}')$$

の形で書き表わされるとき，$\mathcal{O}'$ を $\mathcal{O}$ の**基**という．とくに $\mathcal{O}'$ が可算集合であるとき，$\mathcal{O}'$ を**可算基**といい，$(X,\mathcal{O})$ を**可算基をもつ**位相空間という．

$(X,\mathcal{O})$ を位相空間，Y を X の部分集合とする．$\mathcal{O}_Y$ を

$$\mathcal{O}_Y=\{Y\cap U_\lambda;\ U_\lambda\in\mathcal{O}\}$$

と定義すると，$\mathcal{O}_Y$ は Y に関して開集合系としての条件を満たし，$(Y,\mathcal{O}_Y)$ は位相空間となる．$\mathcal{O}_Y$ を $\mathcal{O}$ に関する Y の**相対位相**といい，$(Y,\mathcal{O}_Y)$ を $(X,\mathcal{O})$ の**部分空間**という．

位相空間 X に対して，空でない開集合 U_1,U_2 で $U_1\cup U_2=X$, $U_1\cap U_2=\phi$ となるようなものが存在しないとき，X は**連結**であるという．X の部分空間 Y が相対位相に関して連結であるとき，Y を**連結**という．X の部分空間 Y_1,Y_2 がともに連結で，$Y_1\cap Y_2\neq\phi$ であれば，容易に証明できるように $Y_1\cup Y_2$ も連結である．位相空間 X において，X の一点 p を含むすべての連結な部分空間 $Y_\sigma\,(\sigma\in\Sigma)$ の和集合 $C_p=\bigcup_{\sigma\in\Sigma}Y_\sigma$ をつくれば，C_p は前述のように連結である．この C_p を，p を含む X の**連結成分**という．いま，$p,q\in X$ とすると，$C_p=C_q$ 或いは $C_p\cap C_q=\phi$ である．これから，X は互いに共通点をもたない連結成分の和集合として表わされることが分かる．

$(X,\mathcal{O}),(X,\mathcal{O}')$ を位相空間とする．X と X' の積集合 $X\times X'$ に対して，$X\times X'$ の部分集合を元とする集合(族) $\tilde{\mathcal{O}}$ で，次の三つの条件(i), (ii), (iii)を満たすものが一意的に存在する．

(i) $\tilde{\mathcal{O}}$ は $X\times X'$ の開集合系である．

(ii) $U_\lambda\in\mathcal{O}$, $U_{\lambda'}'\in\mathcal{O}'$ とすると，$U_\lambda\times U_{\lambda'}'\in\tilde{\mathcal{O}}$.

(iii) $\tilde{\mathcal{O}}$ は上記の条件(i),(ii)を満たすもののうち最小である．

$(X\times X',\tilde{\mathcal{O}})$ を $(X,\mathcal{O}),(X',\mathcal{O}')$ の**積空間**といい，単に $X\times X'$ と書く．

位相空間 $(X,\mathcal{O})$ で $\mathcal{O}$ が X のすべての部分集合からなるとき，これを**離散位相空間**という．

位相空間 X の異なる二点 p,q に対して，

$$p\in U, q\in U',\qquad U\cap U'=\phi$$

を満たす $U,U'\in\mathcal{O}$ がつねに存在するとき，この位相空間 X を **Hausdorff 空間**という．Hausdorff 空間では一点のみからなる集合は閉集合である．

集合 A の任意の元 x,y に対して実数 $\rho(x,y)$ が定まって，**'距離の公理'**

(i) $\rho(x,y)\geqq 0$ で，$x=y$ のとき且つそのときに限り $\rho(x,y)=0$,

(ii) $\rho(x,y)=\rho(y,x)$,

(iii) $x,y,z\in A$ に対して

$$\rho(x, y) \leqq \rho(x, z) + \rho(z, y)$$

を満たしているとき，ρ を A の**距離**といい，A を**距離空間**という．A を距離空間，B を A の部分集合とするとき，$x, y \in B$ に対して $\rho(x, y)$ を考えれば，B は距離空間となる．

n 次元 Euclid 空間 $\boldsymbol{R}^n = \{(x_1, x_2, \cdots, x_n); x_i \in \boldsymbol{R}, i=1, 2, \cdots, n\}$ (ただし $\boldsymbol{R}$ は実数全体の集合)は $x=(x_1, x_2, \cdots, x_n)$, $y=(y_1, y_2, \cdots, y_n)$ に対して距離 ρ を

$$\rho(x, y) = \sqrt{(x_1-y_1)^2+(x_2-y_2)^2+\cdots+(x_n-y_n)^2}$$

と定義することにより距離空間になる．したがって $\boldsymbol{R}^n$ の部分集合はすべて距離空間である．

距離空間 A において，$x \in A$ と正数 $\varepsilon > 0$ に対して，x の **ε 近傍** $U_\varepsilon(x)$ を

$$U_\varepsilon(x) = \{y \in A; \rho(x, y) < \varepsilon\}$$

で定義する．

A の或る部分集合 U の任意の点 x に対して，$U_\varepsilon(x) \subset U$ となる ε がつねに存在するとき，U を**距離 ρ に関する開集合**という．距離 ρ に関する開集合全体からなる集合(族)を $\mathcal{O}_\rho$ とすると，容易に確かめられるように，$\mathcal{O}_\rho$ は前述の開集合系の三つの条件$(\mathrm{O_I})$, $(\mathrm{O_{II}})$, $(\mathrm{O_{III}})$を満たし，$\mathcal{O}_\rho$ は A に位相を定める．$(A, \mathcal{O}_\rho)$ を**距離 ρ の定める位相空間**という．この位相空間は Hausdorff 空間である．

したがって，$\boldsymbol{R}^n$ および $\boldsymbol{R}^n$ の部分集合は上述の意味で可算基をもつ Hausdorff 空間である．

$(X, \mathcal{O})$ を位相空間とする．X の部分集合 A に対して，A を含むような閉集合のうち最小のものを A の**閉包**といい，$\bar{A}$ と書く．また，A に含まれる開集合のうち最大のものを A の**内部**といい，$\mathrm{Int}\, A$ と書く．$\bar{A} - \mathrm{Int}\, A$ を A の**境界**といい，$\bar{A} - \mathrm{Int}\, A$ に属する点を A の**境界点**という．X の或る部分集合 B が $\bar{B} = X$ であるとき，B は X で**稠密**であるという．

$p_1, p_2, \cdots, p_n, \cdots$ を X の点列とする．この点列に対して X の元 a が存在して，a の近傍 U が任意に与えられたとき，それに対して自然数 $n(U)$ を

$$m > n(U) \quad \text{ならば} \quad p_m \in U$$

を満たすようにとれるとき，点列 $p_1, p_2, \cdots, p_n, \cdots$ は a に**収束する**といい，

$$\lim_{n\to\infty} p_n = a$$

と書く．また，a をこの点列の**極限点**という．

X が距離空間の場合には，$\lim_{n\to\infty} p_n = a$ は $\lim_{n\to\infty} \rho(p_n, a)=0$ と同値である．

位相空間 $(X, \mathcal{O})$ の開集合を元とする集合(族)

$$\mathfrak{U}=\{U_\sigma;\ U_\sigma\in\mathcal{O},\ \sigma\in\Sigma\}$$

が，$\bigcup_\sigma U_\sigma = X$ であるとき，$\mathfrak{U}$ を X の**開被覆**という．位相空間 X の如何なる開被覆 $\mathfrak{U}$ に対しても，$\mathfrak{U}$ の適当な有限個の元 $U_{\sigma_1}, U_{\sigma_2}, \cdots, U_{\sigma_s}$ で $\{U_{\sigma_i}; i=1,2,\cdots, s\}$ が X の開被覆になるものが存在するとき，X を**コンパクト**な位相空間という．$\boldsymbol{R}^n$ の有界閉集合はコンパクトである．$(X, \mathcal{O})$ がコンパクトな位相空間であるとき，Y を X の閉集合とすると，$(Y, \mathcal{O}_Y)$ はまたコンパクトである．

$\mathcal{F}=\{F_\lambda;\ \lambda\in\Lambda\}$ をコンパクトな位相空間 X の閉集合 F_λ を元とする集合(族)とする．$\mathcal{F}$ の中から任意に有限個の $F_{\lambda_1}, F_{\lambda_2}, \cdots, F_{\lambda_n}$ を選んだとき，つねに $F_{\lambda_1}\cap F_{\lambda_2}\cap\cdots\cap F_{\lambda_n} \neq \phi$ であるとすると（このことを**有限交叉性**という），

$$\bigcap_{\lambda\in\Lambda} F_\lambda \neq \phi$$

である．なぜなら，$U_\lambda = X - F_\lambda$ とするとき，もしも $\bigcap_{\lambda\in\Lambda} F_\lambda = \phi$ であれば $\{U_\lambda;\ \lambda\in\Lambda\}$ は X の開被覆となるから，適当な有限個の $U_{\lambda_i}\ (i=1,2,\cdots,n)$ を選べば，$\bigcup_{i=1}^{n} U_{\lambda_i} = X$ すなわち $\bigcap_{i=1}^{n} F_{\lambda_i} = \phi$ となるからである．

定理 2.1 A を距離空間とし，$(A, \mathcal{O}_\rho)$ がコンパクトであるとする．$p_1, p_2, \cdots, p_n, \cdots$ を A の点列とするとき，この点列の部分列で A の一点に収束するものが存在する．

証明 もしも収束する部分列が存在しないとすると，$A-\{p_1, p_2, \cdots, p_n, \cdots\}$ の任意の点 x に対して，x の ε 近傍 $U_\varepsilon(x)$ を適当にとると，$U_\varepsilon(x)\cap\{p_1, p_2, \cdots, p_n, \cdots\}=\phi$ となるから，$A-\{p_1, p_2, \cdots, p_n, \cdots\}$ は A の開集合である．また，各 p_i に対して，$U_{\varepsilon_i}(p_i)\cap\{p_1, p_2, \cdots, p_n, \cdots\}=\{p_i\}$ となる $U_{\varepsilon_i}(p_i)$ が存在する．$A-\{p_1, p_2, \cdots, p_n, \cdots\}$ および $U_{\varepsilon_i}(p_i)\ (i=1,2,\cdots)$ は A の開被覆であるが，この中の有限個で A の開被覆となるものはとれない．これは A がコンパクトであるという仮定に反する．▌

$(X, \mathcal{O}), (X', \mathcal{O}')$ を位相空間とする．写像

$$f: X \to X'$$

が任意の $U'\in\mathcal{O}'$ に対して，つねに $f^{-1}(U')\in\mathcal{O}$ であるとき，f を**連続写像**とい

う．とくに，$f:X\to X'$ が上への1対1写像であり，f および f^{-1} がともに**連続写像**であるとき，f を**同相写像**という．同相写像 $f:X\to X'$ が存在するとき，X と X' とは**同相**であるという．

X, X', X'' を位相空間，$f:X\to X', f':X'\to X''$ を連続写像とすると，$f'\circ f:X\to X''$ は連続写像である．

閉区間$[0,1]$から位相空間 X への連続写像 $f:[0,1]\to X$ の像 $f([0,1])$ を X の**弧**といい，$f(0)=p, f(1)=q$ であるとき，$f([0,1])$ を p と q とを**結ぶ弧**という．X の任意の二点 x, y に対して，x と y とを結ぶ X の弧がつねに存在するとき，X を**弧状連結**であるという．容易に示せるように，X が弧状連結ならば X は連結である．しかしこの逆は一般には成立しない．

位相空間 X において，X の一点 p を含むすべての弧状連結な部分空間の和集合を C_p' とすると，C_p' は明らかに弧状連結である．この C_p' を，p を含む X の**弧状連結成分**という．X は互いに共通点をもたない弧状連結成分の和集合として表わされる．

§9 C^r 多様体

$n+1$ 次元 Euclid 空間 $\boldsymbol{R}^{n+1}$ の部分集合

$$\{(x_1, x_2, \cdots, x_{n+1}); x_i \in \boldsymbol{R}\ (i=1, 2, \cdots, n+1), x_1{}^2+x_2{}^2+\cdots+x_{n+1}{}^2=1\}$$

を **n 次元球面**といい，S^n と書く．また，n 次元 Euclid 空間 $\boldsymbol{R}^n$ の部分集合

$$\{(x_1, x_2, \cdots, x_n); x_i \in \boldsymbol{R}\ (i=1, 2, \cdots, n), x_1{}^2+x_2{}^2+\cdots+x_n{}^2 \leqq 1\}$$

を **n 次元球体**といい，D^n と書く．この定義から S^{n-1} は D^n の部分集合である．D^n-S^{n-1} を n 次元球体の**内部**といい，$\mathrm{Int}\, D^n$ と書くことにする．

$\boldsymbol{R}^{n+1}$ の座標を使えば，S^n の点は $n+1$ 個の実数の列 $x_1, x_2, \cdots, x_{n+1}$ で表わされるのであるが，これら $n+1$ 個の実数の間には関係式 $x_1{}^2+x_2{}^2+\cdots+x_{n+1}{}^2=1$ が成立していて，$x_1, x_2, \cdots, x_{n+1}$ は独立ではない．しかし，S^n の部分集合

$$U_i{}^+ = \{(x_1, x_2, \cdots, x_{n+1}); x_1{}^2+x_2{}^2+\cdots+x_{n+1}{}^2=1, x_i>0\},$$
$$U_i{}^- = \{(x_1, x_2, \cdots, x_{n+1}); x_1{}^2+x_2{}^2+\cdots+x_{n+1}{}^2=1, x_i<0\}$$
$$(i=1, 2, \cdots, n+1)$$

を考えれば，たとえば $U_i{}^+$ の点 $(x_1, x_2, \cdots, x_{n+1})$ は n 個の実数の列 $x_1, x_2, \cdots,$

$x_{i-1}, x_{i+1}, \cdots, x_{n+1}$ によって一意的に表わされ，これら n 個の実数は独立である．いま，U_i^+ の点$(x_1, x_2, \cdots, x_{n+1})$に $\mathrm{Int}\, D^n$ の点$(x_1, x_2, \cdots, x_{i-1}, x_{i+1}, \cdots, x_{n+1})$を対応させる写像を

$$\varphi_i^+ : U_i^+ \to \mathrm{Int}\, D^n$$

とすると，φ_i^+ は同相写像である．（図 2.1 参照，ただしこの図は $i=n+1$ の場合である．）

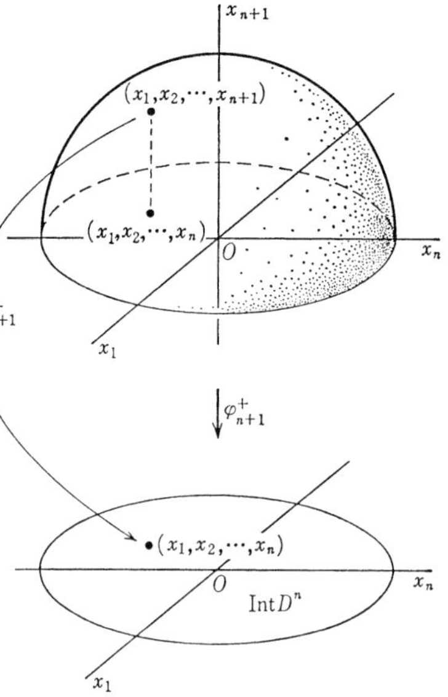

図 2.1

$\mathrm{Int}\, D^n$ の点は独立な n 個の実数 $x_1, x_2, \cdots, x_n$ で表わされ，この意味で $\mathrm{Int}\, D^n$ はそのまま座標によって表現されている．これに反して，S^n 全体を独立な実数の（有限）列で自然に表わすことはできない．しかし S^n に対して上述のように写像 φ_i^+ を考えると，S^n における U_i^+ の部分は独立な n 個の実数による表現が可能である．いいかえれば，φ_i^+（或いは$(\varphi_i^+)^{-1}$）は U_i^+ の部分に‘座標’を導入する役割をはたしている．全く同様に同相写像 $\varphi_i^- : U_i^- \to \mathrm{Int}\, D^n$ を定義して，U_i^- にも‘座標’を導入することができる．

S^n の同一の点が異る‘座標’で表わされているとき，その間の関係をしらべてみよう．たとえば，$U_1^+ \cap U_2^+ \ni (x_1, x_2, \cdots, x_{n+1})$ $(x_1>0, x_2>0)$ に対しては

$$\varphi_1{}^+(x_1, x_2, \cdots, x_{n+1}) = (x_2, x_3, \cdots, x_{n+1}),$$
$$\varphi_2{}^+(x_1, x_2, \cdots, x_{n+1}) = (x_1, x_3, \cdots, x_{n+1})$$

であるから，

$$\varphi_2{}^+\circ(\varphi_1{}^+)^{-1} : \varphi_1{}^+(U_1{}^+\cap U_2{}^+) \to \varphi_2{}^+(U_1{}^+\cap U_2{}^+)$$

は $(y_1, y_2, \cdots, y_n)\in \mathrm{Int}\, D^n$ に対して

$$\varphi_2{}^+\circ(\varphi_1{}^+)^{-1}(y_1, y_2, \cdots, y_n) = \left(\sqrt{1-\sum_{i=1}^{n} y_i{}^2}, y_2, \cdots, y_n\right)$$

となる同相写像となっている．

S^n は $U_i{}^+, U_i{}^-$ $(i=1,2,\cdots,n+1)$ の和集合であるから，S^n を $U_i{}^+, U_i{}^-$ に分割して考えることにより，局所的には S^n に‘座標’$\varphi_i{}^+, \varphi_i{}^-$ が導入され，異る‘座標’は上述の $\varphi_2{}^+\circ(\varphi_1{}^+)^{-1}$ のような‘微分可能な関数’で対応づけられている．

このように局所的に‘座標’が導入されている位相空間を多様体というのである．

C^r 多様体の定義を述べよう．r は $0, 1, 2, \cdots, \infty$ のいずれかである．

M を可算基をもつ Hausdorff 空間とする．（ここで M を可算基をもつ距離空間としても一般性はほとんど失われない．）p を M の任意の点とする．p に対して p の近傍 U で n 次元 Euclid 空間 $\boldsymbol{R}^n$ の或る開集合と同相であるものがつねに存在するとき，M を n 次元**位相多様体**という．

例1　$\boldsymbol{R}^n$ 自身は n 次元位相多様体である．この場合は U としてすべて $\boldsymbol{R}^n$ をとればよい．

例2　n 次元球面 S^n も n 次元位相多様体である．この場合には U として $U_i{}^+$ または $U_i{}^-$ をとればよい．

例3　トーラス T は2次元位相多様体である．この場合 U として§3の $U_\varepsilon(p)$ をとればよい．

A を $\boldsymbol{R}^n$ の開集合，B を $\boldsymbol{R}^m$ の部分集合とし，$\varphi: A\to B$ を写像とする．$(x_1, x_2, \cdots, x_n)\in A$ に対して $\varphi(x_1, x_2, \cdots, x_n)\in B$ の各座標成分を $\varphi_i(x_1, x_2, \cdots, x_n)$ $(i=1,2,\cdots,m)$ と書けば，

$$\varphi(x_1, x_2, \cdots, x_n) = (\varphi_1(x_1, x_2, \cdots, x_n), \varphi_2(x_1, x_2, \cdots, x_n), \cdots, \varphi_m(x_1, x_2, \cdots, x_n))$$

であって，$\varphi_i: A\to \boldsymbol{R}$ は A で定義された実数値関数である．いま，$\varphi_i(x_1, x_2, \cdots, x_n)$ $(i=1,2,\cdots,m)$ が A の点 p においてすべて $\boldsymbol{C^r}$ **関数**，すなわち p におい

て $x_1, x_2, \cdots, x_n$ に関する第 r 階までの偏導関数が存在しそれらが連続であるとき，φ は p において **C^r である**という．φ が A の各点で C^r であるとき，φ は **C^r である**或いは **C^r 写像**であるという．φ が C^0 であるとは φ が A で定義された連続写像ということと同じである．

$\varphi: A \to B, \psi: B \to C$ (B は開集合，C は $\boldsymbol{R}^q$ の部分集合)がともに C^r ならば，定義から明らかなように $\psi \circ \varphi: A \to C$ は C^r である．

M を n 次元位相多様体とする．Λ を添数集合，$U_\lambda\ (\lambda \in \Lambda)$ を M の開集合，$\varphi_\lambda: U_\lambda \to V_\lambda\ (\lambda \in \Lambda)$ を U_λ から $\boldsymbol{R}^n$ の開集合 V_λ への同相写像とし，U_λ と φ_λ との対 $(U_\lambda, \varphi_\lambda)$ を元とする集合 $\mathcal{S} = \{(U_\lambda, \varphi_\lambda); \lambda \in \Lambda\}$ を考える．この $\mathcal{S}$ が r を $0, 1, 2, \cdots, \infty$ のいずれかとして次の条件$(\mathrm{M_I})$, $(\mathrm{M_{II}})$を満たしているとき，$\mathcal{S}$ を M の **C^r 座標近傍系**という．

$(\mathrm{M_I})$　$\{U_\lambda; \lambda \in \Lambda\}$ は M の開被覆，すなわち $\bigcup_{\lambda \in \Lambda} U_\lambda = M$.

$(\mathrm{M_{II}})$　$U_\lambda \cap U_\mu \neq \phi\ (\lambda, \mu \in \Lambda)$ であるとき，写像

$$\varphi_\mu \circ \varphi_\lambda^{-1}: \varphi_\lambda(U_\lambda \cap U_\mu) \to \varphi_\mu(U_\lambda \cap U_\mu), \quad \varphi_\lambda \circ \varphi_\mu^{-1}: \varphi_\mu(U_\lambda \cap U_\mu) \to \varphi_\lambda(U_\lambda \cap U_\mu)$$

はともに C^r である(図 2.2).

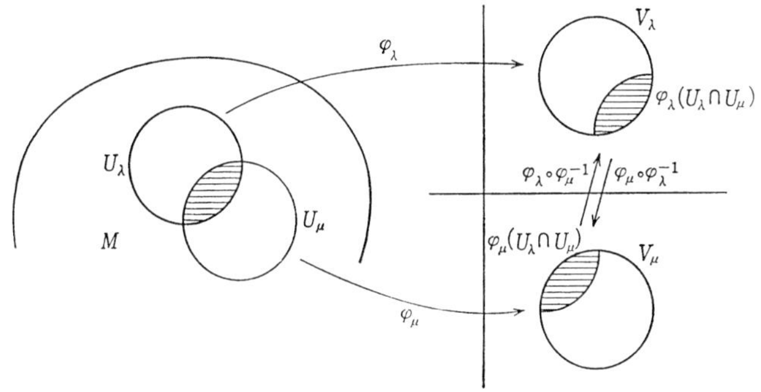

図 2.2

C^r 座標近傍系 $\mathcal{S}$ が与えられている n 次元位相多様体 M を n 次元 **C^r 多様体**或いは n 次元 **C^r 微分可能多様体**といい，$(M, \mathcal{S})$ 或いは単に M と書く．次元を明記するために $(M^n, \mathcal{S})$ 或いは M^n と書くこともある．$\mathcal{S}$ の元 $(U_\lambda, \varphi_\lambda)$ を**座標近傍**という．

定義から明らかなように，M が C^r 多様体であれば，$0 \leqq r' \leqq r$ のような r' に

対して M は $C^{r'}$ 多様体である．C^0 多様体とは位相多様体のことに他ならない．

位相多様体の例としてあげた例1では，$id: \boldsymbol{R}^n \to \boldsymbol{R}^n$ を恒等写像とするとき，$\mathcal{S}$ を $(\boldsymbol{R}^n, id)$ のみを元とする集合と考えれば，条件$(\mathrm{M_I})$は当然満たされ，条件$(\mathrm{M_{II}})$については $id \circ (id^{-1}) = id: \boldsymbol{R}^n \to \boldsymbol{R}^n$ が C^∞ 写像であって，$\boldsymbol{R}^n$ は C^∞ 多様体である．

例2の S^n はこの節の初めに述べたように $\mathcal{S} = \{(U_i{}^{\pm}, \varphi_i{}^{\pm}); i=1,2,\cdots,n+1\}$ を考えることにより C^∞ 多様体である．

例3のトーラス T も C^∞ 多様体である．§3の $U_\varepsilon(p)$ とその局所座標系$(P; \xi, \eta)$がきめる同相写像 $\varphi_{p,\varepsilon}: U_\varepsilon(p) \to \{(\xi,\eta); \sqrt{\xi^2+\eta^2} < \varepsilon\}$ の対$(U_\varepsilon(p), \varphi_{p,\varepsilon})$の集合を $\mathcal{S}$ とすると，$(\mathrm{M_I})$は当然満たされているし，この場合の $\varphi_{p',\varepsilon'} \circ \varphi_{p,\varepsilon}{}^{-1}$ は図2.3のように $\boldsymbol{R}^2$ の中の平行移動に他ならず C^∞ となっているからである．

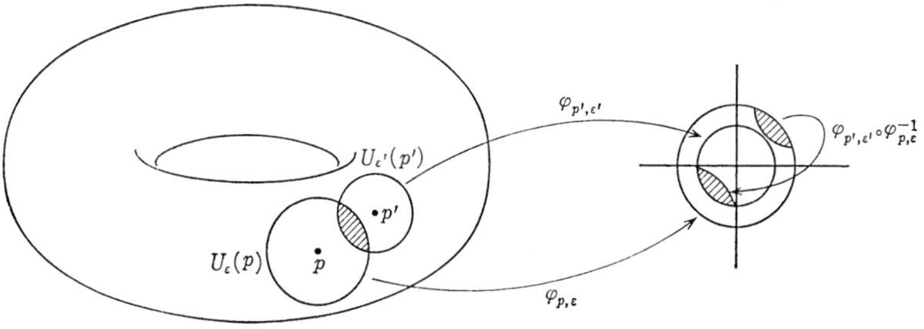

図 2.3

例4 $(M^n, \mathcal{S})$を C^r 多様体，W を M^n の開集合とするとき，$\mathcal{S}_W = \{((U_\lambda \cap W), \varphi_\lambda|(U_\lambda \cap W)); (U_\lambda, \varphi_\lambda) \in \mathcal{S}\}$ を考えると，$(W, \mathcal{S}_W)$は n 次元 C^r 多様体である．(ここで $\varphi_\lambda|(U_\lambda \cap W)$ は φ_λ を $U_\lambda \cap W$ に制限した写像を示す．)

$(M, \mathcal{S})$を n 次元 C^r 多様体とする．(U, φ)を M の開集合 U と U から $\boldsymbol{R}^n$ の開集合 V への同相写像 $\varphi: U \to V$ との対とする．$U \cap U_\lambda \neq \phi$ のような$(U_\lambda, \varphi_\lambda) \in \mathcal{S}$ に対して，写像

$$\varphi_\lambda \circ \varphi^{-1}: \varphi(U \cap U_\lambda) \to \varphi_\lambda(U \cap U_\lambda), \quad \varphi \circ \varphi_\lambda{}^{-1}: \varphi_\lambda(U \cap U_\lambda) \to \varphi(U \cap U_\lambda)$$

がともにつねに C^r であるとき，対(U, φ)は $\mathcal{S}$ に**適合する**という．

このとき，$\mathcal{S}$ にさらに(U, φ)をつけ加えてえられる集合を $\mathcal{S}'$ とすると，$\mathcal{S}'$ はまた M の C^r 座標近傍系で，$(M, \mathcal{S}')$は n 次元 C^r 多様体である．

補助定理 2.2 $(U, \varphi), (U', \varphi')$がともに $\mathcal{S}$ に適合しているとする．このとき

$U\cap U'\neq\phi$ であれば，写像

$$\varphi'\circ\varphi^{-1}:\varphi(U\cap U')\to\varphi'(U\cap U')$$

は C^r である.

証明　x を $U\cap U'$ の任意の一点とし，$(U_\lambda,\varphi_\lambda)\in\mathcal{S}$, $x\in U_\lambda$ であるとする．$\varphi_\lambda\circ\varphi^{-1}:\varphi(U\cap U'\cap U_\lambda)\to\varphi_\lambda(U\cap U'\cap U_\lambda)$, $\varphi'\circ\varphi_\lambda{}^{-1}:\varphi_\lambda(U\cap U'\cap U_\lambda)\to\varphi'(U\cap U'\cap U_\lambda)$ は仮定からともに C^r である．したがって

$$\varphi'\circ\varphi^{-1}=(\varphi'\circ\varphi_\lambda{}^{-1})\circ(\varphi_\lambda\circ\varphi^{-1}):\ \varphi(U\cap U'\cap U_\lambda)\to\varphi'(U\cap U'\cap U_\lambda)$$

は C^r となり，$\varphi'\circ\varphi^{-1}$ は $\varphi(x)$ で C^r である．よって $\varphi'\circ\varphi^{-1}$ は $\varphi(U\cap U')$ で C^r である．∎

C^r 多様体に関してそれぞれの目的に都合のいい座標近傍を自由に選択できることが望ましいから，座標近傍系はなるべく大きくとっておく方がよい．このため，$(M,\mathcal{S})$ に対して $\mathcal{S}$ と適合する対 (U,φ) すべてからなる集合 $\mathcal{S}_1$ を考えると，補助定理 2.2 から $\mathcal{S}_1$ は M の C^r 座標近傍系となっている．明らかに $\mathcal{S}$ の任意の元は $\mathcal{S}$ に適合するから，$\mathcal{S}\subset\mathcal{S}_1$ である.

$\mathcal{S}_1$ は $\mathcal{S}$ を部分集合として含む M の C^r 座標近傍系のうち極大のもので，$\mathcal{S}_1$ は $\mathcal{S}$ によって一意的に決定される．以後，C^r 多様体といったときには，C^r 座標近傍系として必要があれば $\mathcal{S}$ を $\mathcal{S}_1$ で置き換えることによって，極大な C^r 座標近傍系が与えられているものと考える．すなわち C^r 座標近傍系の定義として，$(\mathrm{M_I})$, $(\mathrm{M_{II}})$ に次の $(\mathrm{M_{III}})$ を加えることにする.

$(\mathrm{M_{III}})$　$\mathcal{S}$ は集合の包含関係に関して極大である.

このような C^r 座標近傍系 $\mathcal{S}$ をとくに M の **C^r 微分構造**とよぶこともある．極大のものをとることは，多くの座標近傍を含んでいることと，‘一意的’にきまるということの二つの点で都合がよいだけで，$(\mathrm{M_{III}})$ は幾何学的な意味では本質的な条件ではない.

$(M_1{}^n,\mathcal{S}_1)$, $(M_2{}^m,\mathcal{S}_2)$ を C^r 多様体とする．$(U_\lambda,\varphi_\lambda)\in\mathcal{S}_1$, $\varphi_\lambda:U_\lambda\to V_\lambda$, $(U_{\lambda'}{}',\varphi_{\lambda'}{}')\in\mathcal{S}_2$, $\varphi_{\lambda'}{}':U_{\lambda'}{}'\to V_{\lambda'}{}'$ $(V_\lambda\subset\boldsymbol{R}^n,\ V_{\lambda'}{}'\subset\boldsymbol{R}^m)$ に対して同相写像

$$\varphi_{\lambda,\lambda'}:U_\lambda\times U_{\lambda'}{}'\to V_\lambda\times V_{\lambda'}{}'$$

を $\varphi_{\lambda,\lambda'}(x,y)=(\varphi_\lambda(x),\varphi_{\lambda'}(y))$ $(x\in U_\lambda,\ y\in U_{\lambda'}{}')$ で定義すると，$V_\lambda\times V_{\lambda'}{}'$ は $\boldsymbol{R}^n\times\boldsymbol{R}^m=\boldsymbol{R}^{n+m}$ の開集合であって，$\mathcal{S}_3=\{(U_\lambda\times U_{\lambda'}{}',\varphi_{\lambda,\lambda'});(U_\lambda,\varphi_\lambda)\in\mathcal{S}_1,\ (U_{\lambda'}{}',\varphi_{\lambda'})\in\mathcal{S}_2\}$ は積空間 $M_1{}^n\times M_2{}^m$ 上の C^r 座標近傍系として条件 $(\mathrm{M_I})$, $(\mathrm{M_{II}})$ を満たしている.

いま，$\mathcal{S}_4$ を $\mathcal{S}_3$ を含む極大な C^r 座標近傍系とすれば，$(M_1{}^n\times M_2{}^m, \mathcal{S}_4)$ は $(n+m)$ 次元 C^r 多様体である．これを $(M_1{}^n, \mathcal{S}_1)$ と $(M_2{}^m, \mathcal{S}_2)$ の**積多様体**という．たとえば，トーラス T^2 は二つの S^1 の積多様体になっている．

$(M, \mathcal{S})$ を C^r 多様体，$f: U\to \boldsymbol{R}$ を M の開集合 U で定義された(実数値)関数とする．U の一点 p に対して，$p\in U_\lambda$ のような $(U_\lambda, \varphi_\lambda)\in\mathcal{S}$ をとると，

$$f\circ\varphi_\lambda{}^{-1}: \varphi_\lambda(U\cap U_\lambda)\to \boldsymbol{R}$$

であるが(図2.4)，$f\circ\varphi_\lambda{}^{-1}$ が $\varphi_\lambda(p)$ で C^r であるとき，f は p において **C^r であ**

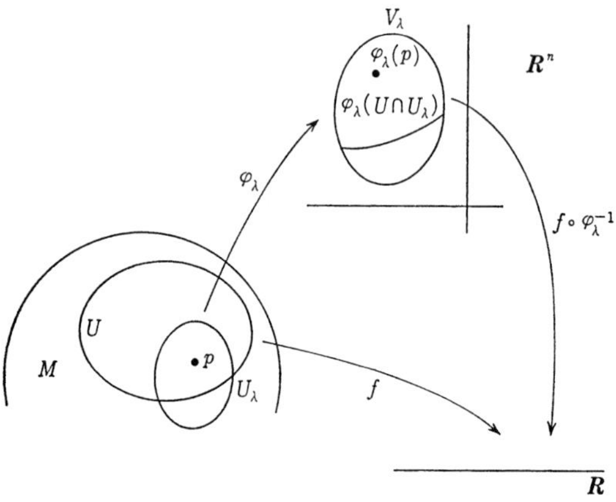

図 **2.4**

るという．この定義は $(U_\lambda, \varphi_\lambda)$ のえらび方によらない．なぜなら，$p\in U_\mu$ のような $(U_\mu, \varphi_\mu)\in\mathcal{S}$ に対して $f\circ\varphi_\mu{}^{-1}: \varphi_\mu(U\cap U_\mu)\to\boldsymbol{R}$ を考えると，

$$(f\circ\varphi_\mu{}^{-1})\,|\,\varphi_\mu(U\cap U_\lambda\cap U_\mu) = (f\circ\varphi_\lambda{}^{-1})\circ((\varphi_\lambda\circ\varphi_\mu{}^{-1})\,|\,\varphi_\mu(U\cap U_\lambda\cap U_\mu))$$

であって，$\varphi_\lambda\circ\varphi_\mu{}^{-1}$ が $\varphi_\mu(p)$ において C^r だから $f\circ\varphi_\mu{}^{-1}$ も $\varphi_\mu(p)$ において C^r となるからである．

f が U の各点で C^r であるとき，f は U で **C^r である**という．

次に写像 $f: U\to\boldsymbol{R}^m$ を考えよう．$p\in U$ に対して $f(p)$ を m 個の実数値関数 $f_i: U\to\boldsymbol{R}\ (i=1, 2, \cdots, m)$ によって

$$f(p)=(f_1(p), f_2(p), \cdots, f_m(p))$$

と表わすとき，各 f_i が上述の意味で，$p\in U$ において C^r であれば，f を p で **C^r である**という．f が U の各点で C^r であるとき，f は U で **C^r である**とい

う．この定義を C^r 多様体の間の写像に次のように一般化することができる．

$(M_1{}^n, \mathcal{S}_1), (M_2{}^m, \mathcal{S}_2)$ を C^r 多様体とし，

$$f: M_1{}^n \to M_2{}^m$$

を連続写像とする．$M_1{}^n$ の一点 p に対して，$f(p) \in U_{\lambda'}'$ のような $(U_{\lambda'}', \varphi_{\lambda'}') \in \mathcal{S}_2$ をとるとき，写像

$$\varphi_{\lambda'}' \circ f : f^{-1}(U_{\lambda'}') \to \boldsymbol{R}^m$$

が p において上述の意味で C^r であるとき，f は p において C^r であるという．この定義は $(U_{\lambda'}', \varphi_{\lambda'}')$ のえらび方によらない．なぜなら，$f(p) \in U_{\mu'}'$ のような $(U_{\mu'}', \varphi_{\mu'}') \in \mathcal{S}_2$ に対して $\varphi_{\mu'}' \circ f : f^{-1}(U_{\mu'}') \to \boldsymbol{R}^m$ を考えると，

$$(\varphi_{\mu'}' \circ f) \mid f^{-1}(U_{\lambda'}' \cap U_{\mu'}') = (\varphi_{\mu'}' \circ \varphi_{\lambda'}'^{-1}) \circ ((\varphi_{\lambda'}' \circ f) \mid f^{-1}(U_{\lambda'}' \cap U_{\mu'}'))$$

であって，$\varphi_{\mu'}' \circ \varphi_{\lambda'}'^{-1}$ が $\varphi_{\lambda'}' \circ f(p)$ において C^r だから，$\varphi_{\mu'}' \circ f$ も p において C^r となるからである．

$f: M_1{}^n \to M_2{}^m$ が連続写像であって $M_1{}^n$ の各点において C^r であるとき，f は **C^r である**或いは **C^r 写像**であるという．f が C^0 であるとは f が単に連続写像であることと同じである．

M_1, M_2, M_3 を C^r 多様体，$f: M_1 \to M_2, g: M_2 \to M_3$ を C^r 写像とすると，定義から明らかなように写像 $g \circ f: M_1 \to M_3$ は C^r である．

M を C^r 多様体，M' を $C^{r'}$ 多様体とする．写像 $f: M \to M'$ が，$k \leqq r, k \leqq r'$ として，M, M' を C^k 多様体と見做して，C^k 写像となっているとき，f を **C^k 写像**という．

M_1, M_2 を C^r 多様体とし，$f: M_1 \to M_2$ を上への1対1写像であるとする．f および f の逆写像 $f^{-1}: M_2 \to M_1$ がともに C^r であるとき，f を **C^r 同相写像**または **C^r 微分同相写像**という．二つの C^r 多様体 M_1, M_2 の間に C^r 同相写像 $f: M_1 \to M_2$ が存在するとき，M_1 と M_2 は **C^r 同相である**または **C^r 微分同相**であるといい，$M_1 = M_2$ と書く．$M_1 = M_2$ ならば M_1 と M_2 の次元は等しい．

$(M_1{}^n, \mathcal{S}_1), (M_2{}^m, \mathcal{S}_2)$ を C^r 多様体で，$r \geqq 1$ であるとし，

$$g: M_1{}^n \to M_2{}^m$$

を C^r 写像とする．$p \in M_1{}^n$ に対して，$p \in U_\lambda$ のような $(U_\lambda, \varphi_\lambda) \in \mathcal{S}_1$, $g(p) \in U_{\lambda'}'$ のような $(U_{\lambda'}', \varphi_{\lambda'}') \in \mathcal{S}_2$ をとると，g が C^r であるから写像

$$\varphi_{\lambda'}' \circ g \circ \varphi_\lambda^{-1} : \varphi_\lambda(U_\lambda \cap g^{-1}(U_{\lambda'}')) \to \varphi_{\lambda'}'(U_{\lambda'}') = V_{\lambda'}' \subset \boldsymbol{R}^m$$

は $\varphi_\lambda(p)$ において C^r である(図2.5).

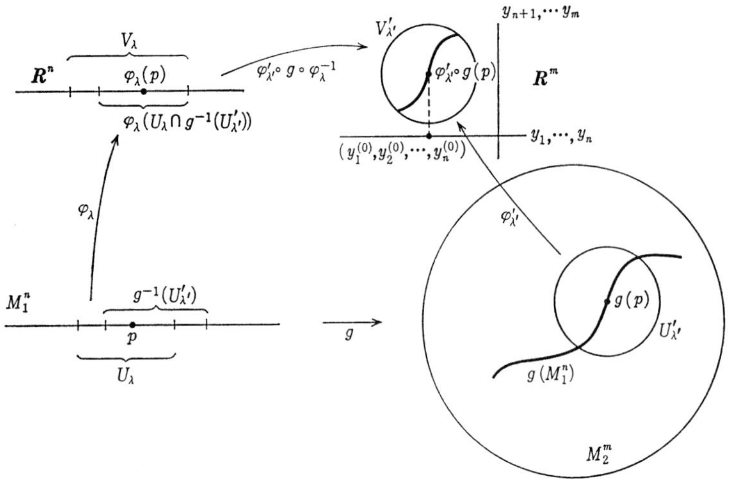

図 **2.5**

一般に, $\boldsymbol{R}^n$ の開集合 A から $\boldsymbol{R}^m$ の部分集合 B への C^r 写像 $\varphi: A\to B$ (ただし $r\geqq 1$) に対して,

$$\varphi(x_1, x_2, \cdots, x_n) = (\varphi_1(x_1, x_2, \cdots, x_n), \varphi_2(x_1, x_2, \cdots, x_n), \cdots, \varphi_m(x_1, x_2, \cdots, x_n))$$

と書き表わすとき, φ の $x=(x_1, x_2, \cdots, x_n)$ における **Jacobi 行列** $J\varphi(x)$ を

$$J\varphi(x) = \frac{\partial(\varphi_1, \varphi_2, \cdots, \varphi_m)}{\partial(x_1, x_2, \cdots, x_n)}(x) = \begin{bmatrix} \dfrac{\partial\varphi_1}{\partial x_1}(x) & \dfrac{\partial\varphi_2}{\partial x_1}(x) & \cdots & \dfrac{\partial\varphi_m}{\partial x_1}(x) \\ \dfrac{\partial\varphi_1}{\partial x_2}(x) & \dfrac{\partial\varphi_2}{\partial x_2}(x) & \cdots & \dfrac{\partial\varphi_m}{\partial x_2}(x) \\ \vdots & \vdots & & \vdots \\ \dfrac{\partial\varphi_1}{\partial x_n}(x) & \dfrac{\partial\varphi_2}{\partial x_n}(x) & \cdots & \dfrac{\partial\varphi_m}{\partial x_n}(x) \end{bmatrix}$$

によって定義する.

$\varphi_{\lambda'}{}'\circ g\circ\varphi_\lambda{}^{-1}$ の $\varphi_\lambda(p)$ における Jacobi 行列 $J(\varphi_{\lambda'}{}'\circ g\circ\varphi_\lambda{}^{-1})(\varphi_\lambda(p))$ の階数を g の p における**階数**という. この定義は $(U_\lambda, \varphi_\lambda), (U_{\lambda'}{}', \varphi_{\lambda'}{}')$ のとり方によらない. なぜなら, $p\in U_\mu, (U_\mu, \varphi_\mu)\in\mathcal{S}_1, g(p)\in U_{\mu'}{}', (U_{\mu'}{}', \varphi_{\mu'}{}')\in\mathcal{S}_2$ とし, C^r 写像

$$\varphi_{\mu'}{}'\circ g\circ\varphi_\mu{}^{-1}: \varphi_\mu(U_\mu\cap g^{-1}(U_{\mu'}{}'))\to\varphi_{\mu'}{}'(U_{\mu'}{}')$$

を考えると,

$$J(\varphi_{\mu'}{}'\circ g\circ\varphi_\mu{}^{-1}) = (J(\varphi_{\mu'}{}'\circ\varphi_{\lambda'}{}'^{-1}))(J(\varphi_{\lambda'}{}'\circ g\circ\varphi_\lambda{}^{-1}))(J(\varphi_\lambda\circ\varphi_\mu{}^{-1}))$$

であって，

$\varphi_{\mu'}{}'\circ\varphi_{\lambda'}{}'^{-1}:\varphi_{\lambda'}{}'(U_{\lambda'}{}'\cap U_{\mu'}{}')\to\varphi_{\mu'}{}'(U_{\lambda'}{}'\cap U_{\mu'}{}')$, $\varphi_\lambda\circ\varphi_\mu{}^{-1}:\varphi_\mu(U_\lambda\cap U_\mu)\to\varphi_\lambda(U_\lambda\cap U_\mu)$ はともに C^r 同相写像だから，$J(\varphi_{\mu'}{}'\circ\varphi_{\lambda'}{}'^{-1})$ の $\varphi_{\lambda'}{}'(g(p))$ における階数は m，$J(\varphi_\lambda\circ\varphi_\mu{}^{-1})$ の $\varphi_\mu(p)$ における階数は n で，$J(\varphi_{\mu'}{}'\circ g\circ\varphi_\mu{}^{-1})$ の $\varphi_\mu(p)$ における階数は $J(\varphi_{\lambda'}{}'\circ g\circ\varphi_\lambda{}^{-1})$ の $\varphi_\lambda(p)$ における階数と一致するからである．

もしも，$n\leqq m$ であり，$g:M_1{}^n\to M_2{}^m$ の階数が M の各点でつねに n であるとき，g を **C^r はめ込み**という．g を C^r はめ込みとすると写像

$$\varphi_{\lambda'}{}'\circ g\circ\varphi_\lambda{}^{-1}:\varphi_\lambda(U_\lambda\cap g^{-1}(U_{\lambda'}{}'))\to\varphi_{\lambda'}{}'(U_{\lambda'}{}')=V_{\lambda'}{}'\subset \boldsymbol{R}^m$$

は $\varphi_\lambda(U_\lambda\cap g^{-1}(U_{\lambda'}{}'))$ の点 $\varphi_\lambda(p)$ において階数が n である．いま，$(x_1,x_2,\cdots,x_n)\in\varphi_\lambda(U_\lambda\cap g^{-1}(U_{\lambda'}{}'))$ として，

$$(\varphi_{\lambda'}{}'\circ g\circ\varphi_\lambda{}^{-1})(x_1,x_2,\cdots,x_n)=(y_1,y_2,\cdots,y_m)$$

と書くこととすると，$y_1,y_2,\cdots,y_m$ は $x_1,x_2,\cdots,x_n$ の C^r 関数である．Jacobi 行列 $J(\varphi_{\lambda'}{}'\circ g\circ\varphi_\lambda{}^{-1})$ の階数は $\varphi_\lambda(p)=(x_1{}^{(0)},x_2{}^{(0)},\cdots,x_n{}^{(0)})$ において n であるが，必要があれば $y_1,y_2,\cdots,y_m$ の順序を変えることにより（われわれは $\mathcal{S}_2$ を極大にとったから座標軸の順序を変えたものも $\mathcal{S}_2$ に入っている!），

$$\left|\frac{\partial(y_1,y_2,\cdots,y_n)}{\partial(x_1,x_2,\cdots,x_n)}(\varphi_\lambda(p))\right|\neq 0$$

としてよい．したがって，逆関数定理によって（あとがきII，注1参照），$\varphi_\lambda(p)$ の或る十分小さい近傍 V' をとれば，

$$(\varphi_{\lambda'}{}'\circ g\circ\varphi_\lambda{}^{-1})\mid V':V'\to\varphi_{\lambda'}\circ g\circ\varphi_\lambda{}^{-1}(V')$$

は上への1対1写像であって，この写像において $x_1,x_2,\cdots,x_n$ は逆に $y_1,y_2,\cdots,y_n$ だけの C^r 関数として表わされ，$y_{n+1},y_{n+2},\cdots,y_m$ は $y_1,y_2,\cdots,y_n$ の C^r 関数となっている．

このことから，$p\in M_1{}^n$ の近傍 $\varphi_\lambda{}^{-1}(V')$ の g による像 $g(\varphi_\lambda{}^{-1}(V'))$ は，座標近傍 $(U_{\lambda'}{}',\varphi_{\lambda'}{}')$ をとって $(\varphi_{\lambda'}{}'\circ g)(p)=(y_1{}^{(0)},y_2{}^{(0)},\cdots,y_m{}^{(0)})$ としたとき，$(y_1{}^{(0)},y_2{}^{(0)},\cdots,y_n{}^{(0)})\in\boldsymbol{R}^n$ の或る近傍 V'' で定義された $y_1,y_2,\cdots,y_n$ の C^r 関数 $\alpha_{n+1},\alpha_{n+2},\cdots,\alpha_m$ によって，

$$g(\varphi_\lambda{}^{-1}(V'))=\varphi_{\lambda'}{}'^{-1}\{(y_1,y_2,\cdots,y_n,\alpha_{n+1}(y_1,y_2,\cdots,y_n),\cdots,\alpha_m(y_1,y_2,\cdots,y_n))\in\boldsymbol{R}^m;(y_1,y_2,\cdots,y_n)\in V''\}$$

と書き表わされる（図2.5）．g による $M_1{}^n$ の像 $g(M_1{}^n)$ は局所的には（すなわち

$g(\varphi_\lambda^{-1}(V'))$を考え，それを座標近傍$(U_{\lambda'}',\varphi_{\lambda'}')$ではかると)$C^r$ 関数 $y_{n+i}=\alpha_{n+i}(y_1,y_2,\cdots,y_n)$ $(i=1,2,\cdots,m-n)$で定義される$\boldsymbol{R}^m$ の中のn次元曲面になっているのである．とくに，$g|(\varphi_\lambda^{-1}(V'))$は1対1であったから，はめ込み$g$に対しては$g$は局所的には1対1である．

はめ込みを$r=0$の場合にも拡張して，C^0 写像

$$g:M_1^n\to M_2^m$$

が局所的に1対1であるとき，gを**C^0 はめ込み**ということにする．

例5　写像$g:S^1\to\boldsymbol{R}^2$を

$$g((\cos\theta,\sin\theta))=(\cos 4\theta\cos 2\theta,\cos 4\theta\sin 2\theta)\qquad(0\leqq\theta<2\pi)$$

と定義すると(図2.6)，gはC^∞ 写像であって，各点における階数は1，したがってgはC^∞ はめ込みである．gは局所的には当然1対1となっているが，全体としては1対1ではない．

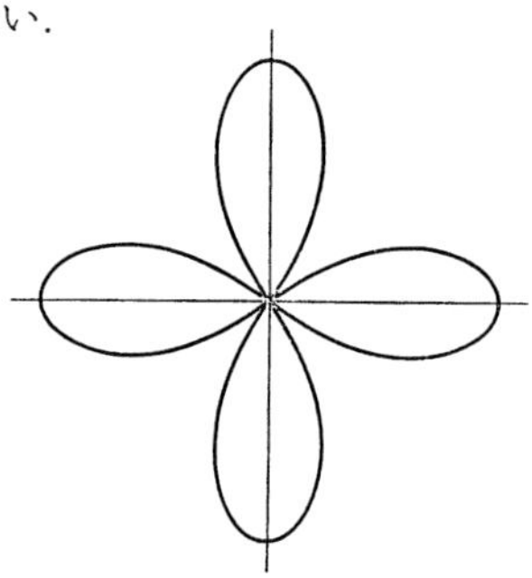

図2.6

$g:M_1^n\to M_2^m$をC^r はめ込みとする．$g(M_1^n)$の相対位相に関して，$g:M_1^n\to g(M_1^n)$が同相写像となっているとき，gを**C^r 埋め込み**という．たとえば，$g:S^n\to\boldsymbol{R}^{n+1}$を自然な写像すなわち$(x_1,x_2,\cdots,x_{n+1})\in S^n$に対して$g(x_1,x_2,\cdots,x_{n+1})=(x_1,x_2,\cdots,x_{n+1})$と定義すれば$g$は$C^\infty$ 埋め込みである．また，一般にC^r 同相写像はC^r 埋め込みである．

C^r はめ込み$g:M_1^n\to M_2^m$において，gが1対1写像であっても一般にはgはC^r 埋め込みとはならない．たとえば，定理1.4でb/aが無理数の場合の軌道曲線$\varphi(t,p)$は$\boldsymbol{R}^1$からTへの写像として，1対1でC^r はめ込みであるが，C^r 埋め込みではない．しかし，M_1^nがコンパクトの場合には，容易に証明できるように，1対1写像でC^r はめ込みであれば，C^r 埋め込みとなる．

C^r 埋め込み$S^1\to M^n$(或いはその像)をM^nの**C^r 単純閉曲線**という．

$q<n$ のとき $i:\boldsymbol{R}^q\to\boldsymbol{R}^n$ を $i(x_1,x_2,\cdots,x_q)=(x_1,x_2,\cdots,x_q,0,\cdots,0)$ と定義すれば，i は C^∞ 埋め込みである．以下，$\boldsymbol{R}^q$ を $i(\boldsymbol{R}^q)$ と同一視して，$\boldsymbol{R}^q$ は $\boldsymbol{R}^n$ の中に自然に含まれていると考える．

$(M^n,\mathcal{S})$ を C^r 多様体とし，W を M^n の部分集合とする．もしも，W の任意の点 p に対して $p\in U_\lambda$ のような $(U_\lambda,\varphi_\lambda)\in\mathcal{S}$ を適当にとれば，

$$\varphi_\lambda(W\cap U_\lambda)=\varphi_\lambda(U_\lambda)\cap\boldsymbol{R}^q$$

となっているとき，W を M^n の q 次元**部分多様体**という．

例 6 $F_1,F_2,\cdots,F_{n-q}$ を $x_1,x_2,\cdots,x_n$ の C^r 関数 $(r\geqq 1)$ とし，

$$W=\{(x_1,x_2,\cdots,x_n)\in\boldsymbol{R}^n;F_i(x_1,x_2,\cdots,x_n)=0\quad i=1,2,\cdots,n-q\}$$

とする．W の各点において，行列 $\dfrac{\partial(F_1,F_2,\cdots,F_{n-q})}{\partial(x_1,x_2,\cdots,x_n)}$ の階数が $n-q$ であるとしよう．$(x_1^{(0)},x_2^{(0)},\cdots,x_n^{(0)})\in W$ において，簡単のため $\left|\dfrac{\partial(F_1,F_2,\cdots,F_{n-q})}{\partial(x_{q+1},x_{q+2},\cdots,x_n)}\right|\neq 0$ であるとすれば，陰関数定理により，$\boldsymbol{R}^n$ における $(x_1^{(0)},x_2^{(0)},\cdots,x_n^{(0)})$ の近傍 V と $\boldsymbol{R}^q$ における $(x_1^{(0)},x_2^{(0)},\cdots,x_q^{(0)})$ の近傍 V' がとれて，$W\cap V$ は V' で定義された $x_1,x_2,\cdots,x_q$ の C^r 関数 h_i $(i=q+1,q+2,\cdots,n)$ によって

$$W\cap V=\{(x_1,x_2,\cdots,x_q,h_{q+1}(x_1,\cdots,x_q),\cdots,h_n(x_1,\cdots,x_q));$$
$$(x_1,x_2,\cdots,x_q)\in V'\}$$

と書き表わされる．いま，$\boldsymbol{R}^n$ における $(x_1^{(0)},x_2^{(0)},\cdots,x_n^{(0)})$ を含む座標近傍として (V,φ) を

$$\varphi(x_1,x_2,\cdots,x_n)=(x_1,x_2,\cdots,x_q,x_{q+1}-h_{q+1},\cdots,x_n-h_n)$$

によって定義すると，この座標近傍では

$$\varphi(W\cap V)=\varphi(V)\cap\boldsymbol{R}^q$$

である．したがって，W は $\boldsymbol{R}^n$ の q 次元部分多様体である．

定理 2.3 (i) W を C^r 多様体 $(M^n,\mathcal{S})$ の q 次元部分多様体とすると，W は $(M^n,\mathcal{S})$ から自然に入る C^r 座標近傍系によって q 次元 C^r 多様体となる．

(ii) W を (i) によって q 次元 C^r 多様体と見做したとき，自然な包含写像 ι: $W\to M$ は C^r 埋め込みとなっている．

証明 $p\in W$ に対して，$p\in U_\lambda$ のような $(U_\lambda,\varphi_\lambda)\in\mathcal{S}$ を適当にとれば $\varphi_\lambda(W\cap U_\lambda)=\varphi_\lambda(U_\lambda)\cap\boldsymbol{R}^q$ である．いま，W の各点についてこのような性質をもつ $(U_\lambda,\varphi_\lambda)\in\mathcal{S}$ を考え，それらすべてからなる集合を $\mathcal{S}_W=\{(U_\lambda,\varphi_\lambda);\lambda\in\Lambda'\}$ とする．明らかに $\{W\cap U_\lambda;\lambda\in\Lambda'\}$ は W の開被覆であって，

$$\varphi_\lambda|(W\cap U_\lambda): W\cap U_\lambda \to \varphi_\lambda(W\cap U_\lambda)$$

は $W\cap U_\lambda$ から $\boldsymbol{R}^q$ の開集合 $\varphi_\lambda(W\cap U_\lambda)$ への同相写像である．$p\in U_\mu, (U_\mu, \varphi_\mu)\in\mathcal{S}_W$ とすると，$\varphi_\mu\circ\varphi_\lambda^{-1}:\varphi_\lambda(U_\lambda\cap U_\mu)\to\varphi_\mu(U_\lambda\cap U_\mu)$ が C^r であることから，

$$(\varphi_\mu\,|\,(W\cap U_\mu))\circ(\varphi_\lambda\,|\,(W\cap U_\lambda))^{-1}:\varphi_\lambda(W\cap U_\lambda)\to\varphi_\mu(W\cap U_\mu)$$

もまた C^r である．よって $\{(W\cap U_\lambda, \varphi_\lambda|(W\cap U_\lambda))\}$ は W に関して条件 $(\mathrm{M_I})$，$(\mathrm{M_{II}})$ を満たし，これを含む極大なものとして，W の C^r 座標近傍系が定まる．よって(i)が証明された．

部分多様体の定義から，$\iota: W\to\iota(W)$ は同相写像であって，ι の階数はすべて q である．したがって(ii)が成り立つ．▌

定理 2.4　$g: M_1^n\to M_2^m$ を C^r 埋め込み $(r\geqq 1)$ とすると，$g(M_1^n)$ は M_2^m の n 次元部分多様体である．

証明　前述のように，$p\in M_1^n$ に対して $p\in U_\lambda, (U_\lambda, \varphi_\lambda)\in\mathcal{S}_1$, $g(p)\in U_{\lambda'}', (U_{\lambda'}', \varphi_{\lambda'}')\in\mathcal{S}_2$ ととるとき，p の十分小さな近傍 U' (57頁の $\varphi_\lambda^{-1}(V')$) の $\varphi_{\lambda'}'\circ g$ による像 $\varphi_{\lambda'}'\circ g(U')$ は $\boldsymbol{R}^m$ の中の $\{(y_1, y_2, \cdots, y_n, \alpha_{n+1}(y_1, y_2, \cdots, y_n), \cdots, \alpha_m(y_1, y_2, \cdots, y_n))\}$ の形の n 次元曲面になっている．いま，$\hat{U}_{\lambda'}'\subset U_{\lambda'}'$ を $p\in g^{-1}(\hat{U}_{\lambda'}')\subset V'$ のようにとり，$\hat{U}_{\lambda'}'$ において $(y_1, y_2, \cdots, y_n, y_{n+1}, \cdots, y_m)$ を $(y_1, y_2, \cdots, y_n, y_{n+1}-\alpha_{n+1}(y_1, y_2, \cdots, y_n), \cdots, y_m-\alpha_m(y_1, y_2, \cdots, y_n))$ で置き換えてえられる座標を $\hat{\varphi}_{\lambda'}'$ とすれば，座標近傍 $(\hat{U}_{\lambda'}', \hat{\varphi}_{\lambda'}')$ に対して $\hat{\varphi}_{\lambda'}'(g(M_1^n)\cap\hat{U}_{\lambda'}')=\hat{\varphi}_{\lambda'}'(\hat{U}_{\lambda'}')\cap\boldsymbol{R}^n$ である．▌

C^r 写像 $g: M_1^n\to M_2^m$ $(r\geqq 1)$ において，$n\geqq m$ であって g の階数が M_1^n の各点でつねに m であるとき，g を **C^r しずめ込み**という．g を C^r しずめ込みとすると，$p\in M_1^n$ に対して $(U_\lambda, \varphi_\lambda)\in\mathcal{S}_1 (U_{\lambda'}', \varphi_{\lambda'}')\in\mathcal{S}_2$ を前述のように $p\in U_\lambda, g(p)\in U_{\lambda'}'$ ととるとき，写像

$$\varphi_{\lambda'}'\circ g\circ\varphi_\lambda^{-1}:\varphi_\lambda(U_\lambda\cap g^{-1}(U_{\lambda'}'))\to\varphi_{\lambda'}'(U_{\lambda'}')$$

の $\varphi_\lambda(p)$ における Jacobi 行列の階数は m である．いま，

$$(\varphi_{\lambda'}'\circ g\circ\varphi_\lambda^{-1})(x_1, x_2, \cdots, x_n)=(y_1, y_2, \cdots, y_m),\quad \varphi_\lambda(p)=(x_1^{(0)}, x_2^{(0)}, \cdots, x_n^{(0)})$$

とすると，必要があれば $x_1, x_2, \cdots, x_n$ の順序を変えることにより，$(x_1^{(0)}, x_2^{(0)}, \cdots, x_n^{(0)})$ において

$$\left|\frac{\partial(y_1, y_2, \cdots, y_m)}{\partial(x_{n-m+1}, x_{n-m+2}, \cdots, x_n)}\right|\neq 0$$

であるとしてよい．したがって，十分小さい $\varepsilon>0$ をとり，$V_\varepsilon=\{(x_1, x_2, \cdots, x_n)\in \boldsymbol{R}^n; |x_i-x_i^{(0)}|<\varepsilon,\ i=1,2,\cdots,n\}$ から $\boldsymbol{R}^{n-m}\times\boldsymbol{R}^m=\boldsymbol{R}^n$ への C^r 写像

$$\bar{g}: V_\varepsilon\to \boldsymbol{R}^{n-m}\times\boldsymbol{R}^m$$

を

$$\bar{g}(x_1, x_2, \cdots, x_n)=(x_1, x_2, \cdots, x_{n-m}, y_1, y_2, \cdots, y_m)$$

で定義すると，V_ε の各点において

$$\left|\frac{\partial(x_1, x_2, \cdots, x_{n-m}, y_1, y_2, \cdots, y_m)}{\partial(x_1, x_2, \cdots, x_n)}\right|\neq 0$$

である．$(U_{\lambda'}', \varphi_{\lambda'}')$ を適当にとっておき，

$$\bar{g}(x_1^{(0)}, x_2^{(0)}, \cdots, x_n^{(0)})=(x_1^{(0)}, x_2^{(0)}, \cdots, x_{n-m}^{(0)}, 0, 0, \cdots, 0)$$

であるとし，十分小さい ε' に対して，

$$V_{\varepsilon'}'=\{(x_1, x_2, \cdots, x_{n-m})\in\boldsymbol{R}^{n-m}; |x_i-x_i^{(0)}|<\varepsilon', i=1,2,\cdots,n-m\},$$
$$V_{\varepsilon'}''=\{(y_1, y_2, \cdots, y_m)\in\boldsymbol{R}^m, |y_i|<\varepsilon', i=1,2,\cdots,m\}$$

とするとき，逆関数定理によって $V_{\varepsilon'}'\times V_{\varepsilon'}''$ で定義された $\bar{g}$ の逆関数，すなわち C^r 写像

$$\bar{h}: V_{\varepsilon'}'\times V_{\varepsilon'}''\to V_\varepsilon$$

で，

$$(\bar{g}\circ\bar{h})(x_1, x_2, \cdots, x_{n-m}, y_1, y_2, \cdots, y_m)=(x_1, x_2, \cdots, x_{n-m}, y_1, y_2, \cdots, y_m)$$

となるものが存在する．当然 $\bar{h}(V_{\varepsilon'}'\times V_{\varepsilon'}'')$ は $\boldsymbol{R}^n$ の開集合で，$\bar{h}: V_{\varepsilon'}'\times V_{\varepsilon'}''\to\bar{h}(V_{\varepsilon'}'\times V_{\varepsilon'}'')$ は C^r 同相写像である．ここで，

$$U=(\varphi_\lambda^{-1}\circ\bar{h})(V_{\varepsilon'}'\times V_{\varepsilon'}''),\qquad \varphi=\bar{g}\circ(\varphi_\lambda|U)$$

とすると，$(U, \varphi)\in\mathcal{S}_1$ であって，明らかに

$$g^{-1}(g(p))\cap U=\varphi^{-1}(V_{\varepsilon'}'\times(0, 0, \cdots, 0))=\varphi^{-1}(\varphi(U)\cap\boldsymbol{R}^{n-m})$$

となっている．このことから次の定理がえられる．

定理 2.5　$g: M_1^n\to M_2^m$ を C^r しずめ込みとするとき，$g(M_1^n)$ の任意の点 p' に対して，$g^{-1}(p')$ は M_1^n の $n-m$ 次元部分多様体である．

M^n を n 次元 C^r 多様体とする．M^n で定義された実数値関数 $f: M\to\boldsymbol{R}$ に対して，M^n の部分集合 $\{p\in M; f(p)\neq 0\}$ の閉包を f の**台**といい，$\mathrm{supp}\, f$ と書く．

$\mathfrak{U}=\{U_\sigma; \sigma\in\Sigma\}$ を M^n の開被覆とする．M^n の任意の点 p に対して，p の近傍 U で $U\cap U_\sigma\neq\phi$ であるような $U_\sigma(\sigma\in\Sigma)$ が有限個であるものがつねに存在する

とき，$\mathfrak{U}$ を**局所有限**な開被覆という．

M^n の局所有限な開被覆 $\mathfrak{U}=\{U_\sigma;\sigma\in\Sigma\}$ に対して，M^n で定義された C^r 関数

$$\mu_\sigma : M^n \to [0,1] \qquad (\sigma\in\Sigma)$$

で次の条件(i),(ii)を満たすものを $\mathfrak{U}$ に従属する **1 の分割**という．

(i)　各 $\sigma\in\Sigma$ について $\operatorname{supp}\mu_\sigma\subset U_\sigma$.

(ii)　M^n の任意の点 p に対して，$\sum_{\sigma\in\Sigma}\mu_\sigma(p)=1$.

定理 2.6　$(M^n,\mathcal{S})$ をコンパクトな n 次元 C^r 多様体とし，$\mathfrak{U}=\{U_\sigma;\sigma\in\Sigma\}$ を M^n の局所有限な開被覆とすると，$\mathfrak{U}$ に従属する 1 の分割が存在する(この定理はコンパクトという仮定なしで成立する(あとがき II，注 2 参照))．

証明　M^n の各点 p に対し，$p\in U_{\lambda(p)}$ のような $(U_{\lambda(p)},\varphi_{\lambda(p)})\in\mathcal{S}$ で，$U_{\lambda(p)}$ は或る U_σ $(\sigma\in\Sigma)$ に含まれ，$\varphi_{\lambda(p)}(U_{\lambda(p)})=\operatorname{Int}D^n$ となっているものをとる．このような $(U_{\lambda(p)},\varphi_{\lambda(p)})$ がとれることは $\mathcal{S}$ が条件 $(\mathrm{M_{III}})$ を満たすことによる．

$\operatorname{Int}D^n(1/2)=\{(x_1,x_2,\cdots,x_n)\in D^n;\ x_1{}^2+x_2{}^2+\cdots+x_n{}^2<1/4\}$ とし，$U_{\lambda(p)}{}'=\varphi_{\lambda(p)}{}^{-1}(\operatorname{Int}D^n(1/2))$ とする．$\{U_{\lambda(p)}{}';p\in M^n\}$ は明らかに M^n の開被覆であるから，そのうちの有限個 $U_{\lambda(p_1)}{}',U_{\lambda(p_2)}{}',\cdots,U_{\lambda(p_s)}{}'$ で $\bigcup_{i=1}^{s}U_{\lambda(p_i)}{}'=M^n$ となるものが存在する．いま，$U_{\lambda(p_i)}\subset U_{\sigma_i}$ $(i=1,2,\cdots,s)$ であるとし，補助定理 1.5 の C^∞ 関数 Φ を使って，

$$\bar{\mu}_{p_i} : M^n \to \boldsymbol{R}$$

を，$q\in U_{\lambda(p_i)}$ で $\varphi_{\lambda(p_i)}(q)=(x_1,x_2,\cdots,x_n)$ のとき $\bar{\mu}_{p_i}(q)=\Phi(5(x_1{}^2+x_2{}^2+\cdots+x_n{}^2)/2)$, $q\notin U_{\lambda(p_i)}$ のとき $\bar{\mu}_{p_i}(q)=0$ によって定義する．明らかに $\operatorname{supp}\bar{\mu}_{p_i}\subset U_{\sigma_i}$ $(i=1,2,\cdots,s)$ であって，M^n の任意の点 p に対して

$$\sum_{i=1}^{s}\bar{\mu}_{p_i}(p)\neq 0$$

である．いま，$\mu_{p_i}=\bar{\mu}_{p_i}/\sum_{i=1}^{s}\bar{\mu}_{p_i}$ とし，さらに，$\sigma\in\{\sigma_1,\sigma_2,\cdots,\sigma_s\}$ のとき $\mu_\sigma=\sum_{\sigma_i=\sigma}\mu_{p_i}$, $\sigma\in\Sigma$ が $\sigma_1,\sigma_2,\cdots,\sigma_s$ のどれとも違うときには $\mu_\sigma=0$ とすると，$\{\mu_\sigma;\sigma\in\Sigma\}$ は $\mathfrak{U}$ に従属する 1 の分割である．▌

§10　接　空　間

t_1,t_2 を実数または $\pm\infty$ とし，$t_1<t_2$ であるとする．$\boldsymbol{R}^1$ の開区間 $]t_1,t_2[$ は

C^∞ 多様体であるから(§9, 例4), 任意の $r=0,1,2,\cdots,\infty$ に対して C^r 多様体である.

$(M^n, \mathcal{S})$ を C^r 多様体とする. 開区間 $]t_1, t_2[$ から M^n への C^k 写像($k\leqq r$)

$$l:]t_1, t_2[\to M^n$$

を M^n の **C^k 曲線**という.

Euclid 空間 $\boldsymbol{R}^n$ においては, ベクトルは有向線分から簡単に定義できた. しかし, $\boldsymbol{R}^n$ を一般の多様体に拡張してしまうと, 多様体では線分という概念が存在しないから, $\boldsymbol{R}^n$ のベクトルをそのまま多様体上のベクトルに拡張することは難かしい. しかし, C^r 多様体には上述のように C^r 曲線が定義できるから, $\boldsymbol{R}^n$ における曲線の接ベクトルの概念を使って次のように, 一点を通る C^1 曲線の同値類として多様体にその点の接ベクトルを定義することができる.

以下, $r\geqq 1$ であるとする. M^n の一点 p に対して, p を通る C^1 曲線

$$l:]-\varepsilon, \varepsilon[\to M^n, \quad l(0)=p, \quad \varepsilon>0$$

を考え, このような p を通る C^1 曲線全体の集合 $\{l\}$ を $L(p)$ と書く. $L(p)$ に属する l および $\bar{l}:]-\bar{\varepsilon}, \bar{\varepsilon}[\to M^n$ ($\bar{l}(0)=p$) に対して, $p\in U_\lambda$ のような $(U_\lambda, \varphi_\lambda)\in\mathcal{S}$ をとると, C^1 写像

$$\varphi_\lambda\circ l: l^{-1}(U_\lambda) \to \varphi_\lambda(U_\lambda) = V_\lambda \subset \boldsymbol{R}^n,$$
$$\varphi_\lambda\circ \bar{l}: \bar{l}^{-1}(U_\lambda) \to \varphi_\lambda(U_\lambda) = V_\lambda \subset \boldsymbol{R}^n$$

をうる. $t\in l^{-1}(U_\lambda)\cap\bar{l}^{-1}(U_\lambda)$ に対して,

$$(\varphi_\lambda\circ l)(t) = (u_1(t), u_2(t), \cdots, u_n(t)), \quad (\varphi_\lambda\circ \bar{l})(t) = (\bar{u}_1(t), \bar{u}_2(t), \cdots, \bar{u}_n(t))$$

と書き表わす(図2.7). ここで

$$\frac{du_i}{dt}(0) = \frac{d\bar{u}_i}{dt}(0) \qquad (i=1,2,\cdots,n)$$

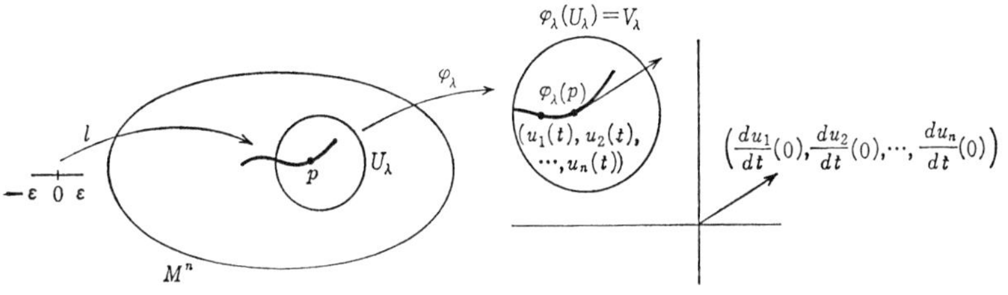

図2.7

が成り立っているとき，l と $\bar{l}$ とは同値といい $l \sim \bar{l}$ と書く．この定義は座標近傍 $(U_\lambda, \varphi_\lambda)$ のとり方によらない．なぜなら，$(U_\lambda, \varphi_\lambda)$ と異る $p \in U_\mu$, $(U_\mu, \varphi_\mu) \in \mathcal{S}$ に対して，

$$\varphi_\mu \circ \varphi_\lambda^{-1}(x_1, x_2, \cdots, x_n) = (z_1, z_2, \cdots, z_n) \qquad ((x_1, x_2, \cdots, x_n) \in \varphi_\lambda(U_\lambda \cap U_\mu))$$

であって，$z_i\ (i=1, 2, \cdots, n)$ は $x_1, x_2, \cdots, x_n$ の C^r 関数であるとし，さらに，$t \in l^{-1}(U_\mu) \cap \bar{l}^{-1}(U_\mu)$ に対して

$$(\varphi_\mu \circ l)(t) = (w_1(t), w_2(t), \cdots, w_n(t)), \qquad (\varphi_\mu \circ \bar{l})(t) = (\bar{w}_1(t), \bar{w}_2(t), \cdots, \bar{w}_n(t))$$

であるとすると，

$$(*) \qquad \frac{dw_i}{dt} = \sum_{j=1}^{n} \frac{\partial z_i}{\partial x_j} \frac{du_j}{dt}, \qquad \frac{d\bar{w}_i}{dt} = \sum_{j=1}^{n} \frac{\partial z_i}{\partial x_j} \frac{d\bar{u}_j}{dt}$$

によって，

$$\frac{dw_i}{dt}(0) = \frac{d\bar{w}_i}{dt}(0) \qquad (i=1, 2, \cdots, n)$$

が成り立つからである．

$L(p)$ における関係 $l \sim \bar{l}$ は明らかに同値関係である．この同値関係による $L(p)$ の同値類 $[l]$（l を含む同値類を $[l]$ と書く）を点 p における M^n の**接ベクトル**といい v 或いは $X(p)$ などと書く．点 p における接ベクトル全体の集合を $T_p(M^n)$ と書き，**点 p における M^n の接空間**または**接ベクトル空間**という．$[l]$ を曲線 l の p における**接ベクトル**ともいう．

$p \in M^n$ に対して，$p \in U_\lambda, (U_\lambda, \varphi_\lambda) \in \mathcal{S}$ をきめれば，$T_p(M^n)$ の元 $v=[l]$ に対して，上述のように n 個の実数の列

$$v_i = \frac{du_i}{dt}(0) \qquad (i=1, 2, \cdots, n)$$

が定まり，v は $(v_1, v_2, \cdots, v_n)$ により決定される．$T_p(M^n)$ の元 v に $\boldsymbol{R}^n$ の元 $(v_1, v_2, \cdots, v_n)$ を対応させることにしよう．いま，任意に $(v_1', v_2', \cdots, v_n') \in \boldsymbol{R}^n$ が与えられたとき，

$$l' :]-\varepsilon', \varepsilon'[\rightarrow M^n$$

を，たとえば

$$(\varphi_\lambda \circ l')(t) = (v_1' t, v_2' t, \cdots, v_n' t)$$

のようにとると，$[l'] \in T_p(M^n)$ には $(v_1', v_2', \cdots, v_n') \in \boldsymbol{R}^n$ が対応する．すなわち，

$p\in U_\lambda, (U_\lambda, \varphi_\lambda)\in\mathcal{S}$ をきめれば，

$$\Phi_\lambda(v) = (v_1, v_2, \cdots, v_n)$$

と定義することにより，上への1対1対応

$$\Phi_\lambda : T_p(M^n) \to \boldsymbol{R}^n$$

がえられ，$T_p(M^n)$ の元は $\boldsymbol{R}^n$ の元によって表わされる．

$\boldsymbol{R}^n$ の x_i 軸方向の単位ベクトルを $\partial/\partial x_i$ とすると $(i=1,2,\cdots,n)$, $\boldsymbol{R}^n$ は $\partial/\partial x_1$, $\partial/\partial x_2, \cdots, \partial/\partial x_n$ を基とする n 次元ベクトル空間である．いま，

$$\Phi_\lambda(v) = v_1\frac{\partial}{\partial x_1} + v_2\frac{\partial}{\partial x_2} + \cdots + v_n\frac{\partial}{\partial x_n}$$

であるとして，$\boldsymbol{R}^n$ のベクトル空間の構造を Φ_λ により $T_p(M^n)$ に移して，v, $v'\in T_p(M^n), a, b\in\boldsymbol{R}$ に対して $av+bv'\in T_p(M^n)$ を

$$\Phi_\lambda(av+bv') = a\Phi_\lambda(v)+b\Phi_\lambda(v')$$

と定義することにより，$T_p(M^n)$ は n 次元ベクトル空間となる．

別の座標近傍，$p\in U_\mu$, $(U_\mu, \varphi_\mu)\in\mathcal{S}$ に対する $\Phi_\mu : T_p(M^n)\to\boldsymbol{R}^n$ と Φ_λ との間には，

$$\Phi_\mu(v) = v_1'\frac{\partial}{\partial z_1} + v_2'\frac{\partial}{\partial z_2} + \cdots + v_n'\frac{\partial}{\partial z_n}$$

とすると，(*)から関係式

$$(**) \qquad v_i' = \sum_{j=1}^{n}\frac{\partial z_i}{\partial x_j}(\varphi_\lambda(p))v_j \qquad (i=1,2,\cdots,n)$$

が成立している．したがって，$T_p(M^n)$ に前述のように導入された n 次元ベクトル空間の構造は座標近傍のとり方に無関係にきまる．ここで，$\partial z_i/\partial x_j$ は $\varphi_\lambda(U_\lambda\cap U_\mu)$ で定義された C^{r-1} 関数であって，$\left|\dfrac{\partial(z_1, z_2, \cdots, z_n)}{\partial(x_1, x_2, \cdots, x_n)}\right| \neq 0$ であることを注意しておく．

例をあげておこう．U を $\boldsymbol{R}^n$ の開集合とすると，U は n 次元 C^∞ 多様体である(§9，例4)．$id : U\to U$ を恒等写像とすれば，(U, id) は U の座標近傍でこれは上述のように対応 $\Phi_0 : T_p(U)\to\boldsymbol{R}^n$ を定める $(p\in U)$．$T_p(U)$ の元は直観的には，図2.8の有向線分 $\overrightarrow{pq}$ によって表わされるもので，Φ_0 によるその像は $\overrightarrow{pq}$ を平行移動して p を原点 O にもってきた $\overrightarrow{Oq'}$ である(図2.7，図2.8)．

とくに，$n=1$ とし，U を開区間 $]t_1, t_2[$ とするとき，$t\in\,]t_1, t_2[$ における

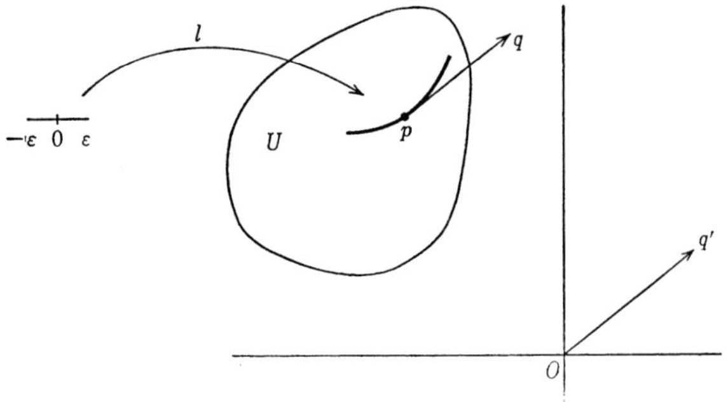

図 2.8

$]t_1, t_2[$ の接空間の元で，有向線分 $\overrightarrow{t\,(t+1)}$ で表わされるものを $\boldsymbol{e}_t$ と書き，$\boldsymbol{e}_t$ を t における**単位接ベクトル**という．別の言い方をすれば，$\Phi_0(\boldsymbol{e}_t)=\partial/\partial x_1$ により $\boldsymbol{e}_t$ を定義するのである．

$(M^n, \mathcal{S})$ を n 次元 C^r 多様体 $(r\geqq 1)$，p を M^n の一点とする．p の或る近傍 U で定義された C^r 関数全体の集合を $C^r(U)$ とする．$f, g\in C^r(U), a, b\in \boldsymbol{R}$ ならば $af+bg\in C^r(U)$ であるから，$C^r(U)$ は $\boldsymbol{R}$ 上のベクトル空間の構造をもつ．

$v\in T_p(M^n)$ に対して，写像

$$D_v : C^r(U)\to \boldsymbol{R}$$

を，$v=[l]$ であるとして

$$D_v(f) = \frac{d(f\circ l)}{dt}(0) \qquad (f\in C^r(U))$$

と定義する．いま，$p\in U_\lambda\subset U$，$\varphi_\lambda(p)=0$ のような $(U_\lambda, \varphi_\lambda)\in\mathcal{S}$ をとると，

$$\Phi_\lambda(v)=v_1\frac{\partial}{\partial x_1}+v_2\frac{\partial}{\partial x_2}+\cdots+v_n\frac{\partial}{\partial x_n}$$

ならば，簡単な計算によって

$$D_v(f) = \sum_i v_i \frac{\partial(f\circ\varphi_\lambda^{-1})}{\partial x_i}(0)$$

が成立する．したがって，とくに $D_v(f)$ は $v=[l]$ の代表元のとり方によらない．定義から D_v は線型写像である．また，

$$D_{av+bv'}=aD_v+bD_{v'}$$

が成り立つことも明らかであろう.

定理 2.7　$v\in T_p(M^n)$ に対して，線型写像 $D_v:C^r(U)\to \boldsymbol{R}$ を上記のように定義すると，

$$(***)\qquad D_v(fg)=f(p)D_v(g)+g(p)D_v(f)\qquad (f,g\in C^r(U))$$

が成り立つ. $v,v'\in T_p(M^n)$ に対して，$D_v=D_{v'}$ であれば $v=v'$ である.

M^n が C^∞ 多様体の場合には，$\hat{D}:C^\infty(U)\to \boldsymbol{R}$ を線型写像で，

$$\hat{D}(fg)=f(p)\hat{D}(g)+g(p)\hat{D}(f)\qquad (f,g\in C^\infty(U))$$

を満たすものとすると，$\hat{D}=D_v$ となるような $v\in T_p(M^n)$ が一意的に存在する.

証明　(***)は D_v の定義から明らかである. いま，$p\in U_\lambda\subset U, \varphi_\lambda(p)=0$ のような $(U_\lambda,\varphi_\lambda)\in\mathcal{S}$ をとり，$q\in U_\lambda$ に対して，$\varphi_\lambda(q)=(x_1(q),x_2(q),\cdots,x_n(q))$ とすると，$x_i:U_\lambda\to\boldsymbol{R}$ $(i=1,2,\cdots,n)$ は U_λ で定義された C^r 関数である.

C^r 埋め込み $h:\mathrm{Int}\,D^n\to M^n$ を $h(0)=p$ (0 は $\mathrm{Int}\,D^n$ の中心), $h(\mathrm{Int}\,D^n)\subset U_\lambda$ を満たすようにとる. 補助定理 1.5 の C^∞ 関数 Φ を使って，C^r 関数

$$\hat{x}_i:U\to\boldsymbol{R}\qquad (i=1,2,\cdots,n)$$

を,

$$\hat{x}_i(q)=\begin{cases}\Phi(3(y_1{}^2+y_2{}^2+\cdots+y_n{}^2))x_i(h(y_1,y_2,\cdots,y_n)) \\ \qquad\qquad q\in h(\mathrm{Int}\,D^n),\, q=h(y_1,y_2,\cdots,y_n)\ \text{の場合}, \\ 0 \qquad\qquad q\in U-h(\mathrm{Int}\,D^n)\ \text{の場合}\end{cases}$$

で定義すると，$\hat{x}_i$ は p の或る近傍では x_i に等しいから，前述のように $\Phi_\lambda(v)=v_1\dfrac{\partial}{\partial x_1}+v_2\dfrac{\partial}{\partial x_2}+\cdots+v_n\dfrac{\partial}{\partial x_n}$ とするとき，

$$D_v(\hat{x}_i)=v_i$$

となる. このことから，$D_v=D_{v'}$ ならば $v=v'$ である.

次に，M^n を C^∞ 多様体とする. $c\in\boldsymbol{R}$ に対して，U の各点に c を対応させる C^∞ 関数を同じ記号 c で書くことにすると，$\hat{D}$ の性質から明らかに $\hat{D}(0)=0$ であり，また $c\neq 0$ の場合も

$$\hat{D}(c)=c\hat{D}(1)=c\hat{D}(1\cdot 1)=c(\hat{D}(1)+\hat{D}(1))=2c\hat{D}(1)$$

となり，$\hat{D}(c)=0$ である. $f\in C^\infty(U)$ とし，$(x_1,x_2,\cdots,x_n)\in\varphi_\lambda(U_\lambda)$ に関して

$$f\circ\varphi_\lambda{}^{-1}(x_1,x_2,\cdots,x_n)=f(p)+\sum_i\frac{\partial(f\circ\varphi_\lambda{}^{-1})}{\partial x_i}(0)x_i+\sum_{i,j}f_{ij}(x_1,x_2,\cdots,x_n)x_ix_j$$

と書き表わす(あとがき II，注 3 参照). ここで f_{ij} は $\varphi_\lambda(U_\lambda)$ で定義された C^∞

関数である．x_i から $\hat{x}_i; U \to \boldsymbol{R}$ を定めたように，$f_{ij}\circ\varphi_\lambda: U_\lambda \to \boldsymbol{R}$ から C^∞ 関数 $\widehat{f_{ij}\circ\varphi_\lambda}: U \to \boldsymbol{R}$ を，p の或る近傍では $\widehat{f_{ij}\circ\varphi_\lambda} = f_{ij}\circ\varphi_\lambda$ のように定めることができる．$\hat{D}$ は線型だから

$$\hat{D}(f) = \hat{D}(f(p)) + \sum_i \frac{\partial(f\circ\varphi_\lambda^{-1})}{\partial x_i}(0)\hat{D}(\hat{x}_i) + \sum_{i,j} \hat{D}((\widehat{f_{ij}\circ\varphi_\lambda})\hat{x}_i\hat{x}_j)$$

となるが，上述のことから $\hat{D}(f(p))=0$ であり，さらに

$$\hat{D}((\widehat{f_{ij}\circ\varphi_\lambda})\hat{x}_i\hat{x}_j) = \hat{x}_i(p)\hat{x}_j(p)\hat{D}(\widehat{f_{ij}\circ\varphi_\lambda}) + \widehat{f_{ij}\circ\varphi_\lambda}(p)\hat{x}_j(p)D(\hat{x}_i) + \widehat{f_{ij}\circ\varphi_\lambda}(p)\hat{x}_i(p)D(\hat{x}_j) = 0$$

であるから，つぎが成りたつ．

$$\hat{D}(\hat{f}) = \sum_i \frac{\partial(f\circ\varphi_\lambda^{-1})}{\partial x_i}(0)\hat{D}(\hat{x}_i).$$

以上のことから，v を $\Phi_\lambda(v) = \hat{D}(\hat{x}_1)\frac{\partial}{\partial x_1} + \hat{D}(\hat{x}_2)\frac{\partial}{\partial x_2} + \cdots + \hat{D}(\hat{x}_n)\frac{\partial}{\partial x_n}$ のようにとると，

$$D_v(f) = \hat{D}(f) \qquad (f \in C^\infty(U))$$

である．▌

この定理から，v と D_v とを同一のものと見て，$\Phi_\lambda(T_p(M^n))$ の基を $\partial/\partial x_1$, $\partial/\partial x_2, \cdots, \partial/\partial x_n$ と書いたのである．

M^n の接ベクトル全体の集合を $T(M^n)$ と書き，M^n の**接空間**または**接ベクトル空間**という：

$$T(M^n) = \bigcup_{p\in M} T_p(M^n).$$

$T(M^n) \ni v, v'$ とすると，$v \in T_p(M^n), v' \in T_{p'}(M^n)$ であるが，ここで $p=p'$ であるときに限り，$v+v'$ が意味をもち，$v+v' \in T_p(M^n)$ となる．

写像

$$\pi: T(M^n) \to M^n$$

を $v \in T_p(M)$ のとき $\pi(v)=p$，すなわち $\pi(T_p(M^n))=p$ で定義し，**射影**という．

$T(M^n)$ は今までのところ単なる集合或いは無限個の n 次元ベクトル空間の和集合であるが，次に $T(M^n)$ に自然に C^{r-1} 多様体の構造が導入されることを示そう．

M^n の座標近傍 $(U_\lambda, \varphi_\lambda) \in \mathcal{S}$ に対して $\pi^{-1}(U_\lambda) = \bigcup_{p\in U_\lambda} T_p(M)$ を考えよう．p を U_λ の任意の点とすると，前述のように $\Phi_\lambda: T_p(M^n) \to \boldsymbol{R}^n$ が定義される．これを

使って対応

$$\tilde{\Phi}_\lambda : \pi^{-1}(U_\lambda) \to \varphi_\lambda(U_\lambda) \times \boldsymbol{R}^n = V_\lambda \times \boldsymbol{R}^n \qquad (\lambda \in \Lambda)$$

を，$v \in T_p(M^n)$ のとき

$$\tilde{\Phi}_\lambda(v) = (\varphi_\lambda(p), \Phi_\lambda(v))$$

で定義すると，$\tilde{\Phi}_\lambda$ は上への 1 対 1 対応で，

$$\tilde{\Phi}_\lambda \mid T_p(M) = \Phi_\lambda$$

となっている．$V_\lambda \times \boldsymbol{R}^n$ は $\boldsymbol{R}^{2n}$ の開集合である．各 $\lambda \in \Lambda$ に対して，$\tilde{\Phi}_\lambda$ が同相写像になるように $\pi^{-1}(U_\lambda)$ に位相を定める．

いま，$(U_\mu, \varphi_\mu) \in \mathcal{S}$, $U_\lambda \cap U_\mu \neq \phi$ とすると，

$$\tilde{\Phi}_\mu \circ \tilde{\Phi}_\lambda^{-1} : \tilde{\Phi}_\lambda(\pi^{-1}(U_\lambda \cap U_\mu)) \to \tilde{\Phi}_\mu(\pi^{-1}(U_\lambda \cap U_\mu))$$

は $(**)$ から，

$$(\tilde{\Phi}_\mu \circ \tilde{\Phi}_\lambda^{-1})(x, (v_1, v_2, \cdots, v_n)) = ((\varphi_\mu \circ \varphi_\lambda^{-1})(x), (v_1', v_2', \cdots, v_n')),$$

$$v_i' = \sum_{j=1}^{n} \frac{\partial z_i}{\partial x_j} v_j \qquad (i=1, 2, \cdots, n)$$

となっている．

したがって，$\pi^{-1}(U_\lambda), \pi^{-1}(U_\mu)$ に上述のように位相を定めると，それらは共通部分 $\pi^{-1}(U_\lambda \cap U_\mu)$ に同じ位相を導入する．このことから，$\pi^{-1}(U_\lambda)$ $(\lambda \in \Lambda)$ に定めた位相によって，$T(M^n)$ に矛盾なく位相が定まる．この構成から直ちに分かるように，$T(M^n)$ は可算基をもつ Hausdorff 空間である．

$T(M^n)$ に対して，$\tilde{\mathcal{S}} = \{(\pi^{-1}(U_\lambda), \tilde{\Phi}_\lambda); \lambda \in \Lambda\}$ を考えると，$V_\lambda \times \boldsymbol{R}^n$ が $\boldsymbol{R}^{2n}$ の開集合であり，上記の $\tilde{\Phi}_\mu \circ \tilde{\Phi}_\lambda^{-1}$ が C^{r-1} 写像となるから，$\tilde{\mathcal{S}}$ は $(\mathrm{M_I})$, $(\mathrm{M_{II}})$ を満たす $T(M^n)$ の C^{r-1} 座標近傍系である．したがって，$\tilde{\mathcal{S}}$ を含む極大の C^{r-1} 座標近傍系をとると，M^n の接ベクトル空間 $T(M^n)$ は $2n$ 次元 C^{r-1} 多様体である．このとき，射影 $\pi : T(M^n) \to M^n$ は明らかに C^{r-1} 写像である．

$(M^n, \mathcal{S})$ を n 次元 C^r 多様体 $(r \geqq 1)$ とする．$\mathcal{S}$ の部分集合 $\mathcal{S}'$ で次の条件 (i), (ii) を満たすものが存在するとき，M^n は**向きづけ可能**であるという．

(i)　$\{U_\lambda; (U_\lambda, \varphi_\lambda) \in \mathcal{S}'\}$ は M^n の開被覆である．

(ii)　$U_\lambda \cap U_\mu \neq \phi$ のような任意の $(U_\lambda, \varphi_\lambda), (U_\mu, \varphi_\mu) \in \mathcal{S}'$ に対して，前述のように $\varphi_\mu \circ \varphi_\lambda^{-1}(x_1, x_2, \cdots, x_n) = (z_1, z_2, \cdots, z_n)$ とするとき，Jacobi 行列式 $\left| \dfrac{\partial(z_1, z_2, \cdots, z_n)}{\partial(x_1, x_2, \cdots, x_n)} \right|$ は $(x_1, x_2, \cdots, x_n) \in \varphi_\lambda(U_\lambda \cap U_\mu)$ においてつねに

$$\left|\frac{\partial(z_1, z_2, \cdots, z_n)}{\partial(x_1, x_2, \cdots, x_n)}\right| > 0.$$

たとえば，S^n に対して§9の$\{(U_i{}^{\pm}, \varphi_i{}^{\pm}); i=1, 2, \cdots, n+1\}$に符号の補正をしたものを $\mathcal{S}'$ にとることにより，S^n は向きづけ可能である．また，トーラスが向きづけ可能であることも明らかであろう(§9, 例3)．

M^n が向きづけ可能であるとき，M^n の各点pについてpにおける接空間 $T_p(M^n)$に一つの向きを定めて(すなわちn次元ベクトル空間 $T_p(M^n)$の順序づけられた基底をきめて)，$(U_\lambda, \varphi_\lambda) \in \mathcal{S}'$，$p_1, p_2 \in U_\lambda$ であるとき，$T_{p_1}(M^n)$の向きおよび $T_{p_2}(M^n)$の向きからΦ_λによってきまる $\boldsymbol{R}^n$ の向きが同じになるようにできる．このように $T_p(M^n)$ $(p \in M^n)$に向きが定められているとき，M^n に**向きが与えられている**という．$T_p(M^n)$には二通りの向きが選べるから，M^n が連結である場合は M^n に丁度二通りの向きを与えることができる．M^n に向きが与えられているとき，M^n にもう一方の向きを与えたものを(すなわち各 $T_p(M^n)$の向きを逆にしたものを) $-M^n$ と書く．

$(M_1{}^n, \mathcal{S}_1), (M_2{}^m, \mathcal{S}_2)$を C^r 多様体で，$r \geqq 1$ であるとし，

$$g: M_1{}^n \to M_2{}^m$$

を C^r 写像とする．$p \in M_1{}^n$ における接ベクトル空間 $T_p(M_1{}^n)$の元 $v=[l]$ (l: $]-\varepsilon, \varepsilon[\to M_1{}^n$, $l(0)=p$)に対して，C^1 写像

$$g \circ l\colon\ ]-\varepsilon, \varepsilon[\to M_2{}^m$$

は，$g \circ l(0) = g(p)$であるから，$g(p)$における $M_2{}^m$ の接ベクトル$[g \circ l]$を定める．

$p \in U_\lambda$ のような$(U_\lambda, \varphi_\lambda) \in \mathcal{S}_1$ および $g(p) \in U_{\lambda'}{}'$ のような$(U_{\lambda'}{}', \varphi_{\lambda'}{}') \in \mathcal{S}_2$ をとり，$\varphi_\lambda(U_\lambda \cap g^{-1}(U_{\lambda'}{}')) \ni (x_1, x_2, \cdots, x_n)$に対して，

$$\varphi_{\lambda'}{}' \circ g \circ \varphi_\lambda{}^{-1}(x_1, x_2, \cdots, x_n) = (y_1, y_2, \cdots, y_m)$$

であるとする．いま，

$$(\varphi_\lambda \circ l)(t) = (u_1(t), u_2(t), \cdots, u_n(t)) \qquad t \in l^{-1}(U_\lambda),$$
$$(\varphi_{\lambda'}{}' \circ g \circ l)(t) = (\hat{u}_1(t), \hat{u}_2(t), \cdots, \hat{u}_m(t)) \qquad t \in (g \circ l)^{-1}(U_{\lambda'}{}')$$

と書き表わすとき，

$$\frac{d\hat{u}_i}{dt}(0) = \sum_{j=1}^{n} \frac{\partial y_i}{\partial x_j}(\varphi_\lambda(p)) \frac{du_j}{dt}(0) \qquad (i=1, 2, \cdots, m)$$

であるから，$l \sim \bar{l}$ ならば $g \circ l \sim g \circ \bar{l}$ であることが分かる．したがって$[g \circ l]$は

$v=[l]$によって一意的にきまる．$[g\circ l]$を$g_*(v)$と書くと，写像

$$g_*: T_p(M_1{}^n)\to T_{g(p)}(M_2{}^m) \qquad (p\in M_1{}^n)$$

がえられる．前頁下から2行目の式から

$$\Phi_\lambda(v)=(v_1, v_2, \cdots, v_n),\quad \Phi'_{\lambda'}(g_*(v))=(v_1', v_2', \cdots, v_m')$$

とすると，

$$(****) \qquad v_i'=\sum_{j=1}^n \frac{\partial y_i}{\partial x_j}(\varphi_\lambda(p))v_j \qquad (i=1, 2, \cdots, m)$$

であって，写像g_*はn次元ベクトル空間$T_p(M_1{}^n)$からm次元ベクトル空間$T_{g(p)}(M_2{}^m)$への線型写像であることが分かる．

$T(M_1{}^n)$の元vに対して，$g_*(v)$を対応させることにより，写像

$$g_*: T(M_1{}^n)\to T(M_2{}^m)$$

をうる．このg_*をgの**微分**という．g_*をdgと書くこともある．

$T(M_1{}^n), T(M_2{}^m)$はC^{r-1}多様体であるが，6行上の式から直ぐ分かるように，g_*はC^{r-1}写像である．

定理 2.8　C^r写像$g: M_1{}^n\to M_2{}^m$ $(r\geqq 1)$に関して，gがC^rはめ込みであることと，$g_*: T_p(M_1{}^n)\to T_{g(p)}(M_2{}^m)$が$M_1{}^n$の各点$p$において$g_*{}^{-1}(0)=0$であることは同値である．また，$g$が$C^r$しずめ込みであることと，$g_*$が$M_1{}^n$の各点$p$に対して$g_*(T_p(M_1{}^n))=T_{g(p)}(M_2{}^m)$であることは同値である．

証明　前述の(****)から，$g_*{}^{-1}(0)=0$はJacobi行列$\dfrac{\partial(y_1, y_2, \cdots, y_m)}{\partial(x_1, x_2, \cdots, x_n)}$の階数が$\varphi_\lambda(p)$で$n$であることと同値である．また$g_*(T_p(M_1{}^n))=T_{g(p)}(M_2{}^m)$はこのJacobi行列の階数が$\varphi_\lambda(p)$で$m$であることと同値である．したがって，はめ込みおよびしずめ込みの定義から明らかにこの定理が成り立つ．∎

$g: M_1{}^n\to M_2{}^n$を向きが与えられているC^r多様体$M_1{}^n, M_2{}^n$の間のC^r同相写像とする$(r\geqq 1)$．$M_1{}^n$の任意の点pに対して，$e_1, e_2, \cdots, e_n$を$T_p(M^n)$の向きを定めている基とすると，$g_*(e_1), g_*(e_2), \cdots, g_*(e_n)$が$T_{g(p)}(M_2{}^n)$に定める向きが与えられたものとつねに一致するとき，gを**向きを保つ**C^r同相写像という．

$(M^n, \mathcal{S})$をC^r多様体で，$r\geqq 1$であるとし，W^qをM^nのq次元部分多様体とする．W^qの点pに対して，

$$l^W:]-\varepsilon, \varepsilon[\to M^n$$

をC^1写像で，

$$l^W(0)=p, \qquad l^W(]-\varepsilon,\varepsilon[)\subset W^q$$

を満たすものとする．このような曲線 l^W が定める p における接ベクトル $[l^W]$ 全体の集合を $T_p(W^q)$ と書くことにする．$T_p(W^q)\subset T_p(M^n)$ であるが，$p\in U_\lambda$ のような $(U_\lambda,\varphi_\lambda)\in\mathcal{S}$ で $\varphi_\lambda(W^q\cap U_\lambda)=\varphi_\lambda(U_\lambda)\cap \boldsymbol{R}^q$ となっているものをとれば直ぐ分かるように，$T_p(W^q)$ は n 次元ベクトル空間 $T_p(M^n)$ の q 次元部分空間である．$T_p(W^q)$ は W^q を定理 2.3(i) のように q 次元 C^r 多様体と考えたときの $p\in W^q$ における W^q の接空間とも見做せる．

$W_1{}^q, W_2{}^{n-q}$ を M^n の二つの部分多様体とする．$p\in W_1{}^q\cap W_2{}^{n-q}$ に関して，

$$T_p(M^n) = T_p(W_1{}^q)\oplus T_p(W_2{}^{n-q})$$

であるとき，$W_1{}^q$ と $W_2{}^{n-q}$ とは p で**横断的に交わる**という．

また，W, W', M^n を C^r 多様体とし $(r\geqq 1)$, $g: W\to M^n$, $g': W'\to M^n$ を C^r はめ込みとするとき，$g(W)\cap g'(W')$ に属する任意の点 $p=g(x)=g'(x')$ $(p\in M^n,$ $x\in W, x'\in W')$ に対しては，つねに

$$g_*(T_x(W))+g'_*(T_{x'}(W')) = T_p(M^n)$$

であるとき，はめ込み g, g' は**横断的**であるという．

次に，$(M^n,\mathcal{S})$ を C^s 多様体で，$s\geqq 1$ であるとしよう．M^n から $T(M^n)$ への写像

$$X: M^n \to T(M^n)$$

が，射影 $\pi: T(M^n)\to M^n$ に関して

$$\pi\circ X: M^n\to M^n$$

が恒等写像となっているとき，X を M^n 上の**ベクトル場**という．$r\leqq s-1$ のような r に対して，$M^n, T(M^n)$ を C^r 多様体と見做して，X が C^r 写像であるとき X を **C^r ベクトル場**という．X は M^n の各点 p に対して，p における接ベクトル $X(p)\in T_p(M^n)$ を対応させている．この意味でベクトル場 X を

$$\{X(p); p\in M^n\}$$

などと書くこともある．たとえば，§3 の X は M^n がトーラス T の場合でトーラス上のベクトル場である．

ベクトル場 X に関して，$X(p)$ が 0 ベクトルであるような $p\in M^n$ を X の**特異点**または**零点**という．X が M^n の各点 p において $X(p)\neq 0$ であるとき，X を**特異点のない**ベクトル場という．

W^q を M^n の q 次元部分多様体とするとき，W^q 上の $T(M^n)$ の **C^r ベクトル場** $Y=\{Y(p); p\in W^q\}$ も X と全く同様に，C^r 写像

$$Y: W^q \to T(M^n)$$

で，

$$(\pi\circ Y)(p) = p \qquad (p\in W^q)$$

を満たすものとして定義される．

$n-1$ 次元部分多様体 W^{n-1} 上の $T(M^n)$ の C^r ベクトル場 Y が，W^{n-1} の任意の点 p に対して，$Y(p)\notin T_p(W^{n-1})$ であるとき，Y を W^{n-1} **に横断的な C^r ベクトル場**という．M^n 上の C^r ベクトル場 X を W^{n-1} に制限した $X|W^{n-1}=\{X(p); p\in W^{n-1}\}$ は W^{n-1} 上の $T(M^n)$ の C^r ベクトル場である．$X|W^{n-1}$ が W^{n-1} に横断的であるとき，X を W^{n-1} **に横断的な C^r ベクトル場**という．

以上では W^{n-1} を部分多様体としたが，これを一般化して，W'^{n-1} を $n-1$ 次元 C^s 多様体，$f: W'^{n-1}\to M^n$ を 1 対 1 の C^s はめ込みとした場合，$f(W'^{n-1})$ 上の $T(M^n)$ の C^r ベクトル場，$f(W'^{n-1})$ に横断的な $T(M^n)$ の C^r ベクトル場等についても全く同様に定義する．

M^n を C^r 多様体 $(r\geqq 1)$ とし，$T(M^n)$ を M^n の接空間とする．M^n の各点 p における接空間 $T_p(M^n)$ にそれぞれ内積

$$\langle v, v'\rangle_p \qquad (v, v'\in T_p(M^n))$$

が与えられて，C^{r-1} 多様体 $T(M^n)$ 上の実数値関数

$$g: T(M^n)\to \boldsymbol{R}$$

を

$$g(v) = \langle v, v\rangle_p \qquad (v\in T_p(M^n))$$

と定義すれば g が C^{r-1} となるとき，内積の集合

$$\{\langle\ ,\ \rangle_p; p\in M^n\}$$

を M^n の **Riemann 計量**という．

$v\in T_p(M^n)$ に対し，$\sqrt{\langle v, v\rangle_p}$ を v の**長さ**といい，$\|v\|$ と書く．二つのベクトル $v, v'\in T_p(M^n)$ が，$\langle v, v'\rangle_p=0$ であるとき，v と v' とは**直交する**という．

W を M^n の q 次元部分多様体とする．M^n に Riemann 計量が与えられているとき，$p\in W, v, v'\in T_p(W)$ に対して，$\langle v, v'\rangle_p$ をとることによって，定理 2.3 (i) のように W を q 次元 C^r 多様体と考えたときそれに Riemann 計量が定まる．

n 次元 Euclid 空間 $\boldsymbol{R}^n$ には，$p\in\boldsymbol{R}^n$，$v, v'\in T_p(\boldsymbol{R}^n)$，$v=\sum_{i=1}^{n} v_i\frac{\partial}{\partial x_i}$，$v'=\sum_{i=1}^{n} v_i'\frac{\partial}{\partial x_i}$ とするとき，よく知られているように，$T_p(\boldsymbol{R}^n)$の内積を

$$\langle v, v'\rangle_p=\sum_{i=1}^{n} v_i v_i'$$

によって定義することにより，$\boldsymbol{R}^n$ の Riemann 計量が定まる.

定理 2.9 任意の C^r 多様体 M^n $(r\geqq 1)$ は Riemann 計量をもつ.

証明 M^n がコンパクトの場合を証明する．$\mathcal{S}=\{(U_\lambda, \varphi_\lambda); \lambda\in\Lambda\}$ を座標近傍系とするとき，M^n がコンパクトだから有限個の $\lambda_1, \lambda_2, \cdots, \lambda_m\in\Lambda$ で $\{U_{\lambda_i}; i=1, 2, \cdots, m\}$ が M^n の開被覆となるものが存在する．この開被覆に従属する1の分割を μ_i $(i=1, 2, \cdots, m)$ とし，$p\in M^n, v, v'\in T_p(M^n)$ に対して $\langle v, v'\rangle_p$ を

$$\langle v, v'\rangle_p=\sum_i \mu_i(p)\langle(\varphi_{\lambda_i})_*(v), (\varphi_{\lambda_i})_*(v')\rangle\varphi_{\lambda_i}(p)$$

によって定義する．ただし，右辺の $\langle\ ,\ \rangle\varphi_{\lambda_i}(p)$ は上述の $\boldsymbol{R}^n$ における内積であり，$\sum_i$ は $p\in U_{\lambda_i}$ のような i に関する和である．この $\langle v, v'\rangle_p$ が M^n の Riemann 計量となることは容易に確かめられる.

M^n がコンパクトでない場合にも同様な方法によって Riemann 計量を導入することができるがここでは証明は省略する（あとがき II，注4参照）. ▌

M^n を Riemann 計量が与えられている n 次元 C^r 多様体とする．α, β を実数とし，

$$\varphi: [\alpha, \beta]\to M^n$$

を C^r 曲線とする $(r\geqq 1)$．$\alpha\leqq t\leqq\beta$ に対して，t における単位接ベクトルを $\boldsymbol{e}_t$ とし，積分

$$\int_\alpha^\beta \|\varphi_*(\boldsymbol{e}_t)\|dt$$

を C^r 曲線 φ の**長さ**という.

M^n を弧状連結とすると，容易にわかるように M^n の任意の二点 p, p' に対して，実数の列 $\alpha_0<\alpha_1<\cdots<\alpha_m$ と C^r 曲線

$$\varphi_i: [\alpha_{i-1}, \alpha_i]\to M^n \qquad (i=1, 2, \cdots, m)$$

で，

$$\varphi_1(\alpha_0)=p, \quad \varphi_m(\alpha_m)=p', \quad \varphi_i(\alpha_i)=\varphi_{i+1}(\alpha_i) \qquad (i=1, 2, \cdots, m-1)$$

となるものが存在する．このような $\{\varphi_i\}$ を p と p' とを結ぶ **C^r 折線**という.

C^r 折線 $\{\varphi_i\}$ に対して

$$L(\{\varphi_i\}) = \sum_{i=1}^{m} \int_{\alpha_{i-1}}^{\alpha_i} \|(\varphi_i)_*(\boldsymbol{e}_t)\| dt$$

を $\{\varphi_i\}$ の**長さ**という．$p, p' \in M^n$ に対して，p と p' とを結ぶ C^r 折線すべてについてその下限をとったものを $\rho(p, p')$ とする：

$$\rho(p, p') = \inf L(\{\varphi_i\}).$$

この ρ は M^n に距離を定め M^n は距離空間となり，この距離がきめる位相が M^n のもともとの位相と一致する．証明はここでは省略する(あとがき II，注5参照).

§11　境界をもつ C^r 多様体

D^n を n 次元球体，p を D^n の点とする．$p \in \mathrm{Int}\, D^n$ ならば p の D^n における近傍で $\boldsymbol{R}^n$ の開集合と同相であるものが存在し，$\mathrm{Int}\, D^n$ は n 次元 C^∞ 多様体であるが，p が D^n の境界 S^{n-1} 上の点であると，p の D^n における近傍は $\boldsymbol{R}^n$ の開集合ではない(図2.9)．この D^n のようなものをわれわれの対象として取り扱うために，§9で定義した C^r 多様体を次のように拡張する．

$\boldsymbol{R}_+{}^n = \{(x_1, x_2, \cdots, x_n) \in \boldsymbol{R}^n ; x_n \geqq 0\}$ を $\boldsymbol{R}^n$ の**上半平面**という．$\boldsymbol{R}^{n-1}$ は

$$\boldsymbol{R}^{n-1} = \{(x_1, x_2, \cdots, x_n) \in \boldsymbol{R}_+{}^n ; x_n = 0\}$$

として，$\boldsymbol{R}_+{}^n$ の部分集合である．

M を可算基をもつ Hausdorff 空間とする．M の任意の点 p に対して p の近

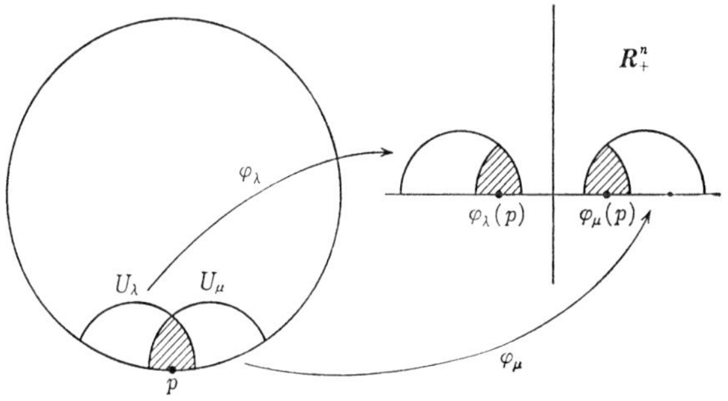

図2.9

傍 U で $\boldsymbol{R}_+{}^n$ の或る開集合と同相であるものがつねに存在するとき，M を n 次元**位相多様体**という．D^n は n 次元位相多様体である(図 2.9).

A を $\boldsymbol{R}^n$ の部分集合，B を $\boldsymbol{R}^m$ の部分集合とし，

$$\varphi: A \to B$$

を写像とする．もしも，$A \subset U$ のような $\boldsymbol{R}^n$ の開集合 U と U から $\boldsymbol{R}^m$ への C^r 写像

$$\hat{\varphi}: U \to \boldsymbol{R}^m$$

で，$\hat{\varphi}$ を A に制限した $\hat{\varphi}|A$ が $\hat{\varphi}|A=\varphi$ であるものが存在するとき，φ を C^r 写像という．

M^n を上述の意味での n 次元位相多様体とする．Λ を添数集合，$U_\lambda\,(\lambda\in\Lambda)$ を M^n の開集合，$\varphi_\lambda: U_\lambda \to V_\lambda\,(\lambda\in\Lambda)$ を U_λ から $\boldsymbol{R}_+{}^n$ の開集合 V_λ への同相写像とし，U_λ と φ_λ との対 $(U_\lambda, \varphi_\lambda)$ を元とする集合 $\mathcal{S}=\{(U_\lambda,\varphi_\lambda);\lambda\in\Lambda\}$ を考える．この $\mathcal{S}$ が r を $0,1,2,\cdots,\infty$ のいずれかとして，次の条件 $(\mathrm{M_I}')$, $(\mathrm{M_{II}}')$, $(\mathrm{M_{III}}')$ を満たしているとき，$\mathcal{S}$ を M^n の **C^r 座標近傍系**という．

$(\mathrm{M_I}')$　$\{U_\lambda;\lambda\in\Lambda\}$ は M^n の開被覆である．

$(\mathrm{M_{II}}')$　$U_\lambda \cap U_\mu \neq \phi\ (\lambda,\mu\in\Lambda)$ であるとき，写像

$$\varphi_\mu\circ\varphi_\lambda^{-1}: \varphi_\lambda(U_\lambda\cap U_\mu) \to \varphi_\mu(U_\lambda\cap U_\mu), \qquad \varphi_\lambda\circ\varphi_\mu^{-1}: \varphi_\mu(U_\lambda\cap U_\mu) \to \varphi_\lambda(U_\lambda\cap U_\mu)$$

は上述の意味でともに C^r である(図 2.9).

$(\mathrm{M_{III}}')$　$\mathcal{S}$ は集合の包含関係に関して極大である．

M^n と $\mathcal{S}$ との対 $(M^n, \mathcal{S})$ を n 次元 **C^r 多様体**という．$(M^n, \mathcal{S})$ を単に M^n 或いは M とも書く．$\mathcal{S}$ の元 $(U_\lambda, \varphi_\lambda)$ を**座標近傍**という．

M^n の点 p で，$p\in U_\lambda$ のような $(U_\lambda,\varphi_\lambda)\in\mathcal{S}$ に対して $\varphi_\lambda(p)\in\boldsymbol{R}^{n-1}$ となるものを M^n の**境界点**という．M^n の境界点すべてからなる M^n の部分集合を ∂M^n と書き，M^n の**境界**という．たとえば，$\partial D^n = S^{n-1}$ である．

M^n に対して，$\partial M^n=\phi$ であるとき，M^n を**境界のない C^r 多様体**という．この場合には，$V_\lambda=\varphi_\lambda(U_\lambda)\,(\lambda\in\Lambda)$ は $\boldsymbol{R}_+{}^n-\boldsymbol{R}^{n-1}$ の開集合，したがって $\boldsymbol{R}^n$ の開集合であるから，$(M^n,\mathcal{S})$ は §9 で定義した意味での n 次元 C^r 多様体である．逆に §9 で定義した n 次元 C^r 多様体が境界のない C^r 多様体であることは明らかであろう．コンパクトで境界のない C^r 多様体を**閉じた C^r 多様体**という．

M^n に対して，$\partial M^n\neq\phi$ であるとき，M^n を**境界をもつ C^r 多様体**という．こ

の場合には，容易に分かるように ∂M^n は§9の意味で $n-1$ 次元位相多様体であって，$\{(U_\lambda\cap\partial M^n,\varphi_\lambda|(U_\lambda\cap\partial M^n));\lambda\in\Lambda\}$ を考えると，これは ∂M^n に対して§9の$(\mathrm{M_I}),(\mathrm{M_{II}})$を満たしている．したがって，これを含む極大なものをとれば，∂M^n の§9の意味の C^r 座標近傍系がえられる．この$(M^n,\mathcal{S})$から自然に定まる C^r 座標近傍系を $\partial\mathcal{S}$ とすると，$(\partial M^n,\partial\mathcal{S})$は $n-1$ 次元 C^r 多様体である．

境界をもつ C^r 多様体に対しても，§9と全く同様に **C^r 写像**，**C^r 同相写像**，**C^r 同相**，**C^r はめ込み**，**C^r 埋め込み**，**部分多様体**等を定義する．

$(M^n,\mathcal{S})$を C^r 多様体，t_1,t_2 を実数または $\pm\infty$ で $t_1<t_2$ とする．l を1次元 C^r 多様体$[t_1,t_2[,\ [t_1,t_2],\ ]t_1,t_2],\ ]t_1,t_2[$ のいずれかとするとき，C^r 写像 $l\to M^n$ を M^n の C^r 曲線という．

$(M^n,\mathcal{S})$を境界をもつ C^r 多様体とする．$p\in M^n-\partial M^n$ に対しては，§10と全く同様に p における M^n の接空間 $T_p(M^n)$ を定義する．$p\in\partial M^n$ の場合には，境界のある1次元 C^r 多様体 $[0,\varepsilon[$ から M^n への C^r 写像

$$l\colon [0,\varepsilon[\ \to M^n,\qquad l(0)=p$$

を考え，このような l すべてからなる集合に§10と全く同様に関係～を定義し，この同値類 $v=[l]$を p における M^n の接ベクトルとよぶことにする．$p\in U_\lambda$，$(U_\lambda,\varphi_\lambda)\in\mathcal{S}$ をとると，§10と全く同様に $\Phi_\lambda(v)$ が定義できるが，この場合には $\Phi_\lambda(v)=(v_1,v_2,\cdots,v_n)$ とするとつねに $v_n\geqq 0$ となっている．このため，$v_n>0$ のような v に対して，形式的に $-v$ を導入し $\Phi_\lambda(-v)=(-v_1,-v_2,\cdots,-v_n)$ であるとする．p における M^n の接ベクトル $v=[l]$にこのような $-v$ をつけ加えたものすべての集合を $T_p(M^n)$ とすると，$\Phi_\lambda\colon T_p(M^n)\to\boldsymbol{R}^n$ は上への1対1写像となり，$T_p(M^n)$に n 次元ベクトル空間の構造を§10と同様に定義できる．

$T(M^n)=\bigcup_{p\in M^n}T_p(M)$ は§10と同様にして境界のある $2n$ 次元 C^{r-1} 多様体となり，$\partial(T(M^n))=\bigcup_{p\in\partial M^n}T_p(M)$ である．また，$\pi\colon T(M^n)\to M^n$ が C^{r-1} 写像であることも全く同様である．§10と全く同様に C^r ベクトル場，特異点のないベクトル場等を定義する．

M^n が向きづけ可能である定義も全く同様である．微分 g_*，Riemann 計量も境界をもつ C^r 多様体に対して同様に定義される．

いま，C^r 多様体 M^n が $\partial M^n\neq\phi$ であって向きが与えられているとする．$p\in$

M^n に対して，$p \in U_\lambda$ のような$(U_\lambda, \varphi_\lambda) \in \mathscr{S}'$ をとるとき，$T_p(M^n)$の向きが

$$\Phi_\lambda^{-1}\left(\frac{\partial}{\partial x_1}\right),\ \Phi_\lambda^{-1}\left(\frac{\partial}{\partial x_2}\right),\ \cdots,\ \Phi_\lambda^{-1}\left(\frac{\partial}{\partial x_n}\right)$$

で与えられているとしよう．$p \in \partial M^n$ であるとき

$$\Phi_\lambda^{-1}\left(\frac{\partial}{\partial x_1}\right),\ \Phi_\lambda^{-1}\left(\frac{\partial}{\partial x_2}\right),\ \cdots,\ \Phi_\lambda^{-1}\left(\frac{\partial}{\partial x_{n-1}}\right)$$

によって $T_p(\partial M^n)$に向きを定めれば，これによって∂M^n に向きを与えることができる．多様体の定義からすれば M^n に与えられた向きからこのようにして∂M^n に向きを導入するのが‘自然’であるが，ホモロジー論との調和をはかるために，この向きに$(-1)^n$ を掛けたもの，すなわち n が偶数ならそのまま，n が奇数ならばその向きを逆にしたものを ∂M^n に考え，これを **M^n の向きから導入される ∂M^n の向き**と定義する．この$(-1)^n$ の違いはあとで§27 の Stokes の定理のところで意味を持ってくる．

第3章　力学系と極限集合

§12　力　学　系

$(M^n, \mathcal{S})$をn次元C^s多様体，$X=\{X(p); p\in M\}$をM^n上のC^rベクトル場とする．ただし，$1\leqq r\leqq s-1$である．C^rベクトル場XをM^n上の**C^r力学系**ともいう．

t_1, t_2は実数または$\pm\infty$で，$t_1<t_2$であるとし，

$$\varphi:]t_1, t_2[\to M$$

をM^nのC^{r+1}曲線とする．

$t_1<t<t_2$に対して，$t_1<t-\varepsilon<t+\varepsilon<t_2$のように$\varepsilon$をとり，

$$\varphi|]t-\varepsilon, t+\varepsilon[:]t-\varepsilon, t+\varepsilon[\to M^n$$

を考えれば，点$\varphi(t)$におけるM^nの接ベクトル$[\varphi|]t-\varepsilon, t+\varepsilon[]$は明らかに$\varepsilon$のとり方に無関係に定まる．この$[\varphi|]t-\varepsilon, t+\varepsilon[]$を$v(\varphi, t)$と書き，点$\varphi(p)$における曲線$\varphi$の**接ベクトル**という(図3.1)．

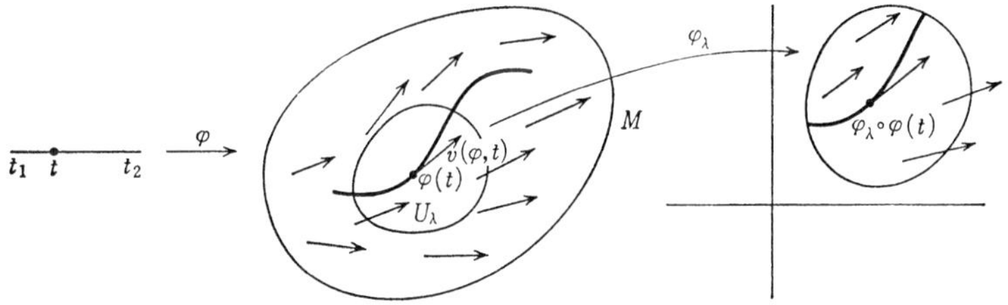

図3.1

φの微分$\varphi_*: T(]t_1, t_2[)\to T(M)$を使えば，$\boldsymbol{e}_t$を$t$における$]t_1, t_2[$の単位接ベクトルとするとき(§10参照)，

$$\varphi_*(\boldsymbol{e}_t) = v(\varphi, t)$$

である．

φ が $]t_1, t_2[$ の各点 t において，

$$v(\varphi, t) = X(\varphi(t))$$

であるとき，φ を X の**軌道曲線**または**積分曲線**という．

とくに，$t_1<0<t_2$ であって，$\varphi(0)=p$ であるとき，この軌道曲線 φ を**点 p を始点とする X の軌道曲線**という．

$]t_1, t_2[$ の点 $\bar{t}$ に対して，$\varphi(\bar{t})\in U_\lambda$ のような $(U_\lambda, \varphi_\lambda)\in\mathcal{S}$ をとると，U_λ の任意の点 q における X のベクトル $X(q)$ は§10の Φ_λ によって，

$$\Phi_\lambda(X(q)) = (v_1(q), v_2(q), \cdots, v_n(q))$$

と表わされる．

φ を X の軌道曲線とし，

$$(\varphi_\lambda\circ\varphi)(t) = (u_1(t), u_2(t), \cdots, u_n(t)) \qquad (t\in\varphi^{-1}(U_\lambda))$$

と書くことにすると，Φ_λ の定義(§10)から

$$(*) \qquad \frac{du_i}{dt}(t) = v_i(\varphi(t)) \qquad (i=1, 2, \cdots, n)$$

が成り立つ．逆に，M の C^{r+1} 曲線 φ に対し，任意の $\bar{t}\in]t_1, t_2[$ と $\varphi(\bar{t})\in U_\lambda$ のような $(U_\lambda, \varphi_\lambda)\in\mathcal{S}$ に関して(*)が成り立てば，φ は X の軌道曲線である．

以下，M^n は閉じた C^r 多様体とする．いま，p を M^n の点とし，$p\in U_\lambda$ のように $(U_\lambda, \varphi_\lambda)\in\mathcal{S}$ をとる．§3のトーラス上のベクトル場の場合と全く同様に，常微分方程式の解の存在と一意性の定理によって，$\varphi_\lambda(p)$ を始点とし或る開区間 $]-\tau, \tau[$ で定義された(*)の解

$$\psi\colon]-\tau, \tau[\to \varphi_\lambda(U_\lambda), \qquad \psi(0) = \varphi_\lambda(p)$$

が一意的に存在する．ψ は C^{r+1} である．$\varphi_1\colon]-\tau, \tau[\to M^n$ を $\varphi_\lambda\circ\varphi_1(t)=\psi(t)$ で定義すると，φ_1 は p を始点とする X の軌道曲線である．この φ_1 を $]-\infty, \infty[$ で定義された軌道曲線にまで拡張できることを示そう．

X の軌道曲線 $\varphi_1\colon]-\tau, \tau[\to M^n$ に対して，数列 $x_1, x_2, \cdots, x_m, \cdots$ を，

$$-\tau<x_1<x_2<\cdots<x_m<\cdots<\tau, \qquad \lim_{m\to\infty} x_m = \tau$$

であるようにとる．定理2.1により(§10に述べたように M^n は距離空間である)，M^n の点列 $\varphi_1(x_1), \varphi_1(x_2), \cdots, \varphi_1(x_m), \cdots$ の部分列で一点に収束するものが存在する．それを

$$\varphi_1(x_{i_1}), \varphi_1(x_{i_2}), \cdots, \varphi_1(x_{i_m}), \cdots, \qquad \lim_{m\to\infty} \varphi_1(x_{i_m}) = \bar{p}$$

であるとしよう．

$\bar{p}\in U_\mu$ のような $(U_\mu, \varphi_\mu)\in\mathcal{S}$ をとると，U_μ の任意の点 q' における X のベクトル $X(q')$ は

$$\Phi_\mu(X(q')) = (\bar{v}_1(q'), \bar{v}_2(q'), \cdots, \bar{v}_n(q'))$$

と表わされる．前述のように，X の軌道曲線 φ は，$(\varphi_\mu\circ\varphi)(t)=(\bar{u}_1(t), \bar{u}_2(t), \cdots, \bar{u}_n(t))$ $(t\in\varphi^{-1}(U_\mu))$ とするとき，

$$(**) \qquad \frac{d\bar{u}_i}{dt}(t) = \bar{v}_i(\varphi(t)) \qquad (i=1, 2, \cdots, n)$$

を満たしている．常微分方程式の解の存在と一意性の定理によって，§2, §3 の場合と全く同様に，$\varphi_\mu(\bar{p})$ の適当な近傍 $V\subset\varphi_\mu(U_\mu)$ と正数 δ があって，任意の $\bar{q}\in V$ に対して $\bar{q}$ を始点とし開区間 $]-\delta, \delta[$ で定義された $(**)$ の解

$$\bar{\psi}\colon]-\delta, \delta[\to \varphi_\mu(U_\mu), \qquad \bar{\psi}(0) = \bar{q}$$

が存在する．

$x_{i_m}\in]-\tau, \tau[$ を $|x_{i_m}-\tau|<\delta/2$, $\varphi_1(x_{i_m})\in U_\mu$, $\varphi_\mu(\varphi_1(x_{i_m}))\in V$ のようにとり，

$$\bar{\psi}_0\colon]-\delta, \delta[\to\varphi_\mu(U_\mu)$$

を上述のように $\varphi_\mu(\varphi_1(x_{i_m}))$ を始点とする $(**)$ の解とする．

この $\bar{\psi}_0$ を使って，

$$\varphi_2\colon]-\tau, x_{i_m}+\delta[\to M$$

を

$$\varphi_2(t) = \begin{cases} \varphi_1(t) & (-\tau<t\leqq x_{i_m}), \\ \varphi_\mu{}^{-1}(\bar{\psi}_0(t-x_{i_m})) & (x_{i_m}\leqq t<x_{i_m}+\delta) \end{cases}$$

と定義すれば，常微分方程式の解の一意性によって，φ_2 は p を始点とする X の軌道曲線である．$x_{i_m}+\delta>\tau+\delta/2$ であるから，この方法を t の正の方向および負の方向に順次適用することにより，p を始点とし $]-\infty, \infty[$ で定義された X の軌道曲線がえられる．これを

$$\varphi_{\{p\}}\colon]-\infty, \infty[\to M^n \qquad (p\in M^n)$$

と書くことにする．解の一意性から $\varphi_{\{p\}}$ は p に対し一意的にきまる．

第1章では，$\varphi_{\{p\}}(t)$ を $\varphi(t,p)$ と書いた．§3 の $\varphi(t,p)$ $(-\infty<t<\infty)$ は M^n がトーラスの場合の軌道曲線である．

定理 3.1　Xを閉じたn次元C^s多様体M^n上のC^r力学系$(1\leqq r\leqq s-1)$とする．

(i)　このとき，M^nの点pに対しpを始点とするXの軌道曲線$\varphi_{\{p\}}:]-\infty,\infty[\to M^n$が一意的にきまる．この軌道曲線は$C^{r+1}$である．

(ii)　$t\in\boldsymbol{R}$に対して，$\Psi_t:M^n\to M^n$を$\Psi_t(p)=\varphi_{\{p\}}(t)$で定義すると，

$$\Psi_0=(\text{恒等写像}),\ \Psi_{t_1}\circ\Psi_{t_2}=\Psi_{t_1+t_2}\ (\text{すなわち}\ \varphi_{\{\varphi_{\{p\}}(t_2)\}}(t_1)=\varphi_{\{p\}}(t_1+t_2))$$

である．

(iii)　$\Psi:\boldsymbol{R}\times M^n\to M^n$を$\Psi(t,p)=\varphi_{\{p\}}(t)$で定義すると，写像$\Psi$は$C^r$である．

証明　(i)は上に示したことである．(ii),(iii)は常微分方程式の解の一意性と初期値に関する微分可能性からの直接の帰結である．▌

$\varphi_{\{p\}}$の像$\{\varphi_{\{p\}}(t);-\infty<t<\infty\}$を$C(p)$と書き，$p$を通る$X$の**軌道**という．定理3.1(ii)から$p'\in C(p)$ならば$C(p')=C(p)$である．

$\varphi_{\{p\}}:]-\infty,\infty[\to M$を$p$を始点とする$X$の軌道曲線とする．もしも，$X(p)\neq 0$であって$\varphi_{\{p\}}(t)=p$となるような$t>0$が存在すれば，そのような$t$のうち最小のものを$t_0>0$とすると，$\varphi_{\{p\}}(t_0)=p$であって，$0<t<t_0$に対して$\varphi_{\{p\}}(t)\neq p$である．よって定理3.1(ii)から

$$C(p)=\{\varphi_{\{p\}}(t);0\leqq t\leqq t_0\}$$

で，$C(p)$はコンパクトである．このような軌道曲線$\varphi_{\{p\}}$を**周期的**といい，$C(p)$を**周期的軌道**または**閉軌道**という．また，pがXの特異点で$X(p)=0$である場合には，$\varphi_{\{p\}}(t)=p\ (-\infty<t<\infty)$すなわち$C(p)=\{p\}$である．

軌道曲線$\varphi_{\{p\}}$に対して，

$$L^+(p)=\bigcap_{0\leqq s<\infty}\overline{\{\varphi_{\{p\}}(t);s\leqq t<\infty\}}$$

を$\varphi_{\{p\}}$の$\boldsymbol{\omega}$**極限集合**といい，

$$L^-(p)=\bigcap_{-\infty<s\leqq 0}\overline{\{\varphi_{\{p\}}(t);-\infty<t\leqq s\}}$$

を$\varphi_{\{p\}}$の$\boldsymbol{\alpha}$**極限集合**という．α極限集合，ω極限集合を単に**極限集合**ともいう．M^nはコンパクトで，有限交叉性をもつ閉集合の共通部分は空でないから，$L^-(p),L^+(p)$はM^nの空でない閉集合である．

AをM^nの部分集合とする．pをAの任意の点とするとき，$\varphi_{\{p\}}(t)\ (-\infty<t<\infty)$がつねにまた$A$に含まれるとき，$A$を力学系$X$の**不変集合**という．たと

えば，周期的軌道は不変集合である．また，α 極限集合 $L^-(p)$, ω 極限集合 $L^+(p)$ は不変集合である．このことは，一般の場合でもトーラス上の場合の定理1.3と全く同様にして証明される．不変閉集合 A が $A\neq\phi$ であって，A に含まれる不変閉集合は A 自身か空集合に限るとき，A を**極小集合**という．

定理 3.2 上述の条件の下で，極限集合 $L^\pm(p)$ は連結である．

証明 $L^+(p)$ について証明する．$L^+(p)$ はコンパクトな M^n の閉集合であるからコンパクトである．$L^+(p)$ が連結でないと仮定し，$L^+(p)$ の二つの空でない閉集合 L_1, L_2 で，$L^+(p)=L_1\cup L_2$, $L_1\cap L_2=\phi$ であるものが存在するとしてみよう．M^n は Hausdorff 空間であって，L_1, L_2 がコンパクトであるから，M の開集合 U_1, U_2 を

$$U_1\supset L_1, \qquad U_2\supset L_2, \qquad U_1\cap U_2=\phi$$

となるようにとれる．L_1, L_2 はともに ω 極限集合の部分集合だから，実数列 $x_1, x_2, \cdots, x_m, \cdots$, $y_1, y_2, \cdots, y_m, \cdots$ で

$$\lim_{m\to\infty} x_m=\infty, \qquad \lim_{m\to\infty}\varphi_{(p)}(x_m)=x\in L_1,$$

$$\lim_{m\to\infty} y_m=\infty, \qquad \lim_{m\to\infty}\varphi_{(p)}(y_m)=y\in L_2$$

となるものがある．必要があれば部分列をとることにより，

$$x_1<y_1<x_2<y_2<\cdots<x_m<y_m<\cdots,$$

$$\varphi_{(p)}(x_m)\in U_1, \qquad \varphi_{(p)}(y_m)\in U_2 \qquad (m=1, 2, \cdots)$$

としてよい．$U_1\cap U_2=\phi$ であるから，$x_m<y_m$ に対して必ず $x_m<z_m<y_m$ $(m=1, 2, \cdots)$ で

$$\varphi_{(p)}(z_m)\in M^n-U_1-U_2$$

となるものが存在する．$M^n-U_1-U_2$ はコンパクトであるから，定理2.1によって，$\varphi_{(p)}(z_1), \varphi_{(p)}(z_2), \cdots, \varphi_{(p)}(z_m), \cdots$ の部分列で $M-U_1-U_2$ の一点 a に収束するものが存在する．したがって，$a\in L^+(p)$．これは矛盾．よって $L^+(p)$ は連結である．$L^-(p)$ についても全く同様である．▌

§13 2次元球面上の力学系と Poincaré-Bendixson の定理

X を2次元球面 S^2 上の C^r 力学系 $(r\geqq 1)$ とする．p を通る軌道の極限集合

$L^{\pm}(p)$は，pが特異点なら$L^{\pm}(p)=\{p\}$であり，軌道曲線$\varphi_{\{p\}}$が周期的なら$L^{\pm}(p)=C(p)$である．Xの極限集合$L^{\pm}(p)$に関して**Poincaré–Bendixson の定理**とよばれる次の定理が成り立つ．

定理 3.3　pをS^2の任意の点とするとき，$L^{\pm}(p)$が特異点を含まなければ，それは周期的軌道である．

証明　$\varphi_{\{p\}}$が周期的のときは定理は明らかであるから，そうでない場合を考えよう．$L^+(p)$が特異点を含まないとする．p'を$L^+(p)$の一点とすると，$L^+(p)$は不変集合だから$C(p')\subset L^+(p)$である．ここで，$C(p')$が周期的軌道であることが補助定理1.16と全く同様に証明される．$L^+(p)-C(p')\neq\phi$と仮定してみよう．もしも，$L^+(p)-C(p')$が$L^+(p)$の閉集合だとすると，$C(p')$が閉集合で，$L^+(p)=(L^+(p)-C(p'))\cup C(p')$, $(L^+(p)-C(p'))\cap C(p')=\phi$となって定理3.2に反する．よって$L^+(p)-C(p')$は$L^+(p)$の閉集合ではないから，$L^+(p)-C(p')$の$L^+(p)$における閉包$\overline{L^+(p)-C(p')}$は$C(p')$の点を含む．いま，

$$a\in\overline{L^+(p)-C(p')}\cap C(p')$$

としよう．Uをaの十分小さな近傍とする．Uは$\boldsymbol{R}^2$の部分集合と考えてよい．aは仮定により特異点でないから，Uにおいてaを通ってベクトル$X(a)$に直交する線分lを引くことができる(図3.2)．Uが十分小だから，Uにおけるベクトル$X(q)$ $(q\in U)$の変化は小さく，l上の点を通るXの軌道曲線はtが増加するときlを同じ向きに横断する．

$a\in\overline{L^+(p)-C(p')}$であるから，$a$に非常に近い点$b\in L^+(p)-C(p')$が存在する．$b\in U$であるとしてよい．$b$を始点とする軌道曲線$\varphi_{\{b\}}$は$l$と或る点$c$で交わる．$L^+(p)$は不変集合だから$c\in L^+(p)$．また，$c\in C(p')$なら$b\in C(p')$となるから$c\notin C(p')$．よって$l$上には$L^+(p)$の異る二つの点$a, c$が存在することになる．

一方，$a\in L^+(p)$であるから，数列$x_1, x_2, \cdots, x_m, \cdots$で

$$0<x_1<x_2<\cdots<x_m<\cdots,\qquad \lim_{m\to\infty}x_m=\infty,$$
$$\lim_{m\to\infty}\varphi_{\{p\}}(x_m)=a,\qquad \varphi_{\{p\}}(x_m)\in U$$

を満たすものが存在し，したがって，$\{\varphi_{\{p\}}(t); t>0\}$は$l$と無限個の点で交わる．

$\{\varphi_{\{p\}}(t); t>0\}$が$l$と交わる点のうち，$t$が最小のものを$a_1=\varphi_{\{p\}}(t_1)$とし，$t$が$t_1$から増加して次に$\varphi_{\{p\}}(t)$が$l$を横切る点を$a_2=\varphi_{\{p\}}(t_2)$とする(図3.2)．以下

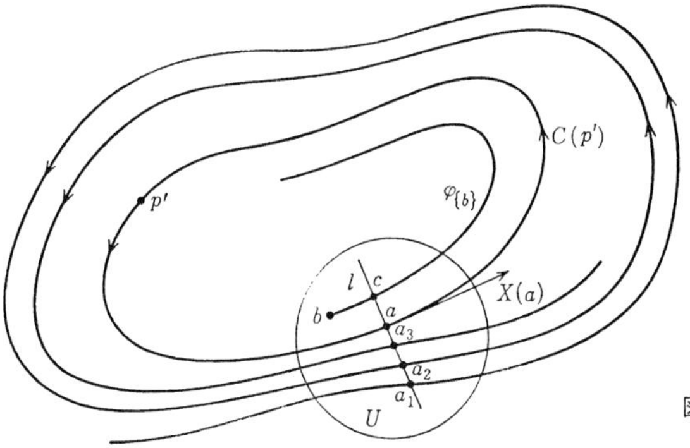

図 **3.2**

同様にして，l 上の点 $a_i=\varphi_{\{p\}}(t_i)\ (i=1,2,\cdots)$ を定める(図 3. 2).

$\{\varphi_{\{p\}}(t); t_1\leqq t\leqq t_2\}$ と l 上の線分 $\overline{a_1a_2}$ との和集合は S^2 の単純閉曲線であるから，よく知られている Jordan の定理により S^2 を二つの部分に分ける．$\{\varphi_{\{p\}}(t); t_2<t<\infty\}$ はその一方に含まれるから $a_3=\varphi_{\{p\}}(t_3)$ は a_2 に関して a_1 と反対側にある(図 3. 2). 全く同様にして，一般に a_{i+1} は a_i に関して a_{i-1} と反対側にある $(i=2,3,\cdots)$. したがって，$a_1, a_2, \cdots, a_m, \cdots$ はこの順序に l 上に並んでいて，

$$\lim_{m\to\infty} a_m = a$$

である．このことから，

$$l\cap L^+(p) = \{a\}$$

でなければならない．これは $l\cap L^+(p)\ni a, c$ と矛盾する．よって $L^+(p)=C(p')$ である．$L^-(p)$ についても同様である．▌

§14　3 次元球面上の Schweitzer の力学系

M を閉じた n 次元 C^s 多様体とするとき，M 上に特異点のないベクトル場が存在するためには，よく知られているように M の Euler 数 $\chi(M)$ が 0 であることが必要十分である(あとがき III，注 1 参照).

閉じた向きづけ可能な 2 次元 C^s 多様体で Euler 数が 0 となるのはトーラスだけである．われわれは第 1 章において，トーラス上の特異点のない力学系について，軌道とその極限集合の位相的性質を論じた．次元をもう 1 次元上げて

3次元にすると，閉じた3次元C^s多様体のEuler数はすべて0である．したがって，その上にはつねに特異点のないベクトル場が存在する．ここで閉じた3次元C^s多様体のうちもっとも簡単な3次元球面S^3を考えよう．

S^3上の特異点のないベクトル場で標準的ともいうべきものは次のようにしてHopf写像と関連して構成されるC^∞ベクトル場X_Hであろう．

S^3上の点(x_1, x_2, x_3, x_4)を二つの複素数$z_1=x_1+x_2 i, z_2=x_3+x_4 i$の対$(z_1, z_2)$で表わすことにすれば，

$$S^3 = \{(z_1, z_2); |z_1|^2+|z_2|^2 = 1\}$$

である．$S^3 \ni (z_1, z_2), (z_1', z_2')$が

$$z_1' = z_1 e^{i\theta}, \qquad z_2' = z_2 e^{i\theta} \qquad (0 \leqq \theta < 2\pi)$$

であるとき，

$$(z_1, z_2) \sim (z_1', z_2')$$

と定義すれば，この関係$\sim$はS^3における同値関係である．関係$\sim$の同値類全体の集合を考え，(z_1, z_2)が属する同値類を$[z_1, z_2]$と書くことにする．同値類$[z_1, z_2]$に$(2\mathcal{R}(z_1\bar{z}_2), 2\mathcal{I}(z_1\bar{z}_2), |z_1|^2-|z_2|^2) \in S^2$を対応させると，これは代表元のとり方によらずにきまる．この対応は同値類全体の集合からS^2の上への1対1対応であるから，この対応によって同値類全体の集合をS^2と見做すことができる．

いま，写像

$$\pi : S^3 \to S^2$$

を

$$\pi((z_1, z_2)) = [z_1, z_2]$$

で定義すると，πはC^∞写像である．このπを**Hopf写像**という．定義からすぐわかるように，S^2の一点$[z_1, z_2]$の逆像は

$$\pi^{-1}([z_1, z_2]) = \{(z_1 e^{i\theta}, z_2 e^{i\theta}); 0 \leqq \theta < 2\pi\}$$

であって，S^1とC^∞同相である．

S^3の一点(z_1, z_2)に対して，C^∞曲線

$$l^{(z_1, z_2)} :]-\varepsilon, \varepsilon[\to S^3$$

を，

$$l^{(z_1, z_2)}(t) = (z_1 e^{it}, z_2 e^{it}) \qquad (-\varepsilon < t < \varepsilon)$$

と定義し，(z_1, z_2)におけるS^3の接ベクトル$[l^{(z_1,z_2)}]$を考える．S^3上のベクトル場

$$X_H = \{X_H((z_1, z_2)); (z_1, z_2) \in S^3\}$$

を

$$X_H((z_1, z_2)) = [l^{(z_1,z_2)}]$$

で定義すると，X_Hは特異点のないC^∞ベクトル場である．

S^3の任意の点(z_1, z_2)を始点とするX_Hの軌道曲線$\varphi_{\{(z_1,z_2)\}}$は$\pi^{-1}([z_1, z_2])$に含まれていて，軌道$C((z_1, z_2))$は

$$C((z_1, z_2)) = \pi^{-1}([z_1, z_2]),$$

したがってX_Hのすべての軌道は周期的である．

1950年に，SeifertはC^∞ベクトル場X_Hを微小変動してえられるC^rベクトル場$(r \geqq 1)$では，少なくとも一つの周期的軌道がつねに存在することを証明した．この結果から，‘S^3上の特異点のないC^rベクトル場$(r \geqq 1)$には必ず周期的軌道が存在するのではないか？’という予想が提出され，**Seifert予想**とよばれている．ところが1972年に至って，Schweitzerが次の定理を証明し，C^1ベクトル場については上記の予想が成立しないことを示した(あとがきⅢ)．

定理 3.4　S^3上の特異点のないC^1ベクトル場で，周期的軌道を全く持たないものが存在する．

この定理を証明するために，まずS^3上に周期的軌道が一つだけのC^∞ベクトル場を構成する．

S^2の一点$[z_1, 0]$に対して，$S^3-\pi^{-1}([z_1, 0])$を考えよう．複素平面と$\boldsymbol{R}^2$とを同一視することにして，写像

$$\eta: S^3-\pi^{-1}([z_1, 0]) \to \boldsymbol{R}^2 \times S^1$$

を

$$\eta((z_1, z_2)) = (z_1/z_2, z_2/|z_2|)$$

で定義すると，ηはC^∞同相写像である．$(z_1, z_2) \in S^3-\pi^{-1}([z_1, 0])$に対して，$\eta((z_1, z_2)) = ((x, y), e^{i\theta}) \in \boldsymbol{R}^2 \times S^1$として$C^\infty$曲線

$$\tilde{l}^{(z_1,z_2)}:]-\varepsilon, \varepsilon[\to S^3-\pi^{-1}([z_1, 0])$$

を，

$$\tilde{l}^{(z_1,z_2)}(t) = \eta^{-1}((x+t, y), e^{i\theta}) \qquad (-\varepsilon < t < \varepsilon)$$

と定義する．S^3 上のベクトル場 X_1' を

$$(z_1, z_2) \in S^3 - \pi^{-1}([z_1, 0]) \quad \text{のとき} \quad X_1'((z_1, z_2)) = [\tilde{l}^{(z_1, z_2)}],$$
$$(z_1, z_2) \in \pi^{-1}([z_1, 0]) \quad \text{のとき} \quad X_1'((z_1, z_2)) = 0$$

と定義すると，X_1' は C^∞ ベクトル場である．

さらに，S^3 上の特異点のない C^∞ ベクトル場 X_1 を，

$$X_1((z_1, z_2)) = X_H((z_1, z_2)) + X_1'((z_1, z_2))$$

によって定義する．

写像 π の微分 $\pi_*: T(S^3) \to T(S^2)$ に対して，明らかに

$$\pi_*(X_H((z_1, z_2))) = 0$$

である．また，$\tilde{l}^{(z_1, z_2)}$ の定義から $(z_1, z_2) \sim (z_1', z_2')$ とすると

$$\pi_*(X_1'((z_1, z_2))) = \pi_*(X_1'((z_1', z_2')))$$

となっている．したがって，

$$\pi_*(X_1((z_1, z_2))) = \pi_*(X_1((z_1', z_2')))$$

であって，$[z_1, z_2] \in S^2$ に対して，$Y_1([z_1, z_2]) = \pi_*(X_1((z_1, z_2)))$ を対応させると，これは代表元 (z_1, z_2) のとり方によらずに定まり，Y_1 は S^2 上の C^∞ ベクトル場である．Y_1 は $[z_1, 0]$ においてただ一つの特異点をもち，その軌道曲線は図3.3に示すようになっていて，極限集合はすべて $[z_1, 0]$ である．周期的軌道は存在しない．

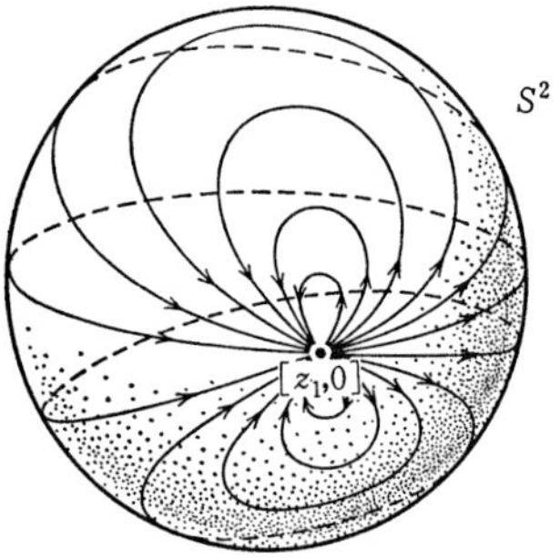

図3.3

Y_1 の定義から，$(z_1, z_2) \in S^3$ を始点とする X_1 の軌道曲線 $\varphi_{\{(z_1, z_2)\}}$ に対して，$\pi \circ \varphi_{\{(z_1, z_2)\}}$ は Y_1 の $\pi((z_1, z_2))$ を始点とする軌道曲線となっている．いま，$(z_1 e^{i\theta}, 0) \in \pi^{-1}([z_1, 0])$ とすると，$(z_1 e^{i\theta}, 0)$ を通る X_1 の軌道 $C((z_1 e^{i\theta}, 0))$ は $\pi^{-1}([z_1, 0])$ であって周期的軌道であるが，$(z_1', z_2') \notin \pi^{-1}([z_1, 0])$ であれば，$\varphi_{\{(z_1', z_2')\}}$ の極限

集合は $\pi^{-1}([z_1, 0])$ であって $C((z_1', z_2'))$ は周期的軌道でない．したがって，X_1 はただ一つの周期的軌道 $\pi^{-1}([z_1, 0])$ をもつ．

次に，ベクトル場 X_1 を部分的に修正して定理 3.4 の C^1 ベクトル場を構成するのであるが，これには§6 の Denjoy のトーラス上の C^1 ベクトル場が本質的に使われる．

X_D を Denjoy によって構成された定理 1.12 のトーラス T 上の C^1 ベクトル場とする．X_D の一つの軌道を C とする．$\bar{C} \neq T$ であったから，C^∞ 埋め込み $j: \mathrm{Int}\, D^2 \to T$ で $\overline{j(\mathrm{Int}\, D^2)} \subset T - \bar{C}$ であるものが存在する．

$N = T - j(\mathrm{Int}\, D^2)$ とし(図 3.6)，$N \times [-2, 2]$ 上に C^1 ベクトル場 $Y = \{Y((x, t)); x \in N, t \in [-2, 2]\}$ を次のように構成する．

はじめに，N 上の C^∞ 関数

$$\gamma : N \to [0, 1]$$

を，

(i)　∂N の或る近傍で $\gamma = 0$,

(ii)　$\bar{C}$ で $\gamma = 1$

のようにとる．（このような γ および次の ρ は補助定理 1.5 の C^∞ 関数 Φ を使って容易につくることができる．）さらに，C^∞ 関数

$$\rho : [-2, 2] \to [-1, 1]$$

を次の条件を満たすようにとる(図 3.4):

(i)　$\rho(-t) = -\rho(t)$,

(ii)　$0, \pm 2$ の近傍で $\rho(t) = 0$,

(iii)　$\rho(-1) = 1, \rho(1) = -1$,

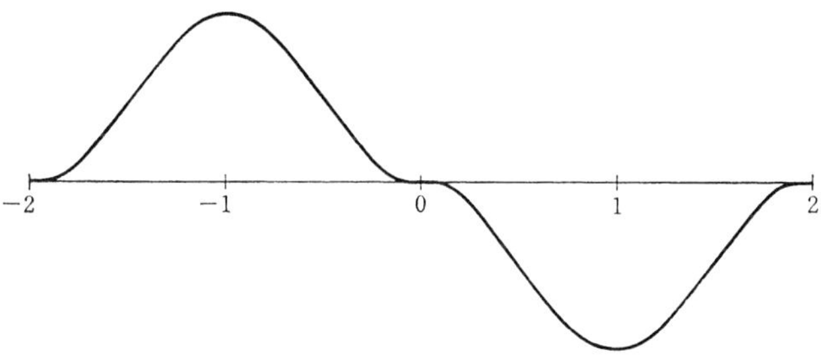

図 3.4

(iv)　$t \neq \pm 1$ ならば $|\rho(t)|<1$.

さて，$(x,t) \in N \times [-2,2]$ に対して，$\boldsymbol{e}_t$ を t における区間 $[-2,2]$ の単位接ベクトルとし，$Y((x,t))$ を

$$Y((x,t)) = \rho(t)\gamma(x)X_D(x) + (1-|\rho(t)|\,\gamma(x))\boldsymbol{e}_t$$

と定義すれば(あとがきIII，注2参照),

$$Y = \{Y((x,t));\, x \in N, t \in [-2,2]\}$$

は $N \times [-2,2]$ 上の特異点のない C^1 ベクトル場であって，$(\partial N \times [-2,2]) \cup (N \times (\{-2\} \cup \{2\}))$ の或る近傍では $Y((x,t)) = \boldsymbol{e}_t$ である.

$(x,-2) \in N \times \{-2\}$ に対して，$Y((x,-2))$ は $N \times [-2,2]$ の内部に向っているから，$t \geqq 0$ に対して Y の軌道曲線 $\varphi_{\{(x,-2)\}}$ が定義できる．$Y((x,t))$ の $[-2,2]$ 方向の成分 $(1-|\rho(t)|\,\gamma(x))\boldsymbol{e}_t$ は負になることはなく，$(x,\pm 1) \in \overline{C} \times \{\pm 1\}$ で0，$(x,t) \in N \times ([-2,2]-\{\pm 1\})$ で正である．また,

$$Y((x,-t)) = -\rho(t)\gamma(x)X_D(x) + (1-|\rho(t)|\,\gamma(x))\boldsymbol{e}_{-t}$$

であるから，Y の軌道は $N \times \{0\}$ に関して対称でなければならない(図3.5)．これらのことから，軌道曲線 $\varphi_{\{(x,-2)\}}$ で t が0から増加するとき，次のいずれかが起こる(図3.5):

(i)　$\varphi_{\{(x,-2)\}}$ は $(x,2) \in N \times \{2\}$ に到達する．ここで出発点 $(x,-2)$ と，到着点 $(x,2)$ とは上述の対称性から同じ $x \in N$ である.

(ii)　$\varphi_{\{(x,-2)\}}$ は $\gamma^{-1}(1) \times \{-1\}$ に近づき $N \times]-1,2]$ には現われない．とくに $x \in \overline{C}$ ならばこのようになる.

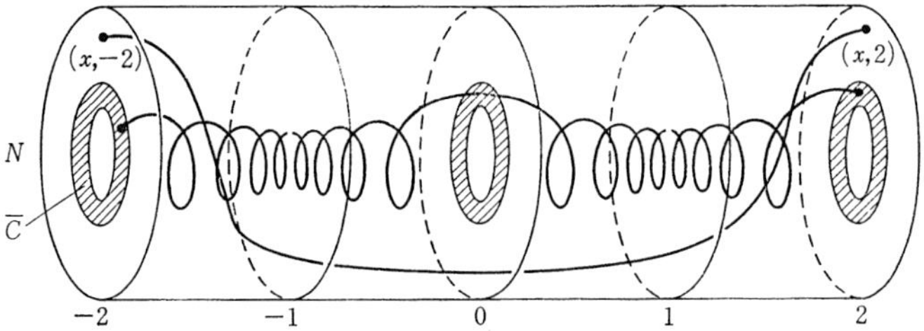

図3.5

(ii)の場合の軌道曲線 $\varphi_{\{(x,-2)\}}$ の ω 極限集合は $\gamma^{-1}(1) \times \{-1\}$ に含まれる．全く同様に，$t \leqq 0$ に対して $(x,2) \in N \times \{2\}$ を始点とする軌道曲線 $\varphi_{\{(x,2)\}}$ が定義され，上述の(i),(ii)と同様のことが成立する．ここで(ii)に対応する場合の軌道

曲線 $\varphi_{\{(x,2)\}}$ の α 極限集合は $\gamma^{-1}(1)\times\{1\}$ に含まれる．また，$N\times]-1,1[$ の部分に，α 極限集合が $\gamma^{-1}(1)\times\{-1\}$ に含まれ，ω 極限集合が $\gamma^{-1}(1)\times\{1\}$ に含まれる Y の軌道曲線がある(図3.5).

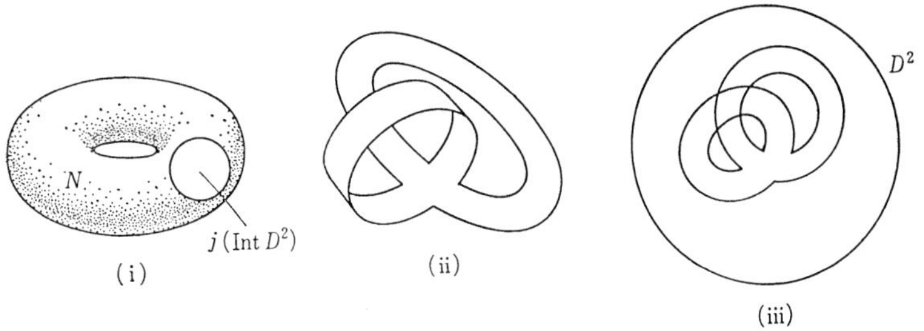

図3.6

ところで，図3.6(i)の N は(ii)のように見做される．その N を図3.6(iii)のように D^2 の中にはめ込む．D^2 に厚みをつけ $D^2\times[0,\delta]$ とし，図3.6(iii)の重なっている部分を $D^2\times[0,\delta]$ の中で $[0,\delta]$ 方向にずらすことにより，N から $D^2\times[0,\delta]$ の中への埋め込みをつくる．さらに，その埋め込みの像を $[0,\delta]$ 方向に厚みをつけることにより，C^∞ 埋め込み

$$g:N\times[-\varepsilon,\varepsilon]\to D^2\times[0,\delta]$$

を定義する．このとき $t\in[-\varepsilon,\varepsilon]$ および $t\in[0,\delta]$ における単位接ベクトルをともに $\boldsymbol{e}_t$ と書くと，(x,t) における $N\times[-\varepsilon,\varepsilon]$ の接ベクトル $\boldsymbol{e}_t$ の g_* による像 $g_*(\boldsymbol{e}_t)$ が $g(x,t)$ における $D^2\times[0,\delta]$ の接ベクトル $\boldsymbol{e}_t$ であるようにできる．また，$g(\bar{C}\times\{-\varepsilon\})\cap\{O\}\times[0,\delta]\neq\phi$ (ただし $\{O\}$ は D^2 の中心)であるとする．

$D^2\times[0,\delta]$ 上の C^1 ベクトル場 X_0 を次のように定義する．

(i)　$D^2\times[0,\delta]-g(N\times]-\varepsilon,\varepsilon[\,)$ 上の各点 (x,t) では $X_0((x,t))=\boldsymbol{e}_t$.

(ii)　$g(N\times[-\varepsilon,\varepsilon])$ 上では，$X_0(g(x,t))=\dfrac{2}{\varepsilon}g_*(\kappa_*{}^{-1}(Y(\kappa(x,t))))$，ただし $\kappa:N\times]-\varepsilon,\varepsilon[\to N\times]-2,2[$ は $\kappa(x,t)=\left(x,\dfrac{2}{\varepsilon}t\right)$ で定義される C^∞ 同相写像である．

この C^1 ベクトル場 X_0 の軌道曲線についても，Y の軌道曲線についての(i), (ii)と同様なことが成立している．

前に構成した S^3 上の C^∞ ベクトル場 X_1 の周期的軌道 $\pi^{-1}([z_1,0])$ 上の一点，たとえば $(z_1,0)$ において，$h(D^2)$ が $X_1(z_1,0)$ と直交するように埋め込み

$$h: D^2 \to S^3$$

を選ぶ．さらに $h(D^2)$ に厚みをつけることにより，埋め込み

$$\bar{h}: D^2 \times [0, \delta] \to S^3$$

を各 $x \in D^2$ に対して $\bar{h}(\{x\} \times [0, \delta])$ が $h(x)$ を通る軌道上にあるようにする(図3.7)．$\bar{h}$ を適当にとることによって，

$$\bar{h}(0,0) = (z_1, 0), \qquad X_1(\bar{h}(x,t)) = \bar{h}_*(\boldsymbol{e}_t)$$

としてよい．

$\bar{h}(D^2 \times [0, \delta])$ の部分において X_1 を修正して，S^3 上の特異点のない C^1 ベクトル場 X_S を次のように定義する(図3.7)：

(i) $S^3 - \bar{h}(D^2 \times [0, \delta])$ 上では X_S は X_1 と等しい．

(ii) $\bar{h}(x,t)\,(x \in D^2, t \in [0, \delta])$ では $X_S(\bar{h}(x,t)) = \bar{h}_*(X_0((x,t)))$.

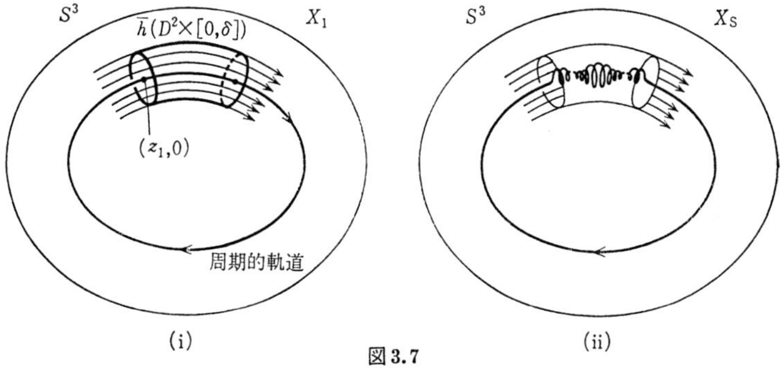

図 3.7

この C^1 ベクトル場 X_S では X_1 の周期的軌道は $\bar{h}(D^2 \times [0, \delta])$ での新しいベクトル場によって消去され，またこの変形で新しく周期的軌道が現われることもない(図3.7(ii))．したがって定理3.4が証明された．

Denjoy の結果を使う関係で定理3.4における C^1 ベクトル場という条件を C^2 ベクトル場にすることはこの方法ではできない．C^r ベクトル場$(r \geqq 2)$に関しては Seifert 予想は現在のところ未解決である．

§15 Wilson の力学系

前節の Schweitzer の定理の証明では，$D^2 \times [0, \delta]$ の標準的なベクトル場を新

しいベクトル場で置き換え，周期的軌道を破壊する方法が使われたが，実はこの方法はすでに1966年にWilsonによって次の定理の証明に使用されている.

定理 3.5 閉じたn次元C^s多様体M^n上に特異点のないC^rベクトル場$X(1\leqq r\leqq s-1)$が与えられているとする．このとき，Xを修正することにより，$0<k\leqq n-2$のような任意の整数kに対して，M^n上の特異点のないC^rベクトル場X_Wで，X_Wの軌道曲線の極限集合が有限個のk次元トーラス$T^k=S^1\times S^1\times\cdots\times S^1$($k$個の$S^1$の積多様体)であるものがえられる.

Wilsonはまず$m\geqq 1$として次のような$D^m\times[-3,3]$上のC^∞ベクトル場$Y_1=\{Y_1((x,t));x\in D^m,-3\leqq t\leqq 3\}$を考えた(図3.8)：

(i) $(\partial D^m\times[-3,3])\cup(D^m\times(\{-3\}\cup\{3\}))$の或る近傍では$Y_1((x,t))=\boldsymbol{e}_t$(単位接ベクトル).

(ii) 射影$\pi_1:D^m\times[-3,3]\to D^m$, $\pi_2:D^m\times[-3,3]\to[-3,3]$に対して,

$$\pi_{1*}(Y_1((x,-t)))=-\pi_{1*}(Y_1((x,t))),$$
$$\pi_{2*}(Y_1((x,-t)))=\pi_{2*}(Y_1((x,t))).$$

(iii) Y_1の特異点は$\{O\}\times\{\pm 2\}$, $\{O\}\times\{\pm 1\}$の四点(OはD^mの中心). Y_1は周期的軌道をもたない.

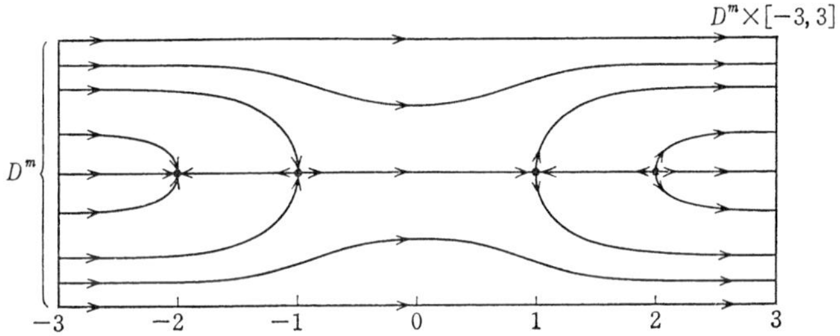

図 3.8

次に，Y_1から$S^1\times D^m\times[-3,3]$上の$C^\infty$ベクトル場$Y_1'$を構成する．$S^1$を$[0,2\pi]$の両端$\{0\}$, $\{2\pi\}$を同一視したものと見做し，S^1の一点θにおける単位接ベクトルを$\boldsymbol{e}_\theta'$と書くことにする．$D^m\times[0,3]$上のC^∞関数

$$\nu:D^m\times[0,3]\to[0,1]$$

を次の条件を満たすようにとる：

(i) $(\partial D^m\times[0,3])\cup(D^m\times(\{0\}\cup\{3\}))$の或る近傍で$\nu=0$.

(ii)　$(O,1),(O,2)\in D^m\times[0,3]$ $(O\in D^m)$ の或る近傍で $\nu=1$.

さて，$S^1\times D^m\times[-3,3]$ 上の C^∞ ベクトル場

$$Y_1'=\{Y_1'((\theta,x,t));\theta\in S^1, x\in D^m, -3\leqq t\leqq 3\}$$

を c_1 を0でない実数として，

$$Y_1'((\theta,x,t))=\begin{cases}-c_1\nu(x,t)\boldsymbol{e}_\theta'+Y_1((x,t)) & t\geqq 0,\\ c_1\nu(x,|t|)\boldsymbol{e}_\theta'+Y_1((x,t)) & t\leqq 0\end{cases}$$

と定義すると，Y_1' は特異点のない C^∞ ベクトル場で次の性質をもつ.

(i)　$(\partial(S^1\times D^m)\times[-3,3])\cup(S^1\times D^m\times(\{-3\}\cup\{3\}))$ の或る近傍で $Y_1'((\theta,x,t))=\boldsymbol{e}_t$.

(ii)　Y_1' は四つの周期的軌道 $S^1\times\{O\}\times\{\pm 2\}, S^1\times\{O\}\times\{\pm 1\}$ をもつ.

(iii)　$(\theta,x,-3)$ を始点とする Y_1' の軌道曲線 $\varphi_{\{(\theta,x,-3)\}}$ は $t\geqq 0$ の部分で定義され，それについて次の(a), (b)のいずれかが成り立つ.

(a)　$(\theta,x,3)$ に到達する.

(b)　周期的軌道にまきつく(すなわち周期的軌道が ω 極限集合となっている).

ここで，或る埋め込み $S^1\times D^m\to D^{m+1}$ をとることにより，$S^1\times D^m\subset D^{m+1}$ と見做す. ただし，O を D^m の原点とするとき D^{m+1} の原点が $S^1\times O$ に含まれるように埋め込みをえらんでおく.

$D^{m+1}\times[-3,3]$ 上の特異点のない C^∞ ベクトル場 Y_2 を

$y\in D^{m+1}-(S^1\times D^m)$ に対しては $Y_2((y,t))=\boldsymbol{e}_t$,

$y=(\theta,x)\in S^1\times D^m$ に対しては $Y_2((y,t))=Y_1'((\theta,x,t))$

で定義する.

Y_1 から Y_2 を構成したのと同様な方法で，Y_2 から $S^1\times D^{m+1}\times[-3,3]$ 上の特異点のない C^∞ ベクトル場 Y_2' を構成し，さらに Y_2' から $D^{m+2}\times[-3,3]$ 上の特異点のない C^∞ ベクトル場 Y_3 を構成する. ただし，c_1 の代りに0でない実数 c_2 で c_1/c_2 が無理数となるものをとるものとする. このとき Y_3 に関する極限集合は四つの2次元トーラス T^2 である.

上述の構成をくりかえすことにより，$D^{m+k}\times[-3,3]$ 上の C^∞ ベクトル場 Y_{k+1} で，極限集合が四つの k 次元トーラス T^k であるものが構成できる.

C^∞ ベクトル場 Y_1 において，D^m の原点 O を含む或る近傍 U' で，$x\in U'$ を

始点とする Y_1 の軌道曲線 $\varphi_{((x,-3))}$ $(x\in U')$ がすべて $D^m\times\{3\}$ に到達しないようなものが存在する．このことから，D^{m+k} の或る開集合 U で，$x\in U$ を始点とする Y_{k+1} の軌道 $\varphi_{((x,-3))}$ $(x\in U)$ がすべて $D^{m+k}\times\{3\}$ に到達しないようなものが存在することがわかる．

さて，M^n 上の C^r ベクトル場 X に対して，$m=n-k-1$ として§14の場合のように C^r 写像

$$\bar{h}: D^{n-1}\times[-3,3]\to M^n$$

を，

$$X(\bar{h}(x,t)) = c\bar{h}_*(\boldsymbol{e}_t) \qquad (c \text{ は定数})$$

であるようにとる．$\bar{h}(D^{n-1}\times[-3,3])$ の部分において，X を修正して M^n 上の C^r ベクトル場 X_W' を次のように定義する(図3.7参照)：

(i)　$M^n-\bar{h}(D^{n-1}\times[-3,3])$ 上では X_W' は X と等しい．

(ii)　$\bar{h}(x,t)$ $(x\in D^{n-1}, t\in[-3,3])$ では $X_W'(\bar{h}(x,t))=c\bar{h}_*(Y_{k+1}((x,t)))$.

C^r ベクトル場 X_W' では，$\bar{h}(U\times\{-3\})$ を通る軌道曲線は t が増加するときすべて $\bar{h}(D^{n-1}\times\{3\})$ に到達することなく，$\bar{h}(D^{n-1}\times[-3,3])$ の中に ω 極限集合をもつ．

M^n はコンパクトであるから，このような修正を有限回行うことによって定理3.5に述べた性質をもつ C^r ベクトル場 X_W が構成できる．

定理3.5の系として次の定理がえられる．

定理3.6　Euler数が0であるような閉じた n 次元 C^∞ 多様体 M^n $(n\geqq 4)$ 上には，特異点のない C^∞ ベクトル場で周期的軌道を全くもたないものが存在する．

証明　Euler数が0であるから，M^n 上には特異点のない C^∞ ベクトル場が存在する(あとがきIII，注1参照)．このベクトル場に $k\geqq 2$ として定理3.5を適用すればよい．▮

閉じた3次元 C^∞ 多様体 M^3 に対して定理3.5を適用すれば，M^3 上の C^∞ ベクトル場 X_W で周期的軌道が有限個のものがえられる．これら有限個の周期的軌道のそれぞれに対して，§14に述べたSchweitzerによるベクトル場の修正法をほどこすことによって，次の定理をうる．

定理3.7　閉じた3次元 C^∞ 多様体 M^3 上には，特異点のない C^1 ベクトル場で周期的軌道を全くもたないものが存在する．

第4章 葉層構造

§16 葉層構造の定義と例

第1章でトーラス上の特異点のないベクトル場の軌道曲線について論じた．その場合，トーラスは軌道(複数)によって覆いつくされ，そしてその軌道(複数)は局所的には(すなわち適当な座標近傍をとれば)直線の族と見做すことができた(図1.10, 図1.12, 図4.2参照)．言わば，軌道はトーラスにストライプ模様を描き，トーラスにおけるストライプ模様の位相的考察が第1章の主題であった．局所的には同じストライプであっても，たとえば定理1.4の場合のようにトーラス全体ではその模様は同じでない．葉層構造とはこのトーラス上のストライプ模様を一般の多様体に拡張したものである．

はじめに最も簡単な例をあげておこう．n 次元 Euclid 空間 $\boldsymbol{R}^n$ を，k を $0\leqq k\leqq n$ として，$\boldsymbol{R}^n=\boldsymbol{R}^k\times\boldsymbol{R}^{n-k}$ と考えれば，

$$\boldsymbol{R}^n=\bigcup_{(x_{k+1},x_{k+2},\cdots,x_n)\in\boldsymbol{R}^{n-k}}\boldsymbol{R}^k\times(x_{k+1},x_{k+2},\cdots,x_n)$$

となる．すなわち，$\boldsymbol{R}^n$ は $\boldsymbol{R}^k$ と C^∞ 同相な $\boldsymbol{R}^k\times(x_{k+1},x_{k+2},\cdots,x_n)$ の和に分解される．この分解を $\boldsymbol{R}^n$ の自明な k 次元葉層構造(あるいは自明な余次元 $n-k$ の葉層構造)といい，$\boldsymbol{R}^k\times(x_{k+1},x_{k+2},\cdots,x_n)$ を葉というのである．図4.1は $n=3, k=2$ の場合を示している．

次に葉層構造の定義を述べよう．$(M^n,\mathcal{S})$ を n 次元 C^s 多様体とする．境界をもたない場合ももつ場合も一緒に取り扱う．したがって，座標近傍 $(U_\lambda,\varphi_\lambda)\in\mathcal{S}$ は，$\varphi_\lambda: U_\lambda\to V_\lambda\subset\boldsymbol{R}_+{}^n$，$\boldsymbol{R}_+{}^n=\{(x_1,x_2,\cdots,x_n)\in\boldsymbol{R}^n; x_n\geqq 0\}$ である．r を $0\leqq r\leqq s$ のような整数とすると，M^n は C^r 多様体である．それを $(M^n,\mathcal{S}^{(r)})$ と書くことにする．$\mathcal{S}^{(r)}$ は M^n の C^r 多様体としての座標近傍系である．また，k

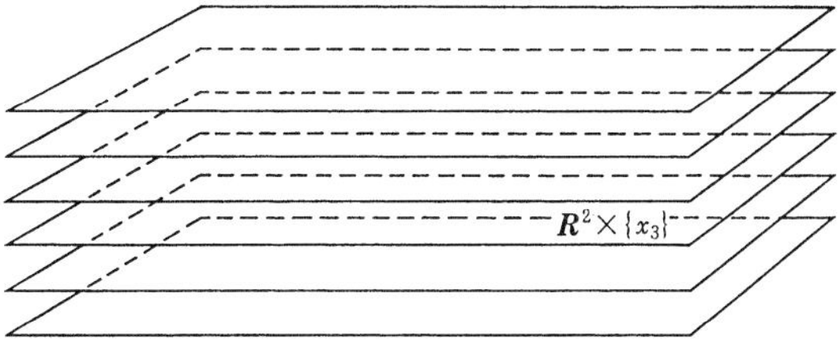

図 4.1

を $0 \leqq k \leqq n$ のような整数とする．

M^n の弧状連結な部分集合 L_α を元とする集合(族) $\mathscr{F}=\{L_\alpha; \alpha \in A\}$ が次の三つの条件 $(\mathscr{F}_{\mathrm{I}})$, $(\mathscr{F}_{\mathrm{II}})$, $(\mathscr{F}_{\mathrm{III}})$ を満たすとき，$\mathscr{F}$ を M^n の k 次元 C^r **葉層構造**という(図 4.2).

$(\mathscr{F}_{\mathrm{I}})$　$\alpha, \beta \in A, \alpha \neq \beta$ ならば，$L_\alpha \cap L_\beta = \phi$.

$(\mathscr{F}_{\mathrm{II}})$　$\bigcup_{\alpha \in A} L_\alpha = M^n$.

$(\mathscr{F}_{\mathrm{III}})$　p を M^n の任意の点とするとき，$p \in U_\lambda$ のような $(U_\lambda, \varphi_\lambda) \in \mathscr{S}^{(r)}$ で，$U_\lambda \cap L_\alpha \neq \phi$ である $L_\alpha (\alpha \in A)$ に対して，$\varphi_\lambda(U_\lambda \cap L_\alpha)$ の(弧状)連結成分が，

$$\{(x_1, x_2, \cdots, x_n) \in \varphi_\lambda(U_\lambda); x_{k+1} = c_{k+1}, x_{k+2} = c_{k+2}, \cdots, x_n = c_n\}$$

と表わされるものが存在する．ただし，$c_{k+1}, c_{k+2}, \cdots, c_n$ はその(弧状)連結成分によってきまる定数である．

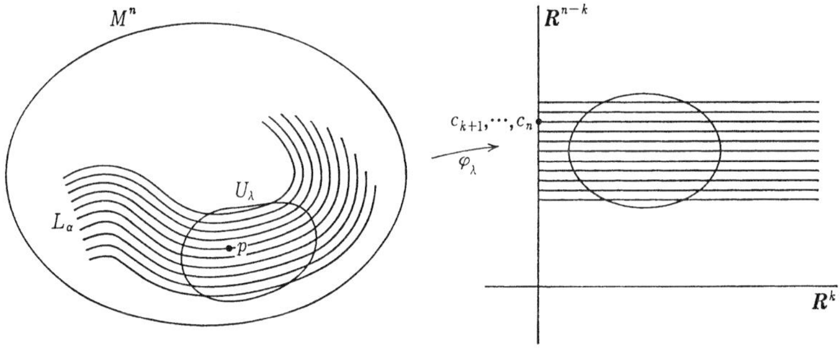

図 4.2

L_α を葉層構造 $\mathscr{F}$ の葉という．k 次元 C^r 葉層構造を**余次元 $n-k$ の C^r 葉層構造**ともいう．このよび方がむしろ普通で，$n-k=q$ として $\mathscr{F}$ を**余次元 q の C^r 葉層構造**ということにする．M^n の葉層構造 $\mathscr{F}$ を M^n との対として $(M^n, \mathscr{F})$

と書くこともある．$(\mathscr{F}_{\mathrm{I}}),(\mathscr{F}_{\mathrm{II}})$によって，$M^n$は互いに交わることのない葉(複数)によって覆いつくされ，$(\mathscr{F}_{\mathrm{III}})$によって葉(複数)は局所的には$\boldsymbol{R}^n$の自明な$k$次元葉層構造の形をしている．$(\mathscr{F}_{\mathrm{III}})$を満たすような$(U_\lambda,\varphi_\lambda)\in\mathscr{S}^{(r)}$を**葉層座標近傍**といい，葉層座標近傍全体の集合を$\mathscr{S}_{\mathscr{F}}^{(r)}$と書き，**葉層座標近傍系**という．

M^nが境界∂M^nをもつ場合には，pを∂M^nの任意の点とし，pを含む葉をL_αとするとき，$(\mathscr{F}_{\mathrm{III}})$から$L_\alpha\subset\partial M^n$がつねに成立する．いま，

$$\partial\mathscr{F}=\{L_\alpha;\alpha\in A,L_\alpha\subset\partial M^n\}$$

とすると，$(\mathscr{F}_{\mathrm{I}}),(\mathscr{F}_{\mathrm{II}}),(\mathscr{F}_{\mathrm{III}})$から，$\partial\mathscr{F}$は$n-1$次元$C^s$多様体$\partial M^n$の$k$次元$C^r$葉層構造(余次元$n-k-1$の$C^r$葉層構造)である．したがってとくに$k=n-1$すなわち$\mathscr{F}$が余次元1の$C^r$葉層構造の場合には，$\partial M^n$の連結成分は$\mathscr{F}$の一つの葉となっている(例B参照)．

例A $X_{a,b}$を定理1.4のトーラスT上のベクトル場とし(図1.10)，$X_{a,b}$の軌道$C(p)$全体の集合を$\mathscr{F}_{a,b}$とするとき，$\mathscr{F}_{a,b}$は2次元C^∞多様体Tの余次元1のC^∞葉層構造である．

もっと一般に，M^nを閉じたn次元C^s多様体，XをM^n上の特異点のないC^rベクトル場$(1\leqq r\leqq s-1)$とするとき，Xの軌道全体の集合$\mathscr{F}$はM^nの余次元$n-1$のC^r葉層構造である．なぜなら，$(\mathscr{F}_{\mathrm{I}}),(\mathscr{F}_{\mathrm{II}})$は定理3.1から満たされるし，$(\mathscr{F}_{\mathrm{III}})$の$(U_\lambda,\varphi_\lambda)\in\mathscr{S}^{(r)}$は次のようにしてえられるからである．$p\in M^n$に対して，$n-1$次元球体$D^{n-1}$の$M^n$の中への$C^r$埋め込み$g:D^{n-1}\to M^n$を，$g(O)=p$であって($O$は$D^{n-1}$の原点)，$g(D^{n-1})$の各点$q$において，$q$を始点とする軌道曲線$\varphi_{(q)}$は$g(D^{n-1})$と横断的に交わるようにとる(図4.3)．このよう

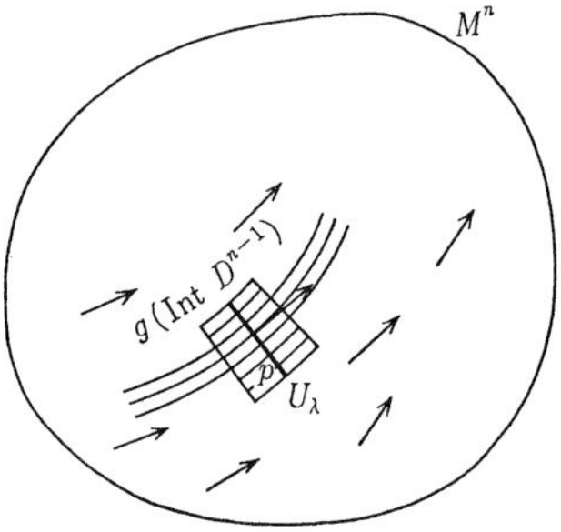

図4.3

な g は p を含む局所座標を使って容易につくれる．いま，

$$\tilde{g}:]-\varepsilon, \varepsilon[\times \mathrm{Int}\, D^{n-1} \to M^n$$

を，$\tilde{g}(t, x)=\varphi(t, g(x))$ $(-\varepsilon<t<\varepsilon, x\in \mathrm{Int}\, D^{n-1})$ で定義すると，ε が十分小さいとき $\tilde{g}$ は C^r 埋め込みである．$(U_\lambda, \varphi_\lambda)$ を，

$$U_\lambda = \tilde{g}(]-\varepsilon, \varepsilon[\times \mathrm{Int}\, D^{n-1}), \qquad \varphi_\lambda(\tilde{g}(t, x)) = (t, x)$$

にとれば，これは $(\mathscr{F}_{\mathrm{III}})$ を満たしている．(M^n を閉じた多様体としたが，これは第3章の結果をそのまま使うためで，閉じているという仮定はここでは本質的でない.)

上述のことから，§6 のトーラス T 上の Denjoy の C^1 ベクトル場の軌道全体の集合は，T の余次元1の C^1 葉層構造である．また，§14 の S^3 上の Schweitzer の力学系の軌道全体の集合は，S^3 の余次元2の C^1 葉層構造である．

例 B $f:]-1, 1[\to \boldsymbol{R}$ を

$$f(0) = 0,\ f(t) \geqq 0,\ f(t) = f(-t) \qquad (-1<t<1),$$

$$\lim_{t\to\pm 1}\frac{d^k}{dt^k} f(t) = \infty,\ \lim_{t\to\pm 1}\frac{d^k}{dt^k}\left(\frac{1}{\dfrac{d}{dt}f(t)}\right) = 0 \qquad (k=0, 1, 2, \cdots)$$

を満たす C^∞ 関数とする(図 4.4)．たとえば $f(t)=e^{t^2/(1-t^2)}-1$ をとる．

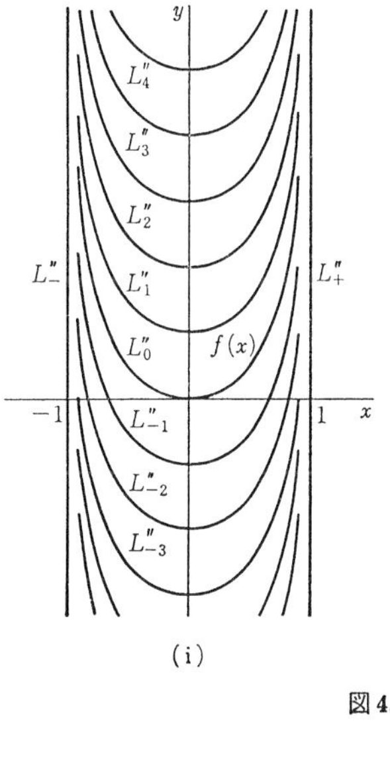

図 4.4

境界をもつ2次元 C^∞ 多様体 $D^1\times\boldsymbol{R}^1$ の部分集合 L_α'' $(-\infty<\alpha<\infty)$ および $L_\pm''$ を

$$L_\alpha'' = \{(t, \alpha+f(t)); -1<t<1\},$$
$$L_\pm'' = \{(\pm 1, y); -\infty<y<\infty\}$$

と定義する(図4.4(i)). L_α'' $(-\infty<\alpha<\infty)$ と $L_\pm''$ の集合を $\mathcal{F}_R'''$ とすると, $\mathcal{F}_R'''$ は $D^1\times\boldsymbol{R}^1$ の余次元1の C^∞ 葉層構造である(図4.4(i)). ($\mathcal{F}_R'''$ が実際 C^∞ 葉層構造であることを確認するには, §30, 例2のように微分形式で表わしそれが C^∞ で完全積分可能であることを示すのが明解である.)

境界をもつコンパクトな2次元 C^∞ 多様体 $D^1\times S^1$ の部分集合 L_α' $(0\leqq\alpha<1)$ および $L_\pm'$ を

$$L_\alpha' = \{(t, e^{2\pi(\alpha+f(t))i}); -1<t<1\},$$
$$L_\pm' = \{(\pm 1, e^{2\pi\theta i}); 0\leqq\theta<1\}$$

と定義すると(図4.4(ii)), L_α' $(0\leqq\alpha<1)$ と $L_\pm'$ の集合 $\mathcal{F}_R''$ は $D^1\times S^1$ の余次元1の C^∞ 葉層構造である(図4.4(ii)). $\mathcal{F}_R''$ のコンパクトな葉は $L_\pm$ の二つである.

二つの $D^1\times S^1$ から境界を貼り合せることによって, トーラス $T=S^1\times S^1=(D^1\times S^1)\cup(D^1\times S^1)$ を構成し, 一つの $D^1\times S^1$ に $\mathcal{F}_R''$ を考え, もう一つの $D^1\times S^1$ に余次元1の C^∞ 葉層構造 $\{\{x\}\times S^1; x\in D^1\}$ を考えれば, T の余次元1の C^∞ 葉層構造が定まる(図4.5). この葉層構造は例Aのものと違って, T の C^∞ ベクトル場からえられないものである.

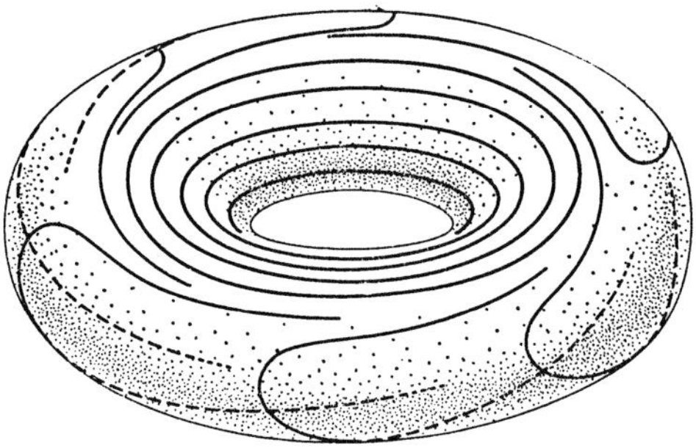

図4.5

境界をもつコンパクトな3次元 C^∞ 多様体 $D^2\times S^1$ の部分集合 L_α $(0\leqq\alpha<1)$ を前述の関数 f を用いて($|x|$ は原点と x との間の距離)

$$L_\alpha = \{(x, e^{2\pi(\alpha+f(|x|))i});\ x \in \mathrm{Int}\, D^2\},$$

で定義すると(図4.6)，$L_\alpha\,(0 \leqq \alpha < 1)$ と $\partial(D^2 \times S^1) = S^1 \times S^1$ からなる集合 $\mathcal{F}_R'$ は $D^2 \times S^1$ の余次元1の C^∞ 葉層構造である(図4.6)．$\mathcal{F}_R'$ のコンパクトな葉は $S^1 \times S^1$ 一つで，それ以外の葉はすべて $\boldsymbol{R}^2$ と C^∞ 同相である．この $\mathcal{F}_R'$ を $D^2 \times S^1$ の **Reeb 葉層**という．

図 **4.6**

3次元球面 S^3 は二つの $D^2 \times S^1$ を $D_1{}^2 \times S_1{}^1, D_2{}^2 \times S_2{}^1$ と書くことにし，それらの境界 $\partial D_1{}^2 \times S_1{}^1, \partial D_2{}^2 \times S_2{}^1$ を $(x, y) \in \partial D_1{}^2 \times S_1{}^1$ と $(y, x) \in \partial D_2{}^2 \times S_2{}^1$ を同一視して貼り合せることによりえられる:

$$S^3 = (D_1{}^2 \times S_1{}^1) \cup (D_2{}^2 \times S_2{}^1).$$

$D_1{}^2 \times S_1{}^1, D_2{}^2 \times S_2{}^1$ のそれぞれに Reeb 葉層 $\mathcal{F}_R'$ を考えれば，境界 $\partial D_1{}^2 \times S_1{}^1$, $\partial D_2{}^2 \times S_2{}^1$ がコンパクトな葉となっているから，$D_1{}^2 \times S_1{}^1$ と $D_2{}^2 \times S_2{}^1$ の和から S^3 の C^∞ 葉層構造がえられる．これを $\mathcal{F}_R$ と書き S^3 の **Reeb 葉層**という．$\mathcal{F}_R$ のコンパクトな葉は $\partial D_1{}^2 \times S_1{}^1 = \partial D_2{}^2 \times S_2{}^1$ だけでそれ以外の葉はすべて $\boldsymbol{R}^2$ と C^∞ 同相である．

$\mathcal{F}$ を n 次元 C^s 多様体 M^n の余次元 q の C^r 葉層構造とし，$\mathcal{S}_{\mathcal{F}}{}^{(r)}$ を葉層座標近傍系とする．いま，$n-q$ 次元 Euclid 空間 $\boldsymbol{R}^{n-q}$ に普通の位相を，また q 次元 Euclid 空間 $\boldsymbol{R}^q$ に離散位相を考え，$\boldsymbol{R}^n$ にそれらの積 $\boldsymbol{R}^{n-q} \times \boldsymbol{R}^q$ としての位相を導入する．各 $(U_\lambda, \varphi_\lambda) \in \mathcal{S}_{\mathcal{F}}{}^{(r)}$ に対して，$\varphi_\lambda\colon U_\lambda \to \varphi_\lambda(U_\lambda) \subset \boldsymbol{R}_+{}^n \subset \boldsymbol{R}^n$ がこの位相に関して同相になるように U_λ に位相を定めると，$(\mathcal{F}_{\mathrm{III}})$ によって各 $(U_\lambda, \varphi_\lambda)$ に互いに矛盾することなく位相が定まり，これによって M^n に新しい位相が導入される．この位相を $\mathcal{O}_{\mathcal{F}}$ と書き**葉層位相**という．葉層位相 $\mathcal{O}_{\mathcal{F}}$ に関する連結成分が一つの葉となっている．

L_α を一つの葉とし，L_α に $\mathcal{O}_\mathcal{F}$ に関する L_α の相対位相を考える．この位相を**葉 L_α における位相**という．この位相に関して L_α がコンパクトであるとき，L_α を**コンパクトな葉**という．葉 L_α に対して，$L_\alpha\cap U_\lambda\neq\phi$ のような $(U_\lambda,\varphi_\lambda)\in\mathcal{S}_\mathcal{F}{}^{(r)}$ をとれば，$L_{\alpha,\lambda,\kappa}$ を $L_\alpha\cap U_\lambda$ の一つの連結成分とするとき，$\varphi_\lambda(L_{\alpha,\lambda,\kappa})$ は $(\mathcal{F}_{\rm III})$ により $\boldsymbol{R}^{n-q}\times(c_{n-q+1},c_{n-q+2},\cdots,c_n)$ の開集合であるから $\boldsymbol{R}^{n-q}$ の開集合と見做せる．さらに，$(U_\mu,\varphi_\mu)\in\mathcal{S}_\mathcal{F}{}^{(r)}$ が，$L_\alpha\cap U_\lambda\cap U_\mu\neq\phi$ であるとき，

$$L_{\alpha,\lambda,\kappa}\cap L_{\alpha,\mu,\kappa'}\neq\phi$$

のような $L_{\alpha,\lambda,\kappa}, L_{\alpha,\mu,\kappa'}$ に対して，

$$\varphi_\mu\circ\varphi_\lambda{}^{-1}\colon\varphi_\lambda(L_{\alpha,\lambda,\kappa}\cap L_{\alpha,\mu,\kappa'})\to\varphi_\mu(L_{\alpha,\lambda,\kappa}\cap L_{\alpha,\mu,\kappa'})$$

は $\boldsymbol{R}^{n-q}$ の開集合から $\boldsymbol{R}^{n-q}$ の開集合への C^r 同相写像である．このことから，

$$\mathcal{S}_\alpha=\{((L_\alpha\cap U_\lambda)\text{の連結成分},\ \varphi_\lambda|((L_\alpha\cap U_\lambda)\text{の連結成分}));\ (U_\lambda,\varphi_\lambda)\in\mathcal{S}_\mathcal{F}{}^{(r)}, L_\alpha\cap U_\lambda\neq\phi\}$$

とすると，$(L_\alpha,\mathcal{S}_\alpha)$ は $n-q$ 次元 C^r 多様体である．

$\iota_\alpha\colon L_\alpha\to M^n$ を $(L_\alpha,\mathcal{S}_\alpha)$ から M^n への包含写像とすると，ι_α は1対1写像で $(\mathcal{F}_{\rm III})$ により C^r はめ込みである．しかし，例Aのトーラスの余次元1の葉層構造 $\mathcal{F}_{a,b}$ で b/a が無理数の場合のように，ι_α は一般には埋め込みとはならない．とくに，L_α が C^r 埋め込みであるとき，L_α を**真葉**という．容易に確められるように，コンパクトな葉は真葉である．$\operatorname{Int}\bar{L}_\beta\neq\phi$ であるような葉 L_β を**局所稠密な**葉という．また，真葉でも局所稠密でもない葉を**例外葉**という．

例Aのトーラスの余次元1の葉層構造 $\mathcal{F}_{a,b}$ において，$a=0$ または b/a が有理数であるときは，$\mathcal{F}_{a,b}$ のすべての葉はコンパクトで真葉である．これに反して，b/a が無理数であるときは，$\mathcal{F}_{a,b}$ のすべての葉は(局所)稠密で真葉でない．

また，例Aの最後で述べたDenjoyの C^1 ベクトル場の軌道全体から定まるトーラスの余次元1の C^1 葉層構造では，§6のように $S^1=[0,1]\cup(\bigcup_{m\in\boldsymbol{Z}}I_m)$ であるとし，$(x,1)\in S^1\times S^1=T$ を通る軌道 $C((x,1))$ を考えるとき，$x\in\operatorname{Int}I_m$ であれば $C((x,1))$ は真葉であるが，$x\in[0,1]$ であれば $C((x,1))$ は例外葉である．

例BのReeb葉層ではすべての葉は真葉である．

n 次元 C^s 多様体 M^n に余次元 q の C^r 葉層構造が定義されているとする．このとき，$U_\lambda\cap U_\mu\neq\phi$ のような $(U_\lambda,\varphi_\lambda),(U_\mu,\varphi_\mu)\in\mathcal{S}_\mathcal{F}{}^{(r)}$ に対して

$$\varphi_\mu\circ\varphi_\lambda{}^{-1}\colon\varphi_\lambda(U_\lambda\cap U_\mu)\to\varphi_\mu(U_\lambda\cap U_\mu)$$

を

$$(\varphi_\mu \circ \varphi_\lambda^{-1})(x_1, x_2, \cdots, x_n) = (y_1, y_2, \cdots, y_n)$$

と書くことにすると，$y_1, y_2, \cdots, y_{n-q}$ は一般に $x_1, x_2, \cdots, x_n$ の C^r 関数であるが条件$(\mathscr{F}_{\rm III})$よりとくに $y_{n-q+1}, y_{n-q+2}, \cdots, y_n$ は $x_{n-q+1}, x_{n-q+2}, \cdots, x_n$ だけの C^r 関数である：

$$(*) \qquad \begin{cases} y_i = y_i(x_1, x_2, \cdots, x_n) & (i=1, 2, \cdots, n-q), \\ y_{n-q+j} = y_{n-q+j}(x_{n-q+1}, x_{n-q+2}, \cdots, x_n) & (j=1, 2, \cdots, q). \end{cases}$$

いま逆に，n 次元 C^s 多様体$(M^n, \mathscr{S})$に関して，$\mathscr{S}^{(r)}$ の部分集合 $\hat{\mathscr{S}}^{(r)}$ で次の条件$(\mathscr{F}_{\rm I}')$, $(\mathscr{F}_{\rm II}')$を満たしているものが存在するとしよう：

$(\mathscr{F}_{\rm I}')$ $\quad M^n = \bigcup_{(U_\lambda, \varphi_\lambda) \in \hat{\mathscr{S}}^{(r)}} U_\lambda,$

$(\mathscr{F}_{\rm II}')$ $\quad U_\lambda \cap U_\mu \neq \phi$ のような$(U_\lambda, \varphi_\lambda), (U_\mu, \varphi_\mu) \in \hat{\mathscr{S}}^{(r)}$ に対して，$\varphi_\mu \circ \varphi_\lambda^{-1}$ はつねに$(*)$の形をしている．

各$(U_\lambda, \varphi_\lambda) \in \hat{\mathscr{S}}^{(r)}$ に関して，U_λ に

$\varphi_\lambda^{-1}(\varphi_\lambda(U_\lambda) \cap (\boldsymbol{R}^{n-q} \times (x_{n-q+1}, x_{n-q+2}, \cdots, x_n))) \quad ((x_{n-q+1}, x_{n-q+2}, \cdots, x_n) \in \boldsymbol{R}^q)$

の弧状連結成分を葉とする葉層構造を考えれば，$U_\lambda \cap U_\mu \neq \phi$ であるとき U_λ に入る葉層構造と U_μ に入る葉層構造は条件$(\mathscr{F}_{\rm II}')$から $U_\lambda \cap U_\mu$ 上で丁度一致している．このことから各 U_μ における葉の和を考えることによって M^n に C^r 葉層構造が定義される．もう少し詳しく言えば，$n-q$ 次元 Euclid 空間 $\boldsymbol{R}^{n-q}$ に普通の位相を，また q 次元 Euclid 空間 $\boldsymbol{R}^q$ に離散位相を考え，$\boldsymbol{R}^n$ にそれらの積 $\boldsymbol{R}^{n-q} \times \boldsymbol{R}^q$ としての位相を導入し，この位相に関して各 φ_λ が同相写像となるように M^n に新しい位相を定めて($(U_\lambda, \varphi_\lambda) \in \hat{\mathscr{S}}^{(r)}$)，この新しい位相に関する連結成分を葉と定義するのである．すなわち，M^n 上の C^r 葉層構造の定義として$(\mathscr{F}_{\rm I}')$, $(\mathscr{F}_{\rm II}')$を満たす $\hat{\mathscr{S}}^{(r)}$ をとることもできるわけである．

$r \geqq 1$ の場合に，$\hat{\mathscr{S}}^{(r)}$ が$(\mathscr{F}_{\rm I}')$, $(\mathscr{F}_{\rm II}')$以外に次の$(\mathscr{F}_{\rm III}')$を満たすようにとれるとき，その葉層構造は**横断的に向きづけ可能**という．

$(\mathscr{F}_{\rm III}')$ $\quad (U_\lambda, \varphi_\lambda), (U_\mu, \varphi_\mu) \in \hat{\mathscr{S}}^{(r)}$ に関して，$\varphi_\mu \circ \varphi_\lambda^{-1}$ を$(*)$の形で表わすとき，$(*)$の $y_{n-q+j} = y_{n-q+j}(x_{n-q+1}, x_{n-q+2}, \cdots, x_n)$ $\;(j=1, 2, \cdots, q)$において

$$\left| \frac{\partial(y_{n-q+1}, y_{n-q+2}, \cdots, y_n)}{\partial(x_{n-q+1}, x_{n-q+2}, \cdots, x_n)} \right| > 0$$

がつねに成立している．

たとえば，例Bのトーラス T の余次元1の葉層構造(図4.5)は横断的に向きづけ可能でない．

$q=1$ の場合を考えよう．$\mathcal{F}$ を M^n の余次元1の C^r 葉層構造とする($r\geqq 1$). M^n 上に C^{r-1} ベクトル場 $X=\{X(p); p\in M^n\}$ が存在して，L_α を任意の葉とするとき，X を L_α 上に制限した C^{r-1} ベクトル場が L_α につねに横断的であるとき，X を $\mathcal{F}$ に**横断的なベクトル場**という．

定理4.1　M^n の余次元1の C^r 葉層構造 $\mathcal{F}$ ($r\geqq 1$) が横断的に向きづけ可能であるためには，$\mathcal{F}$ に横断的な C^{r-1} ベクトル場が存在することが必要十分である．

証明　$\mathcal{F}$ が横断的に向きづけ可能であるとする．($\mathcal{F}_{\mathrm{III}}'$)から $\varphi_\mu\circ\varphi_\lambda^{-1}$ を(*)の形で表わすときつねに

$$\frac{\partial y_n}{\partial x_n}>0$$

である．M^n に Riemann 計量 $\langle\ ,\ \rangle_p$ ($p\in M^n$) を導入する．M^n の各点 p に関して，$T_p(M^n)$ の元 $Y(p)$ を次の(i),(ii),(iii)を満たすように定義すると $Y(p)$ は一意的に定まる:

(i)　$\|Y(p)\|=1$.

(ii)　L_α を $p\in L_\alpha$ のような葉とするとき，$T_p(L_\alpha)$ の任意の元 v に対して，

$$\langle Y(p), v\rangle_p=0.$$

(iii)　$p\in U_\lambda$ のような $(U_\lambda, \varphi_\lambda)\in\hat{\mathcal{S}}^{(r)}$ に対して，

$$\Phi_\lambda(Y(p))=\hat{v}_1\frac{\partial}{\partial x_1}+\hat{v}_2\frac{\partial}{\partial x_2}+\cdots+\hat{v}_n\frac{\partial}{\partial x_n}$$

とするとき(Φ_λ については§10参照)，$\hat{v}_n>0$ である．

$\dfrac{\partial y_n}{\partial x_n}>0$ から，(iii)で $\hat{v}_n>0$ であることは $(U_\lambda, \varphi_\lambda)$ の選び方によらないできまる．$Y=\{Y(p); p\in M^n\}$ とすると，Y は $\mathcal{F}$ に横断的な C^{r-1} ベクトル場である．

逆に，$\mathcal{F}$ に横断的な C^{r-1} ベクトル場 X が存在するとしよう．($\mathcal{F}_{\mathrm{I}}'$),($\mathcal{F}_{\mathrm{II}}'$)を満たす $\hat{\mathcal{S}}^{(r)}$ に対して，$(U_\lambda, \varphi_\lambda)\in\hat{\mathcal{S}}^{(r)}$ であって，

$$\Phi_\lambda(X(p))=v_1\frac{\partial}{\partial x_1}+v_2\frac{\partial}{\partial x_2}+\cdots+v_n\frac{\partial}{\partial x_n}$$

とするとき，$v_n>0$ であるような $(U_\lambda, \varphi_\lambda)$ すべてからなる $\hat{\mathcal{S}}^{(r)}$ の部分集合をとれば，これは($\mathcal{F}_{\mathrm{I}}'$),($\mathcal{F}_{\mathrm{II}}'$),($\mathcal{F}_{\mathrm{III}}'$)を満たす．▮

M^n を境界をもたない C^s 多様体とし，$\mathscr{F}$ を M^n の余次元 1 の C^r 葉層構造とする $(r \geqq 2)$．M^n に Riemann 計量を導入し，M^n の各点 p に関して，$T_p(M^n)$ の元 $Z(p)$ を定理 4.1 の証明中の (i), (ii) を満たすように定める．$Z(p)$ は符号 $\pm$ を除いて一意的に定まる．$p \in M^n$ に対して，p の近傍 U_p を適当にとれば，U_p の各点 p' について，$\varepsilon_{p'}$ を ± 1 として，

$$Z = \{\varepsilon_{p'} Z(p'); p' \in U(p)\}$$

が U_p 上の C^{r-1} ベクトル場となるようにできる．Z の軌道は U_p の余次元 $n-1$ の C^{r-1} 葉層構造を定める．この葉層構造は $\mathscr{F}$ と M^n の Riemann 計量によってきまり，$Z(p)$ の符号によらない．このように U_p $(p \in M^n)$ に定めた各葉層構造における葉の和として，M^n の余次元 $n-1$ の C^{r-1} 葉層構造がえられる．

一般に，$\mathscr{F}$ および $\mathscr{F}'$ が境界をもたない C^s 多様体 M^n の余次元 q の C^r 葉層構造および余次元 $n-q$ の $C^{r'}$ 葉層構造であって $(r, r' \geqq 1)$，L_α および $L_{\alpha'}'$ をそれぞれ $\mathscr{F}$ および $\mathscr{F}'$ の任意の元とするとき，$L_\alpha \cap L_{\alpha'}' \neq \phi$ であれば L_α と $L_{\alpha'}'$ はその交点でつねに横断的に交わっているとき，$\mathscr{F}$ と $\mathscr{F}'$ とは**互いに横断的な葉層構造**という．前述のことから次の定理がえられる．

定理 4.2 $\mathscr{F}$ を境界をもたない C^s 多様体 M^n の余次元 1 の C^r 葉層構造とするとき $(r \geqq 2)$，M^n の余次元 $n-1$ の C^{r-1} 葉層構造 $\mathscr{F}'$ で，$\mathscr{F}$ と $\mathscr{F}'$ は互いに横断的であるものが存在する．

定理 4.2 で M^n を境界をもたない C^s 多様体と仮定したが，M^n が境界をもつ C^s 多様体の場合でも全く同様に U_p 上のベクトル場 Z が定義され，Z の軌道によって U_p は覆いつくされる．しかしこの場合には軌道の和はこの章で定義した葉層構造とはならず，§29 で定義する境界に横断的な葉層構造になる．したがって，境界に横断的な葉層構造まで含めれば，定理 4.2 で M^n が境界をもたないという条件はとり除いてよい．

§17 C^r バンドル

E を n 次元 C^r 多様体 $(r \geqq 1)$ とする．いま，B を q 次元 C^r 多様体とし $(n \geqq q)$，E と B に対して C^r しずめ込み

$$\pi: E \to B$$

が存在するとしよう．ただし，$\partial E \neq \phi$ の場合は，$\partial B \neq \phi$ であって $\pi(\partial E) \subset \partial B$ であるとする．このとき，E の部分集合 $L_b\,(b \in B)$ を

$$L_b = \pi^{-1}(b) \qquad (b \in B)$$

と定義すると，$\mathscr{F} = \{L_b; b \in B\}$ は E の余次元 q の C^r 葉層構造である．なぜなら，$(\mathscr{F}_{\mathrm{I}}), (\mathscr{F}_{\mathrm{II}})$ は明らかに成り立つし，$(\mathscr{F}_{\mathrm{III}})$ の $(U_\lambda, \varphi_\lambda)$ がとれることは定理2.5の証明中に述べたことから明らかである．

次に，C^r しずめ込み $\pi: E \to B$ をもっと精密化した概念として，C^r バンドルを定義しよう．

E, B を上述と同様とし，$\pi: E \to B$ を C^r 写像とする．いま，$n-q$ 次元 C^r 多様体 F と B の開被覆 $\{U_\xi; \xi \in \Xi\}$ で次の条件を満たすものが存在するとき，$\pi: E \to B$ を **C^r ファイバー・バンドル**あるいは単に **C^r バンドル**という．(C^r ファイバー束といっている本もある．)

(i) b を B の任意の点とするとき，$\pi^{-1}(b)$ は E の $n-q$ 次元部分多様体であって，つねに F と C^r 同相である．

(ii) 各 U_ξ に対して，C^r 同相写像

$$\psi_\xi: \pi^{-1}(U_\xi) \to U_\xi \times F$$

で，

$$\psi_\xi(\pi^{-1}(b)) = \{b\} \times F \qquad (b \in U_\xi)$$

であるものが存在する．

E を C^r バンドルの**全空間**，B を**底空間**，F を**ファイバー**，π を**射影**，$\{(U_\xi, \psi_\xi); \xi \in \Xi\}$ を**座標系**という．条件(ii)から π は C^r しずめ込みである．

いま，$\mathrm{Diff}(F) = \{h: F \to F; h$ は C^r 同相写像$\}$ を F の C^r 同相写像全体の集合とすると，$U_\xi \cap U_\eta \neq \phi\ (\xi, \eta \in \Xi)$ のとき

$$\psi_\xi \circ \psi_\eta^{-1}: (U_\xi \cap U_\eta) \times F \to (U_\xi \cap U_\eta) \times F$$

は

$$\psi_\xi \circ \psi_\eta^{-1}(b, y) = (b, g_{\xi\eta}(b)(y))$$

と書ける．ただし，$g_{\xi\eta}: U_\xi \cap U_\eta \to \mathrm{Diff}(F)$ である．$\mathrm{Diff}(F)$ に適当な位相(たとえば C^r 位相)を入れれば，$g_{\xi\eta}$ は連続写像である(あとがきIV，注1参照)．普通，C^r バンドルというときは，上述の(i),(ii)と共に C^r バンドルの構造群として $g_{\xi\eta}\,(\xi, \eta \in \Xi)$ に関する条件をも考えることが多いが，本書では構造群を考え

る必要がないので，条件(i),(ii)だけに注目することにした．条件(i),(ii)だけを満たすものを C^r バンドルと区別して**局所自明なファイバー空間**ということもある．次に C^r バンドルの例をあげておこう．

例1　$E=B\times F$ とし，$\pi:B\times F\to B$ を $\pi(b,y)=b\ (b\in B, y\in F)$ と定義すれば，明らかに $\pi:B\times F\to B$ は C^r バンドルである．U_ξ としては B 自身をとればよい．このような C^r バンドルを**積バンドル**という．

例2　M^n を n 次元 C^r 多様体，$T(M^n)$ を M^n の接ベクトル空間とし，$\pi:T(M^n)\to M^n$ を射影とすると(§10)，これは(M^n を C^{r-1} 多様体と見做して) C^{r-1} バンドルでファイバーは $\boldsymbol{R}^n$ である．この C^{r-1} バンドルを M^n の**接ベクトル・バンドル**または単に**接バンドル**という．

また，M^n に Riemann 計量を導入し，

$$T_S(M^n)=\{v\in T(M^n);\|v\|=1\}$$

とし，π を $T_S(M^n)$ に制限したものを

$$\pi_S:T_S(M^n)\to M^n$$

とすれば，これも C^{r-1} バンドルで，ファイバーは S^{n-1} である．この C^{r-1} バンドルを M^n の**接球面バンドル**という．

例3　$\pi:S^3\to S^2$ を Hopf 写像とすると(§14)，これは C^∞ バンドルで，ファイバーは S^1 である．

$\pi:E\to B$ が C^r バンドルであるとき，B の次元を q とすると，$\mathscr{F}=\{\pi^{-1}(b);b\in B\}$ は E の余次元 q の C^r 葉層構造であって，その葉はすべてファイバー F と C^r 同相で真葉である．このように C^r バンドルから定義される C^r 葉層構造を**バンドル葉層**あるいは**単純葉層**という．§16，例Aの $\mathscr{F}_{a,b}$ において，$a=0$ または $b=0$ の場合はバンドル葉層である．

C^r バンドル $\pi:E\to B$ において(E の次元は n，B の次元は q)，上述のように $g_{\xi\eta}:U_\xi\cap U_\eta\to \mathrm{Diff}(F)$ を考える．もしも各 $g_{\xi\eta}$ について，$g_{\xi\eta}(b)\ (b\in U_\xi\cap U_\eta)$ が b の値によらず一定であるとき，$\pi:E\to B$ を**局所定値**なバンドルという．この場合には，各 $\pi^{-1}(U_\xi)\ (\xi\in\Xi)$ に $\{\phi_\xi^{-1}(U_\xi\times\{y\});y\in F\}$ によって余次元 $n-q$ の C^r 葉層構造を定義すると，局所定値ということから $\pi^{-1}(U_\xi\cap U_\eta)$ では $\pi^{-1}(U_\xi)$ と $\pi^{-1}(U_\eta)$ からきまる葉が一致する．したがって，各 $\pi^{-1}(U_\xi)$ に上記の C^r 葉層構造を考えることにより，E の余次元 $n-q$ の C^r 葉層構造がえられる．

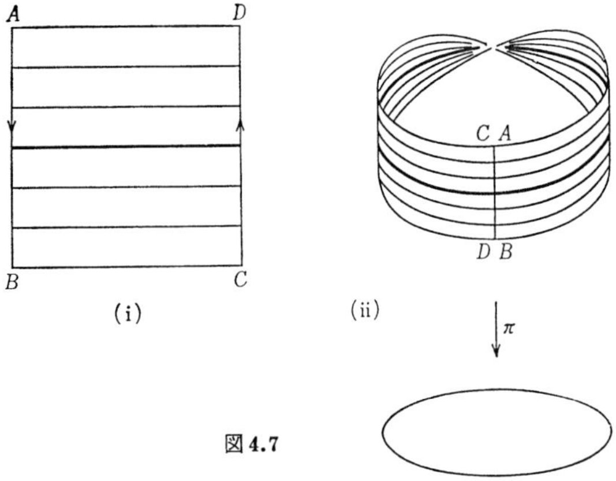

図 4.7

例 4　$I=[0,1]$とし，正方形$I\times I$において，図 4.7(i)のように$\overrightarrow{AB}$と$\overrightarrow{CD}$とを同一視すれば**メービウスの帯**がえられる．これをEとし，$\pi:E\to S^1$を図 4.7(ii)のように定義すればπは局所定値なC^∞バンドルである．図 4.7(i)のように$I\times\{t\}$ $(0\leqq t\leqq 1)$を考えると，これから図 4.7(ii)のようにメービウスの帯の余次元 1 のC^∞葉層構造がえられる．

局所定値なバンドル$\pi:E\to B$で，ファイバーが離散位相の点集合であるとき，EをBの**被覆空間**という．

最後にC^rしずめ込みがC^rバンドルとなるための一つの十分条件を定理として述べておこう．

定理 4.3　Eをn次元C^r多様体，Bをq次元C^r多様体，$\pi:E\to B$をC^rしずめ込みとする．もしも，$r\geqq 2$であって，Eがコンパクト，Bが連結ならば，$\pi:E\to B$はC^rバンドルである．

証明　仮定からすぐわかるように，πは上への写像である．はじめに$q=1$の場合を証明しよう．この場合には，BはS^1あるいは閉区間$[0,1]$である．$Y=\{Y(b);b\in B\}$をB上の特異点のないC^{r-1}ベクトル場とする．xをEの一点とするとき，定理 2.5 の証明から，xの近傍U_xとU_x上で定義されたC^{r-1}ベクトル場$X_x=\{X_x(y);y\in U_x\}$で，$\pi_*:T(E)\to T(B)$に対して，

$$\pi_*(X_x(y)) = Y(\pi(y)) \qquad (y\in U_x)$$

となっているものが存在することがわかる．Eはコンパクトであるから，この

ような性質をもつ有限個の $U_{x_i}, X_{x_i}\,(i=1,2,\cdots,m)$ で，$\bigcup_{i=1}^m U_{x_i}=E$ であるものがとれる．E の開被覆 $\{U_{x_i}; i=1,2,\cdots,m\}$ に従属する 1 の分割

$$\mu_i \ (i=1,2,\cdots,m), \qquad \operatorname{supp}\mu_i \subset U_{x_i}$$

をとり，E 上のベクトル場 $X_i\,(i=1,2,\cdots,m)$ を

$$X_i(y)=\begin{cases} \mu_i(y)X_{x_i}(y) & y\in U_{x_i}, \\ 0 & y\notin U_{x_i} \end{cases}$$

と定義すると，X_i は C^{r-1} ベクトル場である．いま，

$$X(y)=\sum_{i=1}^m X_i(y) \qquad (y\in E)$$

とすると，$X=\{X(y); y\in E\}$ は E 上の C^{r-1} ベクトル場であって，

$$\pi_*(X(y))=Y(\pi(y)) \qquad (y\in E)$$

である．

b を B の一点とすると，定理 2.5 から $\pi^{-1}(b)=F_b$ は E の $n-1$ 次元部分多様体でコンパクトである．F_b の各点 x に対して，x を始点とする X の軌道曲線 $\varphi_{(x)}(t)$ を考える．X の性質から，$\pi\circ\varphi_{(x)}(t)$ は b を始点とする Y の軌道曲線 $\bar{\varphi}_{(b)}(t)$ である．$\varepsilon>0$ を十分小にとり，

$$\bar{\psi}_b: F_b\times\,]-\varepsilon,\varepsilon[\,\to E$$

を

$$\bar{\psi}_b(x,t)=\varphi_{(x)}(t) \qquad (-\varepsilon<t<\varepsilon)$$

によって定義すれば，

$$\pi\circ\bar{\psi}_b(F_b\times\{t\})=\bar{\varphi}_{(b)}(t) \qquad (-\varepsilon<t<\varepsilon)$$

であって，$\bar{\psi}_b|F\times\{t\}$ は $F_b\times\{t\}$ と $\pi^{-1}(\bar{\varphi}_{(b)}(t))$ との間の C^r 同相写像である．このことから $F_b=\pi^{-1}(b)\,(b\in B)$ がすべて C^r 同相であることが分かる．F_b を F と書くことにする．$U_b=\pi(\bar{\psi}_b(F\times\,]-\varepsilon,\varepsilon[\,))$ として，

$$\psi_b:\pi^{-1}(U_b)\to U_b\times F$$

を，$\psi_b=\bar{\psi}_b{}^{-1}$ と定義すると，$\{(U_b,\psi_b); b\in B\}$ は $\pi: E\to B$ の C^r バンドルとしての座標系となる．

一般の $q>1$ に対しても，B の任意の点 b に対して $F_b=\pi^{-1}(b)$ は E のコンパクトな $n-q$ 次元部分多様体である(定理 2.5)．$e_1, e_2, \cdots, e_q$ を $T_b(B)$ の基底とするとき，F_b 上で定義された E の C^{r-1} ベクトル場 $X_i=\{X_i(x)\in T_x(M^n); x\in$

$F_b\}$ $(i=1,2,\cdots,q)$で，$\pi_*(X_i(x))=e_i$ $(i=1,2,\cdots,q)$であるものが存在する．これは，局所的には§9に述べた方法で構成できるが，それを1の分割でE全体に対してつなぎ合せればよい．E,BにRiemann計量を適当に定めて，bのBにおける十分小さな近傍Uに対し，C^r同相写像

$$\psi:\pi^{-1}(U)\to U\times F_b$$

を，指数写像Expを使って(ただし$|\alpha_i|$は十分小)

$$\psi^{-1}(\mathrm{Exp}(\sum_i \alpha_i e_i), x) = \mathrm{Exp}(\sum_i \alpha_i X_i(x))$$

で定義すれば，これがC^rバンドルとしての座標系となる(あとがきIV，注2参照)．▌

§18　葉の位相的性質

開区間$]a,b[$に対し，m個の$]a,b[$の積空間を$]a,b[^m$と書くことにする．$]a,b[^m$は$\boldsymbol{R}^m$の開集合である．

M^nをn次元C^s多様体，$\mathcal{F}=\{L_\alpha;\alpha\in A\}$を$M^n$の余次元$q$の$C^r$葉層構造$(r\geqq 1)$，$\mathcal{S}_{\mathcal{F}}^{(r)}$を葉層座標近傍系とする．$(U_\lambda,\varphi_\lambda)\in\mathcal{S}_{\mathcal{F}}^{(r)}$が次の条件(i),(ii)を満たしているとき，$(U_\lambda,\varphi_\lambda)$を**特殊葉層座標近傍**という．

(i)　$\varphi_\lambda(U_\lambda)=]-1,1[^n$.

(ii)　$(U_{\hat\lambda},\varphi_{\hat\lambda})\in\mathcal{S}_{\mathcal{F}}^{(r)}$であって，$\bar U_\lambda\subset U_{\hat\lambda}$，$\varphi_{\hat\lambda}|U_\lambda=\varphi_\lambda$となっているものが存在する．

明らかに，任意の点$p\in\mathrm{Int}\,M^n$に対し，$p\in U_\lambda$(或いは$p\in U_\lambda,\varphi_\lambda(p)=(0,0,\cdots,0)$)のような特殊葉層座標近傍$(U_\lambda,\varphi_\lambda)$が存在する．

射影，

$$\hat\pi:\ ]-1,1[^n\ \to\ ]-1,1[^q$$

を

$$\hat\pi((x_1,x_2,\cdots,x_n))=(x_{n-q+1},x_{n-q+2},\cdots,x_n)$$

と定義する．

特殊葉層座標近傍$(U_\lambda,\varphi_\lambda)$に対して，$x$を$]-1,1[^q$の任意の点とすると，$\varphi_\lambda^{-1}(\hat\pi^{-1}(x))$は$\mathcal{F}$の一つの葉に含まれる．この$\varphi_\lambda^{-1}(\hat\pi^{-1}(x))$を$U_\lambda$の**切片**といい，

Q_λ などと書く(図 4.8). U_λ の切片はすべて $]-1,1[^{n-q}$ と C^r 同相であって,

$$U_\lambda = \bigcup_{x\in\,]-1,1[^q} \varphi_\lambda^{-1}(\hat{\pi}^{-1}(x))$$

である.

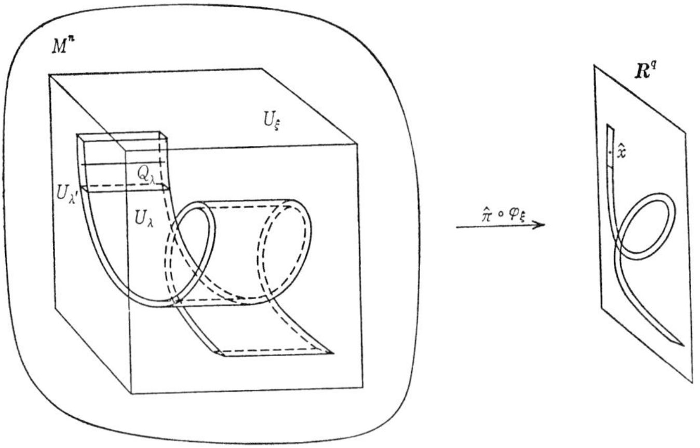

図 4.8

補助定理 4.4 $(U_\lambda,\varphi_\lambda),(U_\xi,\varphi_\xi)$ を特殊葉層座標近傍で $U_\lambda\subset U_\xi$ であるとする. Q_λ を U_λ の一つの切片とするとき, 特殊葉層座標近傍 $(U_{\lambda'},\varphi_{\lambda'})$ で次の条件 (i), (ii) を満たすものが存在する (図 4.8).

(i) $Q_\lambda\subset U_{\lambda'}\subset U_\lambda$ で Q_λ は $U_{\lambda'}$ の切片.

(ii) U_ξ の或る切片 Q_ξ が $Q_\xi\cap U_{\lambda'}\neq\phi$ ならば, $Q_\xi\cap U_{\lambda'}$ は $U_{\lambda'}$ の一つの切片である.

証明 仮定から, U_λ の一つの切片は U_ξ の一つの切片に含まれている. $x\in\,]-1,1[^q$ に対して, $\varphi_\lambda^{-1}(\hat{\pi}^{-1}(x))\subset\varphi_\xi^{-1}(\hat{\pi}^{-1}(x'))$ となる x' は一意的にきまる. x に x' を対応させる写像を

$$\zeta\colon\ ]-1,1[^q \to\ ]-1,1[^q$$

とすると, すぐわかるように ζ は C^r はめ込みである. いま,

$$Q_\lambda=\varphi_\lambda^{-1}(\hat{\pi}^{-1}(\hat{x}))\qquad(\hat{x}=(\hat{x}_1,\hat{x}_2,\cdots,\hat{x}_q)\in\,]-1,1[^q)$$

であるとき, $\varepsilon>0$ を十分小にとり

$$\hat{U}=\,]\hat{x}_1-\varepsilon,\hat{x}_1+\varepsilon[\,\times\,]\hat{x}_2-\varepsilon,\hat{x}_2+\varepsilon[\,\times\cdots\times\,]\hat{x}_q-\varepsilon,\hat{x}_q+\varepsilon[\ \subset\ ]-1,1[^q$$

とすると, $\zeta|\hat{U}$ は C^r 埋め込みとなる. $U_{\lambda'}$ を $U_{\lambda'}=\varphi_\lambda^{-1}(\hat{\pi}^{-1}(\hat{U}))$ と定義し,

$\varphi_\lambda | U_{\lambda'}$ を適当にとりなおしたものを $\varphi_{\lambda'}$ とすれば，求める $(U_{\lambda'}, \varphi_{\lambda'})$ がえられる．∎

$(U_{\lambda_i}, \varphi_{\lambda_i})$ $(i=1,2,\cdots,m)$ を特殊葉層座標近傍とし，

$$\mathcal{C} = \{U_{\lambda_1}, U_{\lambda_2}, \cdots, U_{\lambda_m}\}$$

を特殊葉層座標近傍の列とする．x を U_{λ_1} の一点で，x は U_{λ_1} の切片 Q_1 に属するとし，L_α を $x \in L_\alpha$ のような葉とする．いま，U_{λ_i} の切片 Q_i $(i=2,3,\cdots,m)$ で，

$$Q_i \cap Q_{i+1} \neq \phi \qquad (i=1,2,\cdots,m-1)$$

であるものが存在するとき，$\mathcal{C}$ を**点 x を支点とする鎖**という(図 4.9)．また，Q_i $(i=1,2,\cdots,m)$ を $\mathcal{C}$ の**特性切片**という．定義から明らかなように

$$Q_i \subset L_\alpha \qquad (i=1,2,\cdots,m)$$

である．m を鎖 $\mathcal{C}$ の**長さ**という．

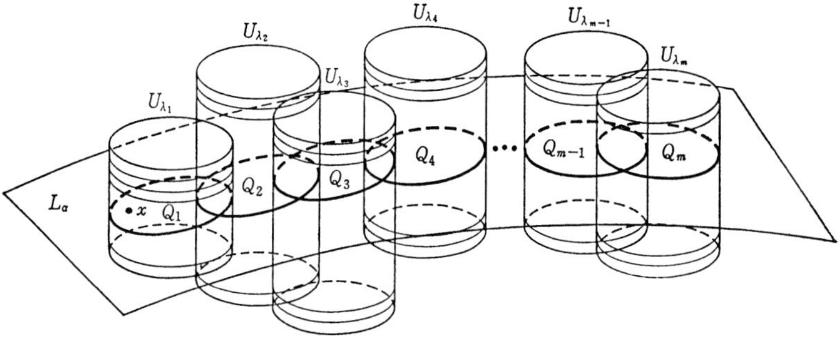

図 4.9

補助定理 4.5 $\mathcal{C}=\{U_{\lambda_1}, U_{\lambda_2}, \cdots, U_{\lambda_m}\}$ を x を支点とする鎖とするとき，U_{λ_1} の点 z で，$\mathcal{C}$ が z を支点とする鎖となっているような点 z 全体の集合 O_1 は U_{λ_1} の開集合で U_{λ_1} の切片の和である．

証明 $O_m = U_{\lambda_m}$ とし，U_{λ_i} の開集合 O_i $(i=m-1, m-2, \cdots, 1)$ を帰納的に

$$O_i = \varphi_{\lambda_i}{}^{-1}(\hat{\pi}^{-1}\circ\hat{\pi}(\varphi_{\lambda_i}(U_{\lambda_i}\cap O_{i+1}))) \qquad (i=1,2,\cdots,m-1)$$

によって定義すると，O_1 が求める開集合である．∎

補助定理 4.6 X を距離空間，K を X のコンパクトな部分集合とし，U_i' $(i=1,2,\cdots,v')$ を X の開集合で $\bigcup_{i=1}^{v'} U_i' \supset K$ であるとする．このとき，X の開集合 U_i $(i=1,2,\cdots,v)$ で次の条件(i), (ii)を満たすものが存在する．

(i) $\bigcup_{i=1}^{v} U_i \supset K$.

(ii) $U_i \cap U_j \neq \phi$ であれば，$U_i \cup U_j \subset U_k'$ のような U_k' $(1 \leqq k \leqq v')$ が存在する．

証明の大筋 U_i' $(i=1, 2, \cdots, m')$ に関して，Lebesgue 数 $\delta > 0$ がきまり（あとがきⅣ，注3参照），X の部分集合 G で，その直径 $d(G)$ が $< \delta$ であり，$G \cap K \neq \phi$ のものについては，$G \subset U_k'$ のような U_k' が存在する．したがって，U_i $(i=1, 2, \cdots, v)$ を $d(U_i) < \delta/2$ で (i) を満たすようにとればよい．∎

補助定理 4.7 L_α を葉，x, y を葉 L_α 上の二点とするとき，x を支点とする鎖 $\mathscr{C} = \{U_{\lambda_1}, U_{\lambda_2}, \cdots, U_{\lambda_m}\}$ で次の性質 (i), (ii) をもつものが存在する．

(i) $x \in U_{\lambda_1}, y \in U_{\lambda_m}$.

(ii) $\mathscr{C}$ が U_{λ_1} の点 z に対して z を支点とする鎖となっているとき，z を支点とする鎖 $\mathscr{C}$ の特性切片を

$$Q_i' \ (i=1, 2, \cdots, m), \qquad Q_i' \subset U_{\lambda_i} \cap L_\beta \ (L_\beta \text{ は } z \in L_\beta \text{ のような葉}), \qquad z \in Q_1'$$

とすれば，Q_i' と交わる $U_{\lambda_{i+1}}$ の切片は Q_{i+1}' だけであり，Q_{i+1}' と交わる U_{λ_i} の切片は Q_i' だけである $(i=1, 2, \cdots, m-1)$.

証明 $l: [0, 1] \to L_\alpha$ を，$l(0) = x, l(1) = y$ のような C^0 曲線とし，特殊葉層座標近傍で $l([0, 1])$ を覆い，そのうちの有限個をとることにより，x を支点とする鎖 $\mathscr{C}'' = \{U_{\xi_1}, U_{\xi_2}, \cdots, U_{\xi_{m'}}\}$ で $x \in U_{\xi_1}, y \in U_{\xi_{m'}}$ となっているものをつくる．$\bigcup_{i=1}^{m'} U_{\xi_i}$ を距離空間と考えて (§10)，$U_i' = U_{\xi_i}, v' = m', K = l([0, 1])$ として補助定理 4.6 を適用すれば，x を支点とする鎖 $\mathscr{C}' = \{U_{\lambda'_1}, U_{\lambda'_2}, \cdots, U_{\lambda'_m}\}$ で $y \in U_{\lambda'_m}$ であり，$U_{\lambda'_i} \cap U_{\lambda'_j} \neq \phi$ のときは

$$U_{\lambda'_i} \cup U_{\lambda'_j} \subset U_{\xi_k}$$

を満たす U_{ξ_k} が存在するようなものがつくれる．Q_i $(i=1, 2, \cdots, m)$ を x を支点とする鎖としての $\mathscr{C}'$ の特性切片で，$x \in Q_1, y \in Q_m$ であるとする．

$U_{\lambda'_1} \cap U_{\lambda'_2} \supset Q_1 \cap Q_2 \neq \phi$ であるから，$U_{\lambda'_1} \cup U_{\lambda'_2} \subset U_{\xi_k}$ のような U_{ξ_k} が存在する．$U_{\lambda'_1} \subset U_{\xi_k}$ および $U_{\lambda'_2} \subset U_{\xi_k}$ に補助定理 4.4 を適用して，特殊葉層座標近傍 $(U_{\lambda''_1}, \varphi_{\lambda''_1}), (U_{\lambda''_2}, \varphi_{\lambda''_2})$ を

$$Q_1 \subset U_{\lambda''_1} \subset U_{\lambda'_1}, \qquad Q_2 \subset U_{\lambda''_2} \subset U_{\lambda'_2}$$

であって，それぞれ補助定理 4.4 (ii) に対応する条件を満たしているようにとる．

$U_{\lambda''_2} \cap U_{\lambda'_3} \supset Q_2 \cap Q_3 \neq \phi$ であるから，$U_{\lambda''_2} \cup U_{\lambda'_3} \subset U_{\xi_{k'}}$ であるとし，$U_{\lambda''_2} \subset$

$U_{\xi_k'}$ および $U_{\lambda'_3} \subset U_{\xi_k'}$ に補助定理 4.4 を適用して，$(U_{\lambda'''_2}, \varphi_{\lambda'''_2}), (U_{\lambda''_3}, \varphi_{\lambda''_3})$ を上述と同様にとる．この方法を続けて，$(U_{\lambda''_1}, \varphi_{\lambda''_1}), (U_{\lambda'''_i}, \varphi_{\lambda'''_i})$ $(i=2,3,\cdots,m-1)$, $(U_{\lambda''_m}, \varphi_{\lambda''_m})$ を定め，

$$(U_{\lambda_i}, \varphi_{\lambda_i}) \qquad (i=1,2,\cdots,m)$$

を

$$(U_{\lambda_1}, \varphi_{\lambda_1}) = (U_{\lambda''_1}, \varphi_{\lambda''_1}), \quad (U_{\lambda_i}, \varphi_{\lambda_i}) = (U_{\lambda'''_i}, \varphi_{\lambda'''_i}) \quad (i=2,3,\cdots,m-1),$$
$$(U_{\lambda_m}, \varphi_{\lambda_m}) = (U_{\lambda''_m}, \varphi_{\lambda''_m})$$

で定義する．

これが条件(i)を満たしていることは明らかである．次に条件(ii)が満たされていることを示そう．上述のように $U_{\lambda_1} \cup U_{\lambda_2} \subset U_{\xi_k}$ であるから，U_{ξ_k} の切片 Q_k'' で $Q_k'' \supset Q_1'$ であるものが一意的に存在する．U_{λ_2} の切片で Q_1' と交わるものは，$U_{\lambda_2} \cap Q_k''$ に含まれるが，補助定理 4.4(ii) から $U_{\lambda_2} \cap Q_k''$ は U_{λ_2} の一つの切片しか含まないから U_{λ_2} の切片で Q_1' と交わるものは Q_2' 以外にはない．他の $U_{\lambda_i}, U_{\lambda_{i+1}}$ の場合も全く同様である．▌

定理 4.8 x, y を葉 L_α 上の二点とする．$y \in U_\nu$ のような特殊葉層座標近傍 (U_ν, φ_ν) が与えられているとき，$x \in U_\mu$ のような特殊葉層座標近傍 (U_μ, φ_μ) を適当にとると，$L_\beta \cap U_\mu \neq \phi$ のような葉 L_β はつねに $L_\beta \cap U_\nu \neq \phi$ であるようにできる．さらに，U_μ の切片 Q_1' が $Q_1' \subset L_\beta, x \notin Q_1'$ であれば，L_β は U_ν において y を含まない切片を含むようにできる．

証明 補助定理 4.7 の x を支点とする鎖 $\mathscr{C} = \{U_{\lambda_1}, U_{\lambda_2}, \cdots, U_{\lambda_m}\}$ を考える．$U_{\lambda_m} \subset U_\nu$ としてよい．この鎖に関して補助定理 4.5 の $O_1 \subset U_{\lambda_1}$ の部分集合を U_μ にとり $\varphi_{\lambda_1} | U_\mu$ を適当にとりなおしたものを φ_μ とすれば，求める (U_μ, φ_μ) がえられる．補助定理 4.7 の条件(ii)のように特性切片 Q_i' $(i=1,2,\cdots,m)$ をとるとき，切片 Q_i' と Q_{i+1}' とは互いに一意的にきまる．したがって，$x \notin Q_1'$ であれば，$y \notin Q_m'$ である．▌

以下，定理 4.8 からえられる葉の位相に関するいくつかの結果を述べる．これらの結果は§12 の力学系の軌道の位相に関する諸結果に対応するものである．

定理 4.9 $\{L_\alpha; \alpha \in A'\}$ を葉の或る集合とする．$\overline{\bigcup_{\alpha \in A'} L_\alpha}$ に属する点 x が葉 L_β 上にあれば，$L_\beta \subset \overline{\bigcup_{\alpha \in A'} L_\alpha}$ である．したがってとくに，葉 L_α に対して $\overline{L}_\alpha$ は葉

の和集合からなる：

$$\bar{L}_\alpha = \bigcup_{L_\beta \subset \bar{L}_\alpha} L_\beta.$$

証明　y を L_β の任意の点とし，(U_ν, φ_ν) を $y \in U_\nu$ のような特殊葉層座標近傍とする．定理 4.8 の前半から，$x \in U_\mu$ のような特殊葉層座標近傍 (U_μ, φ_μ) で，U_μ と交わる葉はつねに U_ν と交わるものが存在する．したがって，

$$U_\nu \cap (\bigcup_{\alpha \in A'} L_\alpha) \neq \phi$$

であって，U_ν はいくらでも小さくとれるから

$$y \in \overline{\bigcup_{\alpha \in A'} L_\alpha}$$

である．∎

定理 4.10　O を M^n の開集合とするとき，O と交わる葉全体の和集合

$$Y = \bigcup_{L_\alpha \cap O \neq \phi} L_\alpha$$

は M^n の開集合である．

証明　$x \in Y$ とすると $x \in L_\alpha$, $L_\alpha \cap O \neq \phi$ のような L_α が存在する．$y \in L_\alpha \cap O$ に対して，$y \in U_\nu$ 且つ $U_\nu \subset O$ のような特殊葉層座標近傍 (U_ν, φ_ν) をとると，定理 4.8 の前半から $x \in U_\mu$ のような特殊葉層座標近傍 (U_μ, φ_μ) で，U_μ と交わる葉はすべて U_ν，したがって O と交わるものが存在する．よって $U_\mu \subset Y$ である．∎

定理 4.11　葉 L_α が真葉であるためには，$L_\alpha \cap U_\lambda$ が U_λ のただ一つの切片であるような特殊葉層座標近傍 $(U_\lambda, \varphi_\lambda)$ が存在することが必要十分である．

証明　L_α を真葉であるとする．特殊葉層座標近傍 $(U_{\lambda'}, \varphi_{\lambda'})$ で，$U_{\lambda'}$ の一つの切片 Q' が $L_\alpha \supset Q'$ であるものをとる．このとき，L_α は真葉であるから $U_{\lambda'}$ における Q' の近傍 V で $L_\alpha \cap V = Q'$ であるものが存在する．このことから直ちに定理の条件を満たすような $(U_\lambda, \varphi_\lambda)$ がつくれる．

逆に定理の条件を満たす $(U_\lambda, \varphi_\lambda)$ が存在したとしよう．x を L_α の任意の点とするとき，定理 4.8 により $x \in U_\mu$ のような特殊葉層座標近傍 (U_μ, φ_μ) で，$L_\beta \cap U_\mu \neq \phi$ である葉 L_β はつねに U_λ と交わり，U_μ の切片 Q_1' で $L_\beta \supset Q_1'$, $Q_1' \not\ni x$ のものがあれば L_β は U_λ において $L_\alpha \cap U_\lambda$ 以外の切片を含むものが存在する．U_λ の切片で L_α に含まれるものは $L_\alpha \cap U_\lambda$ だけであるから，$x \notin L_\beta$ ならば $L_\beta \neq L_\alpha$．したがって，U_μ の切片で L_α に含まれるものは x を含む切片ただ一

つである．よって L_α は真葉である．▌

定理 4.12 葉 L_α がコンパクトであるためには，任意の特殊葉層座標近傍 $(U_\lambda, \varphi_\lambda)$ に対し $L_\alpha \cap U_\lambda$ がつねに有限個の切片からなっていることが必要である．葉 L_α に対し，$L_\alpha \subset E \subset M^n$ のようなコンパクト部分集合 E が存在するときにはこの条件は十分条件でもある．

証明 はじめに L_α がコンパクトであるとしよう．特殊葉層座標近傍 $(U_\lambda, \varphi_\lambda)$ に対して，もしも $L_\alpha \cap U_\lambda$ が無限個の切片を含んでいるとすると，特殊葉層座標近傍の定義より $(U_{\hat{\lambda}}, \varphi_{\hat{\lambda}}) \in \mathcal{S}_{\mathcal{F}}^{(r)}$ で $\overline{U}_\lambda \subset U_{\hat{\lambda}}$ となっているものがあるから，$L_\alpha \cap U_{\hat{\lambda}}$ の点 z で，z の近傍がつねに U_λ の無限個の切片と交わるものが存在し，L_α がコンパクトであることに反してしまう．

逆に，$L_\alpha \subset E \subset M^n$ のようなコンパクトな部分集合 E が存在し，$(U_\lambda, \varphi_\lambda)$ がつねに上記の条件を満たしているとしよう．E はコンパクトだから有限個の特殊葉層座標近傍で覆われ，したがって L_α は有限個の切片の(閉包の)和として表わされる．よって L_α はコンパクトである．▌

補助定理 4.13 L_α をコンパクトでない真葉とする．$\bar{L}_\alpha$ がコンパクトであるとき，$\bar{L}_\alpha \supset L_\beta$ であるような L_α 以外のすべての葉 L_β についての和

$$G = \bigcup_{\substack{\bar{L}_\alpha \supset L_\beta \\ L_\beta \neq L_\alpha}} L_\beta = \bar{L}_\alpha - L_\alpha$$

は空でない閉集合である．

証明 定理 4.9 によって $G \neq \phi$．x を $\bar{G}$ の一点とすれば，$G \subset \bar{L}_\alpha$ だから $x \in \bar{L}_\alpha$ である．いま，$x \in L_\gamma$ であるとすると，定理 4.9 から $L_\gamma \subset \bar{L}_\alpha$ である．ここで，$L_\gamma \neq L_\alpha$ が成り立つ．なぜなら，もしも $x \in L_\alpha$ であると仮定すると，V を M^n における x の任意の近傍とするとき，V は G に属する点 y を含み，y の任意の近傍は L_α の点で L_α の位相に関しては互いに近くない点を無限個含むから，V もそのような L_α の点を無限個含むことになり，L_α が真葉であることに反してしまうからである．よって $x \in G$ である．▌

定理 4.14 M^n はコンパクトであるとし，葉 L_α は真葉であって $\bar{L}_\alpha$ が真葉の和であるとする．このとき，$\bar{L}_\alpha$ は少なくとも一つコンパクトな葉を含んでいる．

証明 $\bar{L}_\alpha$ に含まれる空でないコンパクトな集合で葉の和として表わされる

ものすべてからなる集合(族)$\mathscr{K}$を考える．$\bar{L}_\alpha$自身はこの条件を満たしているから，$\mathscr{K}\ni\bar{L}_\alpha$であって，$\mathscr{K}\neq\phi$である．$\mathscr{K}$に包含関係によって順序$>$を導入する．

いま，$\{K_\sigma\in\mathscr{K};\sigma\in\Sigma\}$が

$$\sigma,\sigma'\in\Sigma \text{ ならば，} K_\sigma>K_{\sigma'} \text{ 或いは } K_\sigma<K_{\sigma'}$$

であるとすると，これは有限交叉性をもつ閉集合の族であるから共通部分は空でなく，$\bigcap_{\sigma\in\Sigma}K_\sigma\in\mathscr{K}$ である．したがってZornの補題により$\mathscr{K}$には順序$>$に関し極小のものが存在する．これをKとする．もしもKがコンパクトでない葉L_βを含めば，補助定理4.13から$\bar{L}_\beta\supset L_\gamma$のような$L_\gamma$で$L_\beta$と異なるものの和は空でない閉集合でコンパクトとなり，Kが極小ということに反する．したがってKはコンパクトな葉の和である．さらに，極小ということからK自身がコンパクトな葉である．∎

S^3のReeb葉層におけるコンパクトでない葉を定理4.14のL_αととれば，この定理の意味がよく分かると思う．

第5章　葉層の安定性定理

§19　連接近傍系

M^n を n 次元 C^s 多様体，$\mathscr{F}=\{L_\alpha;\alpha\in A\}$ を M^n の余次元 q の C^r 葉層構造 $(r\geqq 1)$ とする．$\mathscr{F}$ の一つの葉の近傍における葉層の状態を記述するために，そこに特殊葉層座標近傍からなる或るシステムをつくる必要がある．それが次の連接近傍系である．

定理5.1　K を一つの葉 $L_{\hat{\alpha}}$ の部分集合で，($L_{\hat{\alpha}}$ の位相に関して)コンパクトであるとする．このとき，特殊葉層座標近傍 (U_i,φ_i) $(i=1,2,\cdots,v)$ からなる集合 $\mathfrak{N}(K)=\{(U_i,\varphi_i);i=1,2,\cdots,v\}$ で次の条件(i)～(v)を満たすものが存在する．

(i)　$\bigcup_{i=1}^{v} U_i\supset K.$

(ii)　各 U_i について，$U_i\cap K$ は U_i の一つの切片 Q_i に含まれる：

$$U_i\cap K\subset Q_i \qquad (i=1,2,\cdots,v).$$

ここで，$Q_i=\varphi_i{}^{-1}(\hat{\pi}^{-1}(0))$ であるとする．

(iii)　$U_i\cap U_j\neq\phi$ ならば $U_i\cap U_j\cap K\neq\phi$.

(iv)　$U_i\cap U_j\neq\phi$ のような U_i, U_j に対して，特殊葉層座標近傍 (U_{ij},φ_{ij}) で次の条件(a),(b)を満たすものがとれる：

(a)　$U_i\cup U_j\subset U_{ij}$.

(b)　Q_{ij} を U_{ij} の一つの切片とするとき，$Q_{ij}\cap U_i\neq\phi$ ならば $Q_{ij}\cap U_i$ は U_i の一つの切片であり，$Q_{ij}\cap U_j\neq\phi$ ならば $Q_{ij}\cap U_j$ は U_j の一つの切片である．

(v)　$(U_{ij},\varphi_{ij}),(U_{kl},\varphi_{kl})$ を(iv)に述べた特殊葉層座標近傍であって，$U_{ij}\cap U_{kl}\neq\phi$ であるとき，特殊葉層座標近傍 $(U_{ijkl},\varphi_{ijkl})$ で次の条件(a),(b)を満たすものがとれる：

(a) $U_{ij} \cup U_{kl} \subset U_{ijkl}$.

(b) Q_{ijkl} を U_{ijkl} の一つの切片とするとき，$Q_{ijkl} \cap U_{ij} \neq \phi$ ならば $Q_{ijkl} \cap U_{ij}$ は U_{ij} の一つの切片であり，$Q_{ijkl} \cap U_{kl} \neq \phi$ ならば $Q_{ijkl} \cap U_{kl}$ は U_{kl} の一つの切片である.

この $\mathfrak{N}(K)$ を K 上の**連接近傍系**という.

証明 K がコンパクトであるから，特殊葉層座標近傍 (U_i, φ_i) $(i=1,2,\cdots,v)$ を各 U_i から一つの切片 Q_i をとれば $\bigcup_{i=1}^{v} Q_i \supset K$ であるようにえらぶことができる．したがって(i)が満たされる.

K がコンパクトであるから，定理 4.12 と全く同様に $U_i \cap K$ は U_i の有限個の切片の和に含まれる．もしも $U_i \cap K$ が Q_i 以外の切片の点を含むときは，

$$Q_i \subset U_i' \subset U_i$$

で，Q_i は U_i' の切片であり，Q_i 以外の U_i' の切片は K の点を含まないような特殊葉層座標近傍 (U_i', φ_i') を $Q_i = \varphi_i'^{-1}(\pi^{-1}(0))$ のようにとり，(U_i', φ_i') を改めて (U_i, φ_i) と書くことにすれば(ii)が満たされる.

上述の Q_i $(i=1,2,\cdots,v)$ に関して，はじめから

$$Q_i \cap Q_j = \phi \quad ならば \quad \bar{Q}_i \cap \bar{Q}_j = \phi$$

であるように U_i $(i=1,2,\cdots,v)$ をとっておく．いま，U_i, U_j が $U_i \cap U_j \neq \phi$ であって，$Q_i \cap Q_j \cap K = \phi$ であるときは，

$$Q_i \subset U_i' \subset U_i, \qquad Q_j \subset U_j' \subset U_j$$

のような特殊葉層座標近傍 $(U_i', \varphi_i'), (U_j', \varphi_j')$ で Q_i, Q_j はそれぞれ U_i', U_j' の切片であり，$U_i' \cap U_j' = \phi$ であるものがとれる．$(U_i', \varphi_i'), (U_j', \varphi_j')$ をそれぞれ改めて $(U_i, \varphi_i), (U_j, \varphi_j)$ と書くことにすれば(iii)が満たされる.

新しく特殊葉層座標近傍 (U_i'', φ_i'') $(i=1,2,\cdots,v')$ を $\bigcup_{i=1}^{v'} U_i'' \supset K$ のようにとる．$\bigcup_{i=1}^{v'} U_i''$ を距離空間と考えて(75 頁参照)，補助定理 4.6 を適用し U_i'' $(i=1,2,\cdots,v')$ に対し，補助定理 4.6(ii)と同様な条件が成立するように U_i $(i=1,2,\cdots,v)$ をえらんでおく．したがって，$U_i \cap U_j \neq \phi$ ならば

$$U_i \cup U_j \subset U_k''$$

となる U_k'' が存在する．U_k'' を U_{ij} とし，$U_i \subset U_{ij}$ (および $U_j \subset U_{ij}$)に補助定理 4.4 を適用すれば

$$Q_i \subset U_{i'} \subset U_i \quad (および\ Q_j \subset U_{j'} \subset U_j)$$

のような特殊葉層座標近傍$(U_{i'},\varphi_{i'})$(および$(U_{j'},\varphi_{j'})$)で補助定理4.4(ii)と同様な条件を満たすものがとれる．$(U_{i'},\varphi_{i'})$(および$(U_{j'},\varphi_{j'})$)を改めて(U_i,φ_i)(および(U_j,φ_j))と書くことにすれば(iv)が満たされる．上述の方法と全く同様にして，(v)が満たされるようにできる．∎

以下，Kを葉$L_{\hat{\alpha}}$のコンパクトな部分集合とし，K上の連接近傍系$\mathfrak{N}(K)$を一つ定めておく．

$x\in K$に対して，xを支点とする鎖$\mathcal{C}=\{U_{\lambda_1},U_{\lambda_2},\cdots,U_{\lambda_{m'}}\}$$(x\in U_{\lambda_1})$で$(U_{\lambda_i},\varphi_{\lambda_i})\in\mathfrak{N}(K)$ $(i=1,2,\cdots,m')$のものを**点 x を支点とする連接近傍鎖**という．

補助定理 5.2　$\mathcal{C}=\{U_{\lambda_1},U_{\lambda_2},\cdots,U_{\lambda_{m'}}\}$を，$x$を支点とする連接近傍鎖とする．$U_{\lambda_1}$の点$z$に対して，$\mathcal{C}$が$z$を支点とする鎖となっているとき，$z$を支点とする鎖としての$\mathcal{C}$の特性切片

$$Q_i'\ (i=1,2,\cdots,m'),\quad Q_i'\subset U_{\lambda_i},\quad z\in Q_1'$$

はzによって一意的にきまる．

証明　zに対して，Q_1'は当然一意的にきまる．定理5.1(iv)から，$U_{\lambda_1}\cup U_{\lambda_2}\subset U_{\lambda_1\lambda_2}$となる特殊葉層座標近傍$(U_{\lambda_1\lambda_2},\varphi_{\lambda_1\lambda_2})$で定理5.1(iv)(b)に対応する条件を満たすものが存在する．このことから補助定理4.7(ii)を証明したのと全く同じ方法で，$Q_1'\cap Q_2'\neq\phi$であるようなU_{λ_2}の切片Q_2'が一意的にきまることがわかる．以下同様にしてQ_i' $(i=1,2,\cdots,m')$は一意的にきまる．∎

$x\in K$とし，mを正の整数とする．xを支点とする連接近傍鎖$\mathcal{C}=\{U_{\lambda_1},U_{\lambda_2},\cdots,U_{\lambda_{m'}}\}$で長さ$m'$が$m'\leqq m$のものすべてに関して，($M^n$の点$z$が存在して)$\mathcal{C}$がすべて$z$を支点とする鎖となっているとき，点$z$を$x$を支点とする長さが高々$m$の連接近傍鎖の**許容点**という．

補助定理 5.3　xを支点とする長さが高々mの連接近傍鎖の許容点全体の集合は$\bigcap_{x\in U_i\in\mathfrak{N}(K)}(U_i\cap L_{\hat{\alpha}})$を含み，$\bigcap_{x\in U_i\in\mathfrak{N}(K)}U_i$に含まれる$M^n$の開集合である．

証明　xを支点とする長さが高々mの連接近傍鎖は有限個しかない．したがってそのような鎖のそれぞれに対して補助定理4.5のO_1を考え，それらの共通部分をとれば求める開集合がえられる．∎

K上のC^0曲線$l:[0,1]\to K$に対して，$l(0)$を支点とする連接近傍鎖$\mathcal{C}=\{U_{\lambda_1},U_{\lambda_2},\cdots,U_{\lambda_{m'}}\}$が**曲線 l 上の連接近傍鎖**であるとは，

$$0=t_0<t_1<\cdots<t_{m'}=1$$

のような $t_i\,(i=0,1,2,\cdots,m')$ で

$$l([t_{i-1},t_i])\subset U_{\lambda_i}\qquad (i=1,2,\cdots,m')$$

を満たすものが存在することをいう．K 上の任意の C^0 曲線 l に対して，l 上の連接近傍鎖 $\mathscr{C}$ を $l(0)\in U_{\lambda_1}, l(1)\in U_{\lambda_{m'}}$ があらかじめ指定されているものであるようにとれることは明らかであろう．

補助定理 5.4 $\mathscr{C}=\{U_{i_1},U_{i_2},\cdots,U_{i_{m'}}\}, \mathscr{C}'=\{U_{j_1},U_{j_2},\cdots,U_{j_{m''}}\}$ を l 上の二つの連接近傍鎖であって，$U_{i_1}=U_{j_1}, U_{i_{m'}}=U_{j_{m''}}$ であるとする．$m',m''\leqq m$ とし，$z\in U_{i_1}$ を $l(0)$ を支点とする長さが高々 m の連接近傍鎖の許容点とするとき，z を支点とする鎖としての $\mathscr{C},\mathscr{C}'$ の特性切片をそれぞれ

$$Q_i'\quad (i=1,2,\cdots,m'),\qquad Q_j''\quad (j=1,2,\cdots,m'')\qquad (Q_1'=Q_1'')$$

とすると，$Q_{m'}'=Q_{m''}''$ が成り立つ．

証明 $0=t_0<t_1<\cdots<t_{m'}=1,\ 0=t_0'<t_1'<\cdots<t_{m''}'=1$ を

$$l([t_{k-1},t_k])\subset U_{i_k}\qquad (k=1,2,\cdots,m'),$$
$$l([t_{k-1}',t_k'])\subset U_{j_k}\qquad (k=1,2,\cdots,m'')$$

のようにとる．3 行上の二つの列を一緒にしたものを $0=t_0''<t_1''<\cdots<t_{m'''}''=1$ とし，

$$[t_{k''-1}'',t_{k''}'']\subset[t_{k-1},t_k],\qquad [t_{k''-1}'',t_{k''}'']\subset[t_{k'-1}',t_{k'}']$$

であるとする．

$$l([t_{k''-1}'',t_{k''}''])\subset l([t_{k-1},t_k])\subset U_{i_k},$$
$$l([t_{k''-1}'',t_{k''}''])\subset l([t_{k'-1}',\ t_{k'}'])\subset U_{j_{k'}}$$

であるから，$U_{i_k}\cap U_{j_{k'}}\neq\phi$ であって定理 5.1 (iv) (a) より

$$U_{i_k}\cup U_{j_{k'}}\subset U_{i_kj_{k'}}$$

のような特殊葉層座標近傍 $(U_{i_kj_{k'}},\varphi_{i_kj_{k'}})$ がとれる．

ところで，$k''=1$ のときは $k=k'=1$ としてよく，$Q_1'=Q_1''$ であるからこの場合には明らかに $Q_k'\cup Q_{k'}''\subset\hat{Q}_{kk'}$ となる $U_{i_kj_{k'}}$ の切片 $\hat{Q}_{kk'}$ が存在する．いま k,k',k'' まで

$$(*)\qquad Q_k'\cup Q_{k'}''\subset\hat{Q}_{kk'}$$

となる $U_{i_kj_{k'}}$ の切片 $\hat{Q}_{kk'}$ が存在すると仮定しよう．δ および δ' を 0 または 1 として

$$[t_{k''}'',t_{k''+1}'']\subset[t_{k-1+\delta},t_{k+\delta}]\cap[t_{k'-1+\delta'}',t_{k'+\delta'}']$$

であるとする．このことから $U_{i_{k+\delta}}\cap U_{j_{k'+\delta'}}\neq\phi$ であって，定理5.1(iv)(a)より

$$U_{i_{k+\delta}}\cup U_{j_{k'+\delta'}}\subset U_{i_{k+\delta},j_{k'+\delta'}}$$

であるような特殊葉層座標近傍$(U_{i_{k+\delta},j_{k'+\delta'}},\varphi_{i_{k+\delta},j_{k'+\delta'}})$がとれる．

$Q_{k+\delta}', Q_{k'+\delta'}''\subset U_{i_{k+\delta},j_{k'+\delta'}}$ であるから

$$\hat{Q}_{kk'}\cap U_{i_{k+\delta},j_{k'+\delta'}}\neq\phi,$$

このことから定理5.1(v)(b)によって，補助定理4.7(ii)を証明した方法を使って，$U_{i_{k+\delta},j_{k'+\delta'}}$ の切片 $\hat{Q}_{k+\delta,k'+\delta'}$ で

$$\hat{Q}_{kk'}\cap\hat{Q}_{k+\delta,k'+\delta'}\neq\phi$$

のものが一意的に存在することが分かる．$\hat{Q}_{k+\delta,k'+\delta'}\cap U_{i_{k+\delta}}$ は $U_{i_{k+\delta}}$ の一つの切片だから(定理5.1(iv)(b))これが $Q_{k+\delta}'$ となる．同様に $\hat{Q}_{k+\delta,k'+\delta'}\cap U_{j_{k'+\delta'}}$ は $U_{j_{k'+\delta'}}$ の一つの切片だからこれが $Q_{k'+\delta'}''$ となる．したがって

$$Q_{k+\delta}'\cup Q_{k'+\delta'}''\subset\hat{Q}_{k+\delta,k'+\delta'}$$

であり，k,k',k'' に関する帰納法ですべての k,k',k'' について(*)が成立する．

$k''=m''', k=m', k'=m''$ とすれば(*)は

$$Q_{m'}'\cup Q_{m''}''\subset\hat{Q}_{m'm''}$$

となるが，$U_{i_{m'}}=U_{j_{m''}}$ であるから定理5.1(iv)(b)より $Q_{m'}'=Q_{m''}''$ をうる．∎

K上の二つのC^0曲線

$$l_0:[0,1]\to K,\qquad l_1:[0,1]\to K$$

が $x=l_0(0)=l_1(0), y=l_0(1)=l_1(1)$ であって，x,y を固定してホモトープ $l_0\simeq l_1$ であるとする．すなわち，l_0,l_1 に対して $0\leqq s\leqq 1$ を媒介変数とするC^0曲線の族

$$l_s:[0,1]\to K\qquad(0\leqq s\leqq 1)$$

で，$l_s(0)=x, l_s(1)=y$ であり，sに関して連続的に変化するものが存在するとする．

いま，$\mathscr{C}=\{U_{i_1},U_{i_2},\cdots,U_{i_{m'}}\}$を l_0 上の連接近傍鎖，$\mathscr{C}'=\{U_{j_1},U_{j_2},\cdots,U_{j_{m''}}\}$を l_1 上の連接近傍鎖とし，

$$U_{i_1}=U_{j_1},\qquad U_{i_{m'}}=U_{j_{m''}}$$

であるとする．$0<\varepsilon$ を十分小にとるとき，明らかに $0\leqq s\leqq\varepsilon$ の範囲の s に対して，$\mathscr{C}$ は l_s 上の連接近傍鎖になっている．このことから，$0=s_0<s_1<\cdots<s_u=1$ および x を支点とする連接近傍鎖

$$\mathscr{C}^{(k)}=\{U_1{}^{(k)}, U_2{}^{(k)}, \cdots, U_{m_k}{}^{(k)}\} \qquad (k=0,1,2,\cdots,u-1)$$

を適当にとって

$$\mathscr{C}^{(0)}=\mathscr{C}, \quad \mathscr{C}^{(u-1)}=\mathscr{C}', \quad U_1{}^{(k)}=U_{i_1}, \quad U_{m_k}{}^{(k)}=U_{i_{m'}}$$

であって，$\mathscr{C}^{(k)}$ は $s_k \leqq s \leqq s_{k+1}$ の範囲の s に対して l_s 上の連接近傍鎖であるようにできる．このような $\mathscr{C}^{(k)}$ $(k=0,1,2,\cdots,u-1)$ を $\mathscr{C}$ と $\mathscr{C}'$ との間の**ホモトピー**といい，$\operatorname{Max}_k m_k$ をそのホモトピーの**長さ**という．

定理 5.5　$\mathscr{C}^{(k)}$ $(k=0,1,2,\cdots,u-1)$ を l_0 上の連接近傍鎖 $\mathscr{C}$ と l_1 上の連接近傍鎖 $\mathscr{C}'$ との間のホモトピーでその長さが m より大でないとする．このとき，$l(0)$ を支点とする長さが高々 m の連接近傍鎖の許容点 z に対し，z を支点とする鎖としての $\mathscr{C},\mathscr{C}'$ の特性切片をそれぞれ

$$Q_i{}'\ (i=1,2,\cdots,m'), \quad Q_j{}''\ (j=1,2,\cdots,m''), \quad Q_1{}'=Q_1{}''$$

とすると，$Q_{m'}{}'=Q_{m''}{}''$ が成り立つ．

証明　$\mathscr{C}=\mathscr{C}^{(0)}$ と $\mathscr{C}^{(1)}$ は l_{s_1} 上の二つの連接近傍鎖であるから，z を支点とする鎖としての $\mathscr{C}^{(1)}$ の特性切片を

$$Q_k{}'''(k=1,2,\cdots,m_1), \quad Q_1{}'''=Q_1{}'$$

とすると，補助定理 5.4 から $Q_{m_1}{}'''=Q_{m'}{}'$ である．$\mathscr{C}^{(k)}$ $(k=0,1,2,\cdots,u-1)$ に順次この方法を適用すればよい．▌

§20　局所安定性定理

葉層構造の特別な例としてバンドル葉層があることはすでに述べた．葉層構造にコンパクトな葉があり，それが或る条件を満たすとき，その葉層構造は局所的あるいは大域的にバンドル葉層になる．この形の定理を安定性定理という．この節と次の§21で，1944年にReebによって証明された局所安定性定理と大域安定性定理について述べることにする．

M^n を n 次元 C^s 多様体，$\mathscr{F}=\{L_\alpha; \alpha\in A\}$ を M^n の余次元 q の C^r 葉層構造 $(r\geqq 1)$ とする．$L_{\hat{\alpha}}$ をコンパクトな葉であって，$L_{\hat{\alpha}}$ の基本群 $\pi_1(L_{\hat{\alpha}})$ が有限群でその位数が ν であるとしよう（あとがき V，注 1 参照）．

定理 5.1 において $K=L_{\hat{\alpha}}$ として，

$$\mathfrak{N}(L_{\hat{\alpha}})=\{(U_i,\varphi_i); i=1,2,\cdots,v\}$$

を $L_{\hat{\alpha}}$ 上の一つの連接近傍系とする．この場合定理5.1(ii)は $U_i \cap L_{\hat{\alpha}} = Q_i$ $(i=1,2,\cdots,v)$ である．

各 Q_i $(i=1,2,\cdots,v)$ に対して，点 $x_i \in Q_i$ をきめておく．$L_{\hat{\alpha}}$ 上で x_1 と x_i とを結ぶ C^0 曲線

$$l_i: [0,1] \to L_{\hat{\alpha}}, \quad l_i(0) = x_1, \quad l_i(1) = x_i \quad (i=1,2,\cdots,v)$$

をとる．

$U_i, U_j \in \mathfrak{N}(L_{\hat{\alpha}})$ が $U_i \cap U_j \neq \phi$ であれば，定理5.1(iii)によって

$$U_i \cap U_j \cap L_{\hat{\alpha}} = Q_i \cap Q_j \neq \phi$$

である．このような U_i, U_j に対して，x_i と x_j とを結ぶ $Q_i \cup Q_j$ 上の C^0 曲線

$$l_{ij}: [0,1] \to Q_i \cup Q_j, \quad l_{ij}(0) = x_i, \quad l_{ij}(1) = x_j$$

をとる．ただし，

$$l_{ji}(t) = l_{ij}(1-t) \quad (0 \leqq t \leqq 1)$$

のようにえらんでおく．

$L_{\hat{\alpha}}$ 上の C^0 曲線

$$w_k: [0,1] \to L_{\hat{\alpha}}, \quad w_k(0) = w_k(1) = x_1 \quad (k = 1,2,\cdots,\nu)$$

を，w_k の代表するホモトピー類 $\{w_k\}$ $(k=1,2,\cdots,\nu)$ が $\pi_1(L_{\hat{\alpha}}, x_1)$ のすべての元をつくすようにとっておく．

l_i $(i=1,2,\cdots,v)$，w_k $(k=1,2,\cdots,\nu)$ および l_{ij} に対して，次のようにそれらの上の連接近傍鎖を定める：

(i) $\{U_1, U_2^{(i)}, \cdots, U_{m_i-1}^{(i)}, U_i\}$ は l_i 上の連接近傍鎖である $(i=1,2,\cdots,v)$.

(ii) $\{U_i, U_j\}$ は l_{ij} 上の連接近傍鎖である $(i,j=1,2,\cdots,v)$.

(iii) $\{U_1, \hat{U}_2^{(k)}, \cdots, \hat{U}_{m'_k-1}^{(k)}, U_1\}$ は w_k 上の連接近傍鎖である $(k=1,2,\cdots,\nu)$.

二つの C^0 曲線 w_k と l_i とをつないでできる C^0 曲線を $w_k \cdot l_i$ と書くことにする：

$$w_k \cdot l_i: [0,1] \to L_{\hat{\alpha}}, \quad w_k \cdot l_i(t) = \begin{cases} w_k(2t) & 0 \leqq t \leqq 1/2, \\ l_i(2t-1) & 1/2 \leqq t \leqq 1. \end{cases}$$

$\mathcal{C}^{(k)(i)} = \{U_1, \hat{U}_2^{(k)}, \cdots, \hat{U}_{m'_k-1}^{(k)}, U_1, U_2^{(i)}, \cdots, U_{m_i-1}^{(i)}, U_i\}$ は $w_k \cdot l_i$ 上の連接近傍鎖である．$z \in U_1$ に対して $\mathcal{C}^{(k)(i)}$ が z を支点とする連接近傍鎖であるとき，z を支点とする鎖としての $\mathcal{C}^{(k)(i)}$ の特性切片は前にも注意したように z に

よって一意的にきまる(補助定理5.2). その特性切片は Q_1' ($z\in Q_1'$)から始まってQ_i' (Q_i' は U_i の或る切片)に終る. $\gamma=\{w_k\}$ を $\pi_1(L_{\hat{\alpha}}, x_1)$ の元として, この Q_i' を $Q_{i,z}^{(\gamma)}$ と書くことにしよう.

$U_i\cap U_j\neq\phi$ であるとき, w_k と l_i と l_{ij} と l_j^{-1} をこの順序でつないでできる x_1 と x_1 とを結ぶ C^0 曲線 $w_k\cdot l_i\cdot l_{ij}\cdot l_j^{-1}$ を考える. ただし, $l_j^{-1}:[0,1]\to L_{\hat{\alpha}}$ は $l_j^{-1}(t)=l_j(1-t)$ で定義される C^0 曲線である. $w_k\cdot l_i\cdot l_{ij}\cdot l_j^{-1}$ に対して, $w_{k'}$ を適当にとると, w_k と l_i と l_{ij} と l_j^{-1} と $w_{k'}^{-1}$ (ただし $w_{k'}^{-1}(t)=w_{k'}(1-t)$) とをこの順序でつないでできる C^0 曲線 $w_k\cdot l_i\cdot l_{ij}\cdot l_j^{-1}\cdot w_{k'}^{-1}$ のホモトピー類が $\pi_1(L_{\hat{\alpha}}, x_1)$ の単位元 e になる:

$$\{w_k\cdot l_i\cdot l_{ij}\cdot l_j^{-1}\cdot w_{k'}^{-1}\} = e.$$

したがって, x_1 と x_j とを結ぶ二つの C^0 曲線 $w_k\cdot l_i\cdot l_{ij}$ と $w_{k'}\cdot l_j$ とは x_1, x_j を固定してホモトープである. $w_k\cdot l_i\cdot l_{ij}$ 上の連接近傍鎖

$$\mathscr{C}^{(k)(i)(ij)} = \{U_1, \hat{U}_2^{(k)}, \cdots, \hat{U}_{m'_k-1}^{(k)}, U_1, U_2^{(i)}, \cdots, U_{m_i-1}^{(i)}, U_i, U_j\}$$

と $w_{k'}\cdot l_j$ 上の連接近傍鎖

$$\mathscr{C}^{(k')(j)} = \{U_1, \hat{U}_2^{(k')}, \cdots, \hat{U}_{m'_{k'}-1}^{(k')}, U_1, U_2^{(j)}, \cdots, U_{m_j-1}^{(j)}, U_j\}$$

との間にはホモトピーが存在する(§19). いまその長さを m_{ij} であるとしよう. x_1 を支点とする長さが高々 m_{ij} の連接近傍鎖の許容点 $z\in U_1$ に対して, z を支点とする鎖としての $\mathscr{C}^{(k)(i)(ij)}$ および $\mathscr{C}^{(k')(j)}$ の特性切片を

$$Q_1', \cdots, Q_{i,z}^{(\gamma)},\ Q_j'' \qquad (Q_j''\subset U_j)$$

および

$$Q_1', \cdots, Q_{j,z}^{(\gamma')} \qquad (\text{ただし}\ \gamma'=\{w_{k'}\})$$

とすれば, 定理5.5によって

$$Q_j'' = Q_{j,z}^{(\gamma')}$$

が成り立つ. したがって

$$(*) \qquad Q_{i,z}^{(\gamma)}\cap Q_{j,z}^{(\gamma')} \neq \phi$$

である.

$U_i\cap U_j\neq\phi$ のような i,j に関して $\operatorname*{Max}_{i,j} m_{ij}=\hat{m}$ であるとしよう. このとき次の補助定理が成立する.

補助定理 5.6 x_1 を支点とする長さが高々 $\hat{m}$ の連接近傍鎖の許容点全体の集合を $\hat{V}$ とするとき, x_1 を含む $\hat{V}$ の開集合 $\hat{V}'$ で, $\hat{V}'$ の任意の点 z に対して

つねに

$$\overline{Q_{i,z}^{(\gamma)}} \subset \bigcup_{i=1}^{v} U_i \qquad (\gamma \in \pi_1(L_{\hat{\alpha}}, x_1), i=1, 2, \cdots, v)$$

であるものが存在する.

証明 $m' \leqq \hat{m}$ とし，x_1 を支点とする長さ m' の連接近傍鎖 $\mathcal{C}=\{U_{\lambda_1}, U_{\lambda_2}, \cdots, U_{\lambda_{m'}}\}, (U_{\lambda_i}, \varphi_{\lambda_i}) \in \mathfrak{N}(L_{\hat{\alpha}})$ に対して，$U_{\lambda_{m'}}$ の開集合 $O_{m'}$ を $O_{m'}$ は $U_{\lambda_{m'}}$ の切片の和集合であって，

$$Q_{\lambda_{m'}} \subset O_{m'}, \qquad \bar{O}_{m'} \subset \bigcup_{i=1}^{v} U_i$$

であるようにとり，$O_i \ (i=m'-1, m'-2, \cdots, 1)$ を帰納的に

$$O_i = \varphi_{\lambda_i}^{-1}(\hat{\pi}^{-1} \circ \hat{\pi}(\varphi_{\lambda_i}(U_{\lambda_i} \cap O_{i+1}))) \qquad (i=1, 2, \cdots, m'-1)$$

によって定義する(補助定理 4.5 の証明参照). この O_1 を $O_{\mathcal{C}}$ と書くとき，上記のようなすべての $\mathcal{C}$ について，$O_{\mathcal{C}}$ の共通部分をとりそれを $\hat{V}'$ とすればよい. ▌

z を補助定理 5.6 の $\hat{V}'$ の任意の点とする. いま，z が葉 L_β 上の点であるとしよう. $i=1, 2, \cdots, v$ と $\pi_1(L_{\hat{\alpha}}, x_1)$ の元 γ すべてについての $Q_{i,z}^{(\gamma)}$ の(有限)和を

$$L(z) = \bigcup_{i,\gamma} Q_{i,z}^{(\gamma)}$$

とすれば，明らかに $L(z) \subset L_\beta$ である. いま，$y \in \overline{L(z)}$ であるとすると，当然或る i に関して $y \in \overline{Q_{i,z}^{(\gamma)}}$ である. したがって，補助定理 5.6 から或る j に関して $y \in U_j$ である. $i \neq j$ であるとすると U_j の切片で y を含むものは(*)によって，$Q_{i,z}^{(\gamma)} \cap Q_{j,z}^{(\gamma')} \neq \phi$ のような $Q_{j,z}^{(\gamma')}$ である. このことから

$$L_\beta = L(z) = \bigcup_{i,\gamma} \overline{Q_{i,z}^{(\gamma)}} \qquad (\text{有限和})$$

であって，葉 L_β はコンパクトであることが分かる.

$\bigcup_{L_\beta \cap \hat{V}' \neq \phi} L_\beta$ は L_α を含む M^n の開集合であって(定理 4.10), コンパクトな葉の和である. $L_\alpha \subset U$ のような開集合が与えられているとき，$U_i \ (i=1, 2, \cdots, v)$ を $\bigcup_{i=1}^{v} U_i \subset U$ にとっておけば，$\bigcup_{L_\beta \cap \hat{V}' \neq \phi} L_\beta \subset U$ である. したがって次の定理の(i)が証明された.

定理 5.7(局所安定性定理) n 次元 C^s 多様体 M^n の余次元 q の C^r 葉層構造 $(r \geqq 1)$ において，葉 $L_{\hat{\alpha}}$ がコンパクトであって，その基本群 $\pi_1(L_{\hat{\alpha}})$ が有限群で

あるとする．このとき次の(i),(ii)が成り立つ．

(i) $L_{\hat{\alpha}}$を含むM^nの開集合Uが与えられたとき，M^nの開集合U'で$L_{\hat{\alpha}}\subset U'\subset U$であり，$U'$はコンパクトな葉の和であるものが存在する．

(ii) $r\geqq 2$の場合には，(i)のU'に属する任意の葉をL_βとすると，L_βは$L_{\hat{\alpha}}$の被覆空間であるようにU'をとれる．この場合とくにL_βの基本群$\pi_1(L_\beta)$は有限群である．

定理 5.7(ii)の証明 はじめに$q=1$の場合を証明しよう．この場合には定理4.2によって($L_\beta\subset\partial M^n$のときは定理4.2の注意参照)，(i)の$U'$に対して$U'$の余次元$n-1$の$C^{r-1}$葉層構造$\mathcal{F}'$で，$\mathcal{F}$を$U'$に制限してえられる$U'$の余次元1の$C^r$葉層構造と互いに横断的であるものが存在する．$p$を$L_{\hat{\alpha}}$上の点とし，$L_p'$を$p$を通る$\mathcal{F}'$の葉とする．$L_p'$が(局所的に)ベクトル場の軌道としてえられたことから，U'を十分小にとっておくと，L_p'はL_βと必ず交わり，またL_βの任意の点xに対して$x\in L_p'$となる$p\in L_{\hat{\alpha}}$が必ず存在する．U'を十分小にとっておくと，L_βがコンパクトであることから，L_p'とL_βとの交わりは有限個の点である．それを$x_1^{(p)}, x_2^{(p)}, \cdots, x_{u(p)}^{(p)}$であるとしよう．いま，写像

$$\hat{\pi}: L_\beta \to L_{\hat{\alpha}}$$

を，$\hat{\pi}(x_i^{(p)})=p\ (i=1,2,\cdots,u(p))$と定義すると，$L_p'$の作り方から，$L_\beta$は$L_\alpha$の被覆空間であることがわかる．($u(p)$は$p$のとり方によらず一定である．) 一般に被覆空間の基本群は底空間の基本群の部分群である．よって$\pi_1(L_\beta)$は有限群である．

$q>1$の場合には，定理4.3の$q>1$の場合のように指数写像を使う必要がある．指数写像によって$q=1$の場合のL_p'に対応するものをつくれば，あとは全く同様に証明できるのであるが，詳細はここでは省略する．∎

例 C^∞同相写像

$$h: S^{n-q}\times S^q \to S^{n-q}\times S^q$$

を

$$\begin{aligned} &h((x_1, x_2, \cdots, x_{n-q+1}), (y_1, y_2, \cdots, y_{q+1})) \\ &\quad =((-x_1, -x_2, \cdots, -x_{n-q+1}), (-y_1, -y_2, \cdots, -y_q, y_{q+1})) \end{aligned}$$

と定義する．$S^{n-q}\times S^q$において$p\in S^{n-q}\times S^q$と$h(p)$とを同一視$p\sim h(p)$すれば，n次元C^∞多様体$M^n=S^{n-q}\times S^q/\sim$がえられる．$S^{n-q}\times\{y\}$ $(y\in S^q)$から定まる

M^n の部分集合を L_y とすると，$\{L_y; y\in S^q\}$ は M^n の余次元 q の C^∞ 葉層構造である．$y=(0,0,\cdots,0,\pm1)$ のとき，L_y は $n-q$ 次元射影空間であるが，それ以外の y に対しては L_y は S^{n-q} である．

M^n がコンパクトであっても $q\geqq2$ の場合には，定理5.7(i)は L_α を含む或る開集合で成立するのにとどまって，葉層構造のすべての葉がコンパクトになるという大域的な結果は一般には成立しない(あとがきV，注2参照)．これに反して $q=1$ の場合には§21で述べるように大域的な結果が得られるのである．

§21 大域安定性定理

余次元1の葉層構造の場合には，局所安定性定理(定理5.7)よりももっと精密に大域的な結果がえられる．以下，M^n を n 次元 C^s 多様体，$\mathcal{F}=\{L_\alpha; \alpha\in A\}$ を M^n の余次元1の C^r 葉層構造($r\geqq1$)とする．$L_{\hat{\alpha}}$ をコンパクトな葉とし，$\mathfrak{N}(L_{\hat{\alpha}})=\{(U_i,\varphi_i); i=1,2,\cdots,v\}$ を $L_{\hat{\alpha}}$ 上の連接近傍系とする．

余次元1であるから，$\hat{\pi}\circ\varphi_i: U_i\to\,]-1,1[$ であって($\hat{\pi}$ については§18参照)，U_i の切片は $-1<a<1$ のような a によって $(\hat{\pi}\circ\varphi_i)^{-1}(a)$ と書き表わされる．

$U_i\cap U_j\neq\phi$ のような $U_i, U_j\in\mathfrak{N}(L_{\hat{\alpha}})$ に対して，$z\in U_i\cap U_j$ を任意の点とするとき，$\hat{\pi}\circ\varphi_i(z)$ と $\hat{\pi}\circ\varphi_j(z)$ の符号がつねに等しいように $\mathfrak{N}(L_{\hat{\alpha}})$ がとれるとき，葉 $L_{\hat{\alpha}}$ を**二側型**といい，このような $\mathfrak{N}(L_{\hat{\alpha}})$ を**二側型**という．そのような $\mathfrak{N}(L_{\hat{\alpha}})$ がとれないとき，葉 $L_{\hat{\alpha}}$ を**一側型**という．

定理4.1の証明と全く同様な方法で，$L_{\hat{\alpha}}$ が二側型であるためには，$L_{\hat{\alpha}}$ 上の M^n の C^{r-1} ベクトル場で $L_{\hat{\alpha}}$ に横断的なものが存在することが必要十分であることが容易にわかる．

メービウスの帯の余次元1の葉層構造(§17，例4)において，$I\times\{1/2\}$ からできる葉(図4.7で太く書いてあるもの)は一側型である．§20，例で $q=1$ の場合，葉 L_y は $y=(0,\pm1)$ のとき一側型であり，$y\neq(0,\pm1)$ のとき二側型である．

補助定理5.8 上記の $L_{\hat{\alpha}}, \mathfrak{N}(L_{\hat{\alpha}})$ に対して，M^n の $L_{\hat{\alpha}}$ を含む開集合 V で，$V\cap L_\beta\neq\phi$ であるような葉 L_β は次の(i)，(ii)のいずれかであるものが存在する．

(i) L_β はコンパクトであって，$L_\beta\subset\bigcup_{i=1}^{v}U_i$ である．さらに，$L_{\hat{\alpha}}$ が二側型であれば $L_\beta\cap U_i$ はただ一つの切片からなり，$L_{\hat{\alpha}}$ が一側型で $L_\beta\neq L_{\hat{\alpha}}$ であれば

$L_\beta \cap U_i$は二つの切片からなる．$r \geqq 2$の場合には，$L_{\hat{\alpha}}$が二側型であればL_βは$L_{\hat{\alpha}}$とC^r同相であり，$L_{\hat{\alpha}}$が一側型で$L_\beta \neq L_{\hat{\alpha}}$であれば$L_\beta$は$L_{\hat{\alpha}}$の二重被覆空間(ファイバーが二点で全空間が弧状連結なC^rバンドルの全空間)である．

(ii)　L_βはコンパクトでなく，$\bar{L}_\beta \cap \bigcup_{i=1}^{v} U_i$はコンパクトな葉を含んでいる．

証明　$\hat{x} \in L_{\hat{\alpha}}$とし，$\hat{x}$を支点とする長さが高々$v$の連接近傍鎖の許容点全体の集合を$\hat{O}$とする(補助定理5.3参照)．補助定理5.6の証明において$\hat{V}$から$\hat{V}'$を作ったのと全く同様に$\hat{O}$から$\hat{O}'$を作ると(ただし$\hat{O} \cap L_{\hat{\alpha}} \neq \phi$)，$L_\beta \cap \hat{O}' \neq \phi$のような葉$L_\beta$に対して，

$$L_\beta \cap U_i \neq \phi \qquad (i=1, 2, \cdots, v)$$

であって，各U_iについてU_iの切片Q_i'で

$$Q_i' \subset L_\beta, \qquad \overline{Q_i'} \subset \bigcup_{i=1}^{v} U_i$$

を満たすものが存在する．$\{Q_i^{(\lambda)}; \lambda \in \Lambda_i\}$を$U_i$の切片で

$$Q_i^{(\lambda)} \subset L_\beta, \qquad \overline{Q_i^{(\lambda)}} \subset \bigcup_{i=1}^{v} U_i$$

を満たすもの全体の集合とする($i=1, 2, \cdots, v$)．上述のことから$\Lambda_i \neq \phi$である．

はじめに，$L_{\hat{\alpha}}$が二側型であるとしよう．$\mathfrak{N}(L_{\hat{\alpha}})$を二側型にとり，$\Lambda_i$の部分集合$\Lambda_i'$を$\Lambda_i' = \{\lambda \in \Lambda_i; \hat{\pi} \circ \varphi_i(Q_i^{(\lambda)}) \geqq 0\}$と定義する．必要があれば$\varphi_i$の像の符号を変えることにより，$\Lambda_i' \neq \phi$ ($i=1, 2, \cdots, v$)としてよい．U_iの切片Q_i''を

$$\hat{\pi} \circ \varphi_i(Q_i'') = \inf_{\lambda \in \Lambda_i'} \hat{\pi} \circ \varphi_i(Q_i^{(\lambda)}) \qquad (i=1, 2, \cdots, v)$$

によって定義する．明らかに$\overline{Q_i''} \subset \bigcup_{i=1}^{v} U_i$である．いま，$y \in \overline{Q_i''}$であるとすると，或る$j$に関して$y \in U_j$であるから$y$は$U_j$の一つの切片に含まれるが，$Q_i''$ ($i=1, 2, \cdots, v$)の定義から$y \in Q_j''$でなければならない．したがって

$$L' = \bigcup_{i=1}^{v} Q_i'' = \bigcup_{i=1}^{v} \overline{Q_i''}$$

はコンパクトな葉である．

L_βがコンパクトである場合にはΛ_iは有限集合だから(定理4.12)，$L' \subset L_\beta$すなわち$L' = L_\beta$である．さらに，連接近傍系の条件(ii)(定理5.1)から，

$$L_\beta \cap U_i = Q_i''$$

でなければならない．

L_βがコンパクトでない場合には，$\bar{L}_\beta \supset L'$．よって

$$V=\bigcup_{\hat{O}'\cap L_\beta\neq\phi} L_\beta$$

とすれば，V は求めるものである．

次に，$L_{\hat{\alpha}}$ が一側型であるとしよう．

$$\Lambda_i=\Lambda_i'\cup\Lambda_i'',\quad \hat{\pi}\circ\varphi_i(Q_i^{(\lambda)})\geqq 0\quad(\lambda\in\Lambda_i'),\quad \hat{\pi}\circ\varphi_i(Q_i^{(\lambda)})\leqq 0\quad(\lambda\in\Lambda_i'')$$

と Λ_i を分解する $(i=1,2,\cdots,v)$．U_i の切片 $Q_i'', Q_i'''\subset L_\beta$ を

$$\hat{\pi}\circ\varphi_i(Q_i'')=\inf_{\lambda\in\Lambda_i'}\hat{\pi}\circ\varphi_i(Q_i^{(\lambda)}),\qquad \hat{\pi}\circ\varphi_i(Q_i''')=\sup_{\lambda\in\Lambda_i''}\hat{\pi}\circ\varphi_i(Q_i^{(\lambda)})$$

によって定義すると $(i=1,2,\cdots,v)$，上述の場合と全く同様に

$$L'=\bigcup_{i=1}^{v}(Q_i''\cup Q_i''')$$

はコンパクトな葉である．L_β がコンパクトである場合には $L_\beta=L'$, L_β がコンパクトでない場合には $\bar{L}_\beta\supset L'$ であるから，やはり $V=\bigcup_{\hat{O}'\cap L_\beta\neq\phi} L_\beta$ が求めるものとなる．(i)で $r\geqq 2$ の場合の結論は定理5.7(ii)と全く同様にして証明される．∎

補助定理5.8(ii)のような L_β をもつ $L_{\hat{\alpha}}$ の例として，Reeb 葉層における $S^1\times S^1$ をあげておこう(§16, 例B)．補助定理5.8から次の定理がえられる．

定理 5.9　M^n をコンパクトで連結な n 次元 C^s 多様体，$\mathcal{F}=\{L_\alpha;\alpha\in A\}$ を M^n の余次元1の C^r 葉層構造$(r\geqq 1)$とする．もしも $\mathcal{F}$ のすべての葉がコンパクトであれば，次の(i),(ii)のいずれかが成り立つ(§20, 例参照)．

(i)　C^r 写像 $\pi:M^n\to S^1$ で，$\mathcal{F}=\{\pi^{-1}(p);p\in S^1\}$ となっているものが存在する．この場合，$\mathcal{F}$ のすべての葉は二側型である．$r\geqq 2$ ならば π は C^r バンドルであって，$\mathcal{F}$ はバンドル葉層である．

(ii)　C^r 写像 $\pi:M^n\to[0,1]$ で $\mathcal{F}=\{\pi^{-1}(p);p\in[0,1]\}$ となっているものが存在する．この場合，$\mathcal{F}$ の葉は二つの葉 $\pi^{-1}(0),\pi^{-1}(1)$ を除いて二側型である．$r\geqq 2$ ならば二側型の葉はすべて C^r 同相であり，二側型の葉は $\pi^{-1}(0),\pi^{-1}(1)$ の二重被覆空間である．

証明　$\pi:M^n\to A$ を $\pi(L_\alpha)=\alpha$ によって定義する．一つの葉 $L_{\hat{\alpha}}$ に対して，補助定理5.8のような V をとると，$\mathcal{F}$ のすべての葉がコンパクトであるから，補助定理5.8の(i)の場合だけおこり，V は葉の和である．それを $V=\bigcup_{\beta\in A_{\hat{\alpha}}} L_\beta$ $(A_{\hat{\alpha}}\subset A)$ であるとしよう．$\beta\in A_{\hat{\alpha}}$ に対して，$\eta_{\hat{\alpha}}(\beta)\in\boldsymbol{R}$ を $L_{\hat{\alpha}}$ が二側型のときは

$$\eta_{\hat{\alpha}}(\beta)=\hat{\pi}\circ\varphi_1(L_\beta\cap U_1),$$

$L_{\hat{\alpha}}$ が一側型のときは

$$\eta_{\hat{\alpha}}(\beta)=\hat{\pi}(\varphi_1(L_\beta\cap U_1)\cap\hat{\pi}^{-1}([0,1[))$$

と定義すると，

$$\eta_{\hat{\alpha}}: A_{\hat{\alpha}}\to\hat{\pi}\circ\varphi_1(V\cap U_1)$$

は1対1写像である．$(A_{\hat{\alpha}},\eta_{\hat{\alpha}})(\hat{\alpha}\in\mathscr{F})$ が A の C^r 座標近傍系となるように A に位相を導入して A を1次元 C^r 多様体と見做すことにする．M^n がコンパクトで連結だから，この1次元 C^r 多様体もコンパクトで連結，よって A は S^1 または $[0,1]$ である．定理の後半は定理5.7(ii)と全く同様にして証明される．▌

最後に Reeb によって証明された大域安定性定理を述べよう．

定理 5.10(大域安定性定理) M^n をコンパクトで連結な n 次元 C^s 多様体とし，$\mathscr{F}=\{L_\alpha;\alpha\in A\}$ を M^n の余次元1の C^r 葉層構造($r\geqq 2$)とする．もしも $\mathscr{F}$ の中にコンパクトで基本群が有限群である葉が一つ存在すれば，$\mathscr{F}$ のすべての葉はコンパクトでその基本群は有限群である．

証明 コンパクトな葉でその基本群が有限群であるようなもの全体の集合を $\{L_\alpha;\alpha\in A'\}$ とし，$\bigcup_{\alpha\in A'}L_\alpha=W$ とする．局所安定性定理(定理5.7)によって，$L_{\hat{\alpha}}\in W$ であるとすると M^n の開集合 U' で $L_{\hat{\alpha}}\subset U'$ であって U' はコンパクトで基本群が有限群であるような葉の和となっているものが存在するから，W は M^n の開集合である．いま，$M^n-W\neq\phi$ と仮定してみよう．M^n は連結であるから，$\overline{W}-W\neq\phi$ である．W' を W の一つの連結成分とし，y を $\overline{W}'-W'$ の一点とする．$y\in L_\gamma$ のような葉 L_γ を考えると $L_\gamma\subset\overline{W}'$ である(定理4.9)．$(U_\lambda,\varphi_\lambda)$ を特殊葉層座標近傍であって，$W'\cap U_\lambda$ の連結成分が

$$\varphi_\lambda^{-1}\circ\hat{\pi}^{-1}(]a_\sigma,b_\sigma[)\qquad(a_\sigma<b_\sigma,\sigma\in\Sigma)$$

であるとする．Σ の任意の元 σ に対して，$\varphi_\lambda^{-1}\circ\hat{\pi}^{-1}(]a_\sigma,b_\sigma[)$ と交わるような葉全体の和を W_σ とすると，W_σ は W' の開集合である(定理4.10)．一方，U_λ の部分集合

$$F=\{\varphi_\lambda^{-1}(0,0,\cdots,0,x_n);a_\sigma<x_n<b_\sigma\}$$

は $W'\cap U_\lambda$ の閉集合で，W_σ は F と交わる葉全体の和であるから，W_σ は W' の閉集合でもある．よって，$W_\sigma=W'$ である．したがって $L_\beta\subset W'$ のような葉 L_β に対して，$L_\beta\cap U_\lambda$ の連結成分の個数の濃度は Σ の濃度より小さくない．L_β はコンパクトであるから $L_\beta\cap U_\lambda$ の連結成分は有限個で(定理4.12)，Σ は有

限集合である．このことから$L_\gamma \cap U_\lambda$の連結成分が有限個であることが分かる．M^nがコンパクトということから，有限個の特殊葉層座標近傍$(U_{\lambda_i}, \varphi_{\lambda_i})$ $(i=1, 2, \cdots, m)$で$\bigcup_{i=1}^{m} U_{\lambda_i}=M^n$であるものがとれるが，$L_\gamma \cap U_{\lambda_i}$ $(i=1,2,\cdots,m)$の連結成分は有限個だからL_γはコンパクトである．このL_γに補助定理5.8(i)を適用すれば，L_γの基本群が有限群であることがいえる．したがって，

$$y \in L_\gamma \subset W' \subset W$$

となって矛盾．よって，$W=M^n$でなければならない．∎

定理5.9および定理5.10から次の定理がえられる．

定理5.11 定理5.10の仮定のもとで，定理5.9(i),(ii)のいずれかが成り立つ．

§22 ホロノミー

q次元Euclid空間$\boldsymbol{R}^q$の原点をOとする．$O \in U$のような$\boldsymbol{R}^q$の或る開集合Uから$\boldsymbol{R}^q$へのC^r写像

$$f: U \to \boldsymbol{R}^q$$

が，$f(O)=O$であり，$f: U \to f(U)$がC^r同相であるとき，fを$\boldsymbol{R}^q$の原点における**局所C^r同相**という．ここで$r=0,1,2,\cdots,\infty$である．

二つの原点における局所C^r同相

$$f_1: U_1 \to \boldsymbol{R}^q, \qquad f_2: U_2 \to \boldsymbol{R}^q$$

に対して，$U_1 \cap U_2 \supset U' \ni O$のような$\boldsymbol{R}^q$の開集合$U'$で，

$$f_1 | U' = f_2 | U'$$

となるものが存在するとき，f_1とf_2とは**同値**であるといい$f_1 \sim f_2$と書くことにする．明らかにこの関係$\sim$は同値関係である．この関係$\sim$の同値類を$\boldsymbol{R}^q$の原点における局所C^r同相の**芽**といい，$\boldsymbol{R}^q$の原点における局所C^r同相の芽全体の集合をG_q^rと書く．また，fが属する同値類を$[f]$と書く．

G_q^rの元$[f]$, $[g]$に対して，それらの代表元$f: U \to \boldsymbol{R}^q$, $g: U' \to \boldsymbol{R}^q$をとり，$C^r$写像

$$g \circ f: f^{-1}(f(U) \cap U') \to \boldsymbol{R}^q$$

を$g \circ f(x)=g(f(x))$で定義すると，$g \circ f$は$\boldsymbol{R}^q$の原点における局所C^r同相であ

る．$[f]$と$[g]$との積$[f]\cdot[g]$を

$$[f]\cdot[g]=[g\circ f]$$

と定義すれば，これは代表元のとり方によらないで$[f],[g]$によってきまる．この積により$G_q{}^r$は群となる．$id:\boldsymbol{R}^q\to\boldsymbol{R}^q$を恒等写像とすれば，$[id]$が$G_q{}^r$の単位元である．$f$に対して，$f^{-1}:f(U)\to U$を考えると，$[f^{-1}]$が$[f]$の逆元である．

M^nをn次元C^s多様体，$\mathscr{F}=\{L_\alpha;\alpha\in A\}$を$M^n$の余次元$q$の$C^r$葉層構造とする．葉$L_\alpha$に一点$\hat{x}$を定め，$\hat{x}$を基点とする$L_\alpha$の基本群$\pi_1(L_\alpha,\hat{x})$を考える．

γを$\pi_1(L_\alpha,\hat{x})$の元とし，C^0曲線

$$w:[0,1]\to L_\alpha,\qquad w(0)=w(1)=\hat{x}$$

が$\gamma=\{w\}$の代表元であるとする．L_αのコンパクトな部分集合Kを$K\supset w([0,1])$にとり，$\mathfrak{N}(K)$をK上の連接近傍系とする．

w上の連接近傍鎖

$$\mathscr{C}=\{U_{\lambda_1},U_{\lambda_2},\cdots,U_{\lambda_{m-1}},U_{\lambda_1}\}\qquad(\hat{x}\in U_{\lambda_1})$$

を一つとる．$z\in U_{\lambda_1}$に対して$\mathscr{C}$がzを支点とする鎖となっているようなzの集合$\hat{O}$は$Q_1\,(U_{\lambda_1}\cap K\subset Q_1)$を含む$U_{\lambda_1}$の開集合で切片の和である(補助定理4.5)．$z$を支点とする鎖としての$\mathscr{C}$の特性切片

$$Q_i{}^{(z)}\,(i=1,2,\cdots,m),\qquad z\in Q_1{}^{(z)},\qquad Q_1{}^{(z)},Q_m{}^{(z)}\subset U_{\lambda_1}$$

はzによって一意的にきまる(補助定理5.2)．射影$\hat{\pi}:]-1,1[^n\to]-1,1[^q$を使って，

$$f\;:\;\hat{\pi}\circ\varphi_{\lambda_1}(\hat{O})\to\boldsymbol{R}^q$$

を

$$f(\hat{\pi}\circ\varphi_{\lambda_1}(Q_1{}^{(z)}))=\hat{\pi}\circ\varphi_{\lambda_1}(Q_m{}^{(z)})\qquad(z\in\hat{O})$$

で定義すると，fは$\boldsymbol{R}^q$の原点における局所C^r同相である．

$\mathscr{C}'=\{U_{\mu_1},U_{\mu_2},\cdots,U_{\mu_{m'-1}},U_{\mu_1}\}\,(\hat{x}\in U_{\mu_1})$を$\mathscr{C}$と異なる$w$上の連接近傍鎖とすると，$\mathscr{C}$から$f$が定まったのと全く同様に$\mathscr{C}'$から$\boldsymbol{R}^q$の原点における局所$C^r$同相$f'$が定まる．いま，

$$h\;:\;\hat{\pi}\circ\varphi_{\lambda_1}(U_{\lambda_1}\cap U_{\mu_1})\to\boldsymbol{R}^q$$

を任意の切片Q_1'に対して

$$h(\hat{\pi}\circ\varphi_{\lambda_1}(Q_1'\cap U_{\lambda_1}))=\hat{\pi}\circ\varphi_{\mu_1}(Q_1'\cap U_{\mu_1})$$

を満たすものとして定義すると，h は $\boldsymbol{R}^q$ の原点における局所 C^r 同相で，

$$[f]=[h][f'][h]^{-1}$$

が成り立つ．このことから，w によって $G_q{}^r$ の元が内部自己同型を除いて一意的にきまることが分かる．

次に，もう一つの C^0 曲線

$$\overline{w}:[0,1]\to L_\alpha,\qquad \overline{w}(0)=\overline{w}(1)=\hat{x}$$

が $\gamma=[w]=[\overline{w}]$ であるとする．K を w と $\overline{w}$ との間のホモトピーを含むようにとっておき，$\overline{w}$ 上の連接近傍鎖

$$\overline{\mathcal{C}}=\{U_{\lambda_1}, U_{\lambda_2'}, \cdots, U_{\lambda'_{m''-1}}, U_{\lambda_1}\}$$

を考え，$\overline{\mathcal{C}}$ が定める $\boldsymbol{R}^q$ の原点における局所 C^r 同相を $\bar{f}$ とすると，定理5.5から

$$[f]=[\bar{f}]$$

が成り立つ．したがって，$\pi_1(L_\alpha,\hat{x})$ の元 γ に対して $G_q{}^r$ の元が自己同型を除いて一意的にきまる．この対応を $\Psi(\{w\})=[f]$ として

$$\Psi\ :\ \pi_1(L_\alpha,\hat{x})\to G_q{}^r$$

と書くことにする．$\hat{x}\in U_{\lambda_1}$ を一つきめて，w 上の連接近傍鎖をつねに U_{λ_1} から始まり U_{λ_1} に終るようにとることにすれば，f の定義から直ちにわかるように Ψ は準同型である．基点 $\hat{x}$ のとり方を変えると，Ψ は $G_q{}^r$ の自己同型だけの変化がありうる．すなわち，自己同型を除けば準同型 $\Psi:\pi_1(L_\alpha)\to G_q{}^r$ が一意的にきまるとしてよい．この Ψ を葉 L_α の**ホロノミー**という．また，$G_q{}^r$ の部分群 $\Psi(\pi_1(L_\alpha,\hat{x}))$ を葉 L_α の**ホロノミー群**という．

$\pi_1(L_\alpha)$ が有限群である場合には当然 L_α のホロノミー群は有限群である．また，$\mathcal{F}$ がバンドル葉層であるときには，すべての葉 L_α について L_α のホロノミー群は単位元だけからなる群である．Reeb 葉層(§16, 例B)において葉 $S^1\times S^1$ のホロノミー群は二つの無限巡回群の直和である．

局所安定性定理(定理5.7)において，葉 $L_{\hat{\alpha}}$ の基本群 $\pi_1(L_{\hat{\alpha}})$ が有限群であるという仮定は，証明中で z が固定されているとき $Q_{i,z}{}^{(\gamma)}$ $(\gamma\in\pi_1(L_{\hat{\alpha}}))$ が有限個であるところに必要であった．しかし $\pi_1(L_{\hat{\alpha}})$ が有限群でなくても，$L_{\hat{\alpha}}$ のホロノミー群さえ有限であれば $Q_{i,z}{}^{(\gamma)}(\gamma\in\pi_1(L_{\hat{\alpha}}))$ は有限個であるから定理5.7(i)の証明はそのまま成立する．よって定理5.7を一般化した次の定理がえられる．

定理 5.12(局所安定性定理) 定理 5.7 において，$\pi_1(L_{\hat{\alpha}})$ が有限群という仮定を，$L_{\hat{\alpha}}$ のホロノミー群が有限群であると一般化しても，定理 5.7(i)の結論は成り立つ.

第6章　コンパクトな葉の存在

§23　コンパクトな葉をもたない葉層構造

Hopf 写像と関連して構成された S^3 上の C^∞ ベクトル場 X_H(§14)からその軌道を葉としてえられる S^3 の余次元2の C^∞ 葉層構造(§16, 例A)では葉はすべてコンパクトで S^1 と同相である.(この葉層構造はバンドル葉層である(§17, 例3).)これに対して, X_H を変形して構成された Schweitzer の力学系から, その軌道を葉としてえられる S^3 の余次元2の C^1 葉層構造(§16 例A)はコンパクトな葉を持たない. §14における Schweitzer の力学系の構成を葉層構造の言葉を使って言えば, 上記の X_H からえられた C^∞ 葉層構造を変形してコンパクトな葉が一つだけの C^∞ 葉層構造をつくり, 次に Denjoy の力学系からえられるトーラス上の C^1 葉層構造を使ってそのコンパクトな葉を破壊して, コンパクトな葉をもたない C^1 葉層構造を構成したのであった. $r\geqq 2$ の場合に S^3 の余次元2の C^r 葉層構造でコンパクトな葉をもたないものがあるかどうかは現在のところ未解決である.

§15の Wilson の力学系でも, $D^q\times[-3,3]$ 上に特別の C^∞ ベクトル場をつくり, これによって周期軌道を破壊した. このベクトル場を次のようにして葉層構造におけるコンパクトな葉の破壊に役立てることができる.

M^n を n 次元 C^s 多様体, $\mathscr{F}=\{L_\alpha;\alpha\in A\}$ を M^n の余次元 q の C^r 葉層構造($r\geqq 1$)とする. $(U_\lambda,\varphi_\lambda)$ を特殊葉層座標近傍とし, $\varphi_\lambda(U_\lambda)=]-1,1[^n$ の中に $D^{n-q}\times D^q$ を

$$]-1,1[^{n-q}\supset D^{n-q},\quad]-1,1[^q\supset D^q$$

のようにとると, $L_\alpha\cap U_\lambda\neq\phi$ のような L_α に対して $\varphi_\lambda(L_\alpha\cap U_\lambda)$ の連結成分と $D^{n-q}\times D^q$ との共通部分は $D^{n-q}\times\{y\}$ $(y\in D^q)$ である. すなわち, $\mathscr{F}$ は

$\varphi_\lambda^{-1}(D^{n-q}\times D^q)$において局所的には$\{D^{n-q}\times\{y\};y\in D^q\}$である．

§15のWilsonの力学系の$D^{m+k}\times[-3,3]$上のC^∞ベクトル場Y_{k+1}について$m=1,k=q-1$とし(ただし，$n-1\geqq q\geqq 2$)，Y_qを$D^q\times[-3,3]$上のC^∞ベクトル場とする．Y_qの軌道を考えると$D^q\times[-3,3]$は1次元多様体の族$\{l_\beta;\beta\in B\}$に分解される．D^qにおける原点の近傍U'を十分小にとると，$x\in U'$のとき$(x,\pm 3)\in l_\beta$のようなl_βはつねにコンパクトでない．また，$k=1$すなわち$q=2$の場合には$\{l_\beta;\beta\in B\}$のうちの四つだけが$\mathrm{Int}\,D^q\times\,]-3,3[$に含まれ，それらは$S^1$と同相でコンパクトであるが，$k\geqq 2$すなわち$q\geqq 3$の場合には$\mathrm{Int}\,D^q\times\,]-3,3[$に含まれるコンパクトな$l_\beta$は存在しない．

D^{n-q}の元$x=(x_1,x_2,\cdots,x_{n-q})$を$x'=(x_1',x_2',\cdots,x_{n-q}')\in S^{n-q-1}$と$0\leqq t\leqq 1$によって，

$$x_i=tx_i' \qquad (i=1,2,\cdots,n-q)$$

と書くことにし，xを$x'\in S$と$t\in[0,1]$の対$x=(x',t)$で表わすことにする．$D^{n-q}\times D^q$の部分集合$\hat{L}_\beta$を

$$\hat{L}_\beta=\{((x',t),y)\in D^{n-q}\times D^q;(y,3t)\in l_\beta,x'\in S^{n-q-1}\}$$

で定義すると，$D^{n-q}\times D^q$は$\hat{L}_\beta(\beta\in B)$に分解される(図6.1(ii))．$\hat{L}_\beta$は$n-q$次元$C^\infty$多様体である．図6.1の(i),(ii)に示すように，$\hat{L}_\beta$と$D^{n-q}\times D^q$の境界$(\partial D^{n-q}\times D^q)\cup(D^{n-q}\times\partial D^q)$との交わりは，$\partial D^{n-q}\times\{y\}$ $(y\in D^q)$或いは$D^{n-q}\times\{y\}$ $(y\in\partial D^q)$となっている．

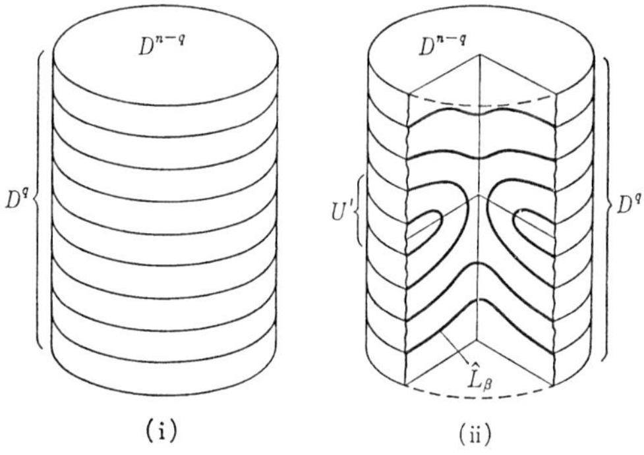

図6.1

したがって，$\mathscr{F}$が$\varphi_\lambda^{-1}(D^{n-q}\times D^q)$において局所的に$\{D^{n-q}\times\{y\};y\in D^q\}$である部分を$\{\hat{L}_\beta;\beta\in B\}$で置き換えることにより$M^n$の新しい$C^r$葉層構造がえ

られる.

M^n が閉じた C^s 多様体である場合には，このような置きかえを有限回やることによって，M^n の C^r 葉層構造 $\mathscr{F}'=\{L_{\alpha'}';\alpha'\in A'\}$ で，各 $L_{\alpha'}'$ は少くとも一つ上記の $\hat{L}_\beta$ をその一部に含むようにできる．よって $\hat{L}_\beta$ に関する性質から次の定理が成り立つ.

定理 6.1　M^n を閉じた n 次元 C^s 多様体，$\mathscr{F}$ を M^n の余次元 q の C^r 葉層構造($r\geqq 1$)とする($n-1\geqq q\geqq 2$)．このとき，$\mathscr{F}$ を修正して C^r 葉層構造 $\mathscr{F}'$ をつくり，$q\geqq 3$ の場合には $\mathscr{F}'$ はコンパクトな葉を含まず，$q=2$ の場合には $\mathscr{F}'$ は有限個のコンパクトな葉($S^1\times S^{n-3}$ と C^r 同相である)のみを含むようにできる.

$q=2$ の場合には，$D^q\times[-3,3]$上の C^∞ ベクトル場 Y_2 の一部に Schweitzer の方法を適用して，前記の$\{l_\beta;\beta\in B\}$のうちの四つの S^1 を破壊して $D^q\times[-3,3]$上の C^1 ベクトル場で軌道がすべてコンパクトでないものがつくれる(定理3.7参照)．この C^1 ベクトル場から出発して，上述の方法と全く同様に$\{\hat{L}_\beta;\beta\in B\}$をつくり，置き換えを有限回やることにより次の定理がえられる.

定理 6.2　M^n を閉じた n 次元 C^s 多様体，$\mathscr{F}$ を M^n の余次元 2 の C^r 葉層構造($r\geqq 1$)とする．このとき，$\mathscr{F}$ を修正してコンパクトな葉を含まないような C^1 葉層構造にすることができる.

あとで§25に示すように余次元1の葉層構造についてはこの種の定理をうることは一般にはできない.

§24　ホロノミー補助定理

次のホロノミー補助定理は以下この章の議論にくりかえし使われるものである.

定理 6.3 (ホロノミー補助定理)　M^n を n 次元 C^s 多様体，$\mathscr{F}=\{L_\alpha;\alpha\in A\}$ を M^n の余次元1の C^r 葉層構造($r\geqq 2$)とする．E をコンパクトで連結な $C^{s'}$ 多様体($s'\geqq r$)とし,

$$f:E\to L_{\hat{\alpha}}$$

を E から $\mathscr{F}$ の一つの葉 $L_{\hat{\alpha}}$ への $C^{r'}$ 写像($0\leqq r'\leqq r$)で f が0にホモトープ(すなわち $h(E)$ が一点であるような $h:E\to L_{\hat{\alpha}}$ と $L_{\hat{\alpha}}$ においてホモトープ $f\simeq h$)で

あるとする．このとき，tに関して連続的に変化する$C^{r'}$写像の族

$$f_t: E \to M^n \qquad (-\varepsilon < t < \varepsilon)$$

で次の性質(i)〜(iv)をもつものが存在する．

(i)　$f_0 = f$.

(ii)　tを一つきめたとき，$f_t(E)$は$\mathscr{F}$の一つの葉$L_{\alpha(t)}$に含まれる：

$$f_t(E) \subset L_{\alpha(t)}.$$

(iii)　Eの点pを一つきめたとき，

$$l_p:]-\varepsilon, \varepsilon[\to M^n$$

を$l_p(t) = f_t(p)$で定義すると，l_pは$\mathscr{F}$の葉に横断的な(すなわちl_pの$l_p(t)$における接ベクトルが$T_{l_p(t)}(L_{\alpha(t)})$に含まれない)$C^r$曲線である．

(iv)　fが$C^{r'}$はめ込みのときは，f_tは$C^{r'}$はめ込みで，写像

$$\hat{f}: E \times]-\varepsilon, \varepsilon[\to M^n$$

を$\hat{f}(y, t) = f_t(y)$で定義すれば，$\hat{f}$はC^0はめ込みであるようにとれる．

証明　連続写像

$$F: E \times I \to L_{\hat{\alpha}}$$

をfとhとの間のホモトピーで，$F \mid E \times \{1\} = f, F \mid E \times \{0\} = h$であるとする．$F(E \times I)$は$L_{\hat{\alpha}}$のコンパクトな部分集合である．

$F(E \times I)$上に連接近傍系$\mathfrak{N}(F(E \times I)) = \{(U_i, \varphi_i); i = 1, 2, \cdots, v\}$をとる．$h(E) = \hat{x}$とし，$\hat{x} \in U_v$であるとする．$E$の開被覆

$$\{V_k; k = 1, 2, \cdots, u\}, \quad E = \bigcup_{k=1}^{u} V_k$$

を，各V_kは弧状連結であって，$f(V_k)$に対して$f(\overline{V}_k) \subset U_{i_k}$となる$U_{i_k} \in \mathfrak{N}(F(E \times I))$が存在するようにとる．

各V_kに一点$y_k \in V_k$をとり，$F(E \times I)$のC^0曲線

$$l_k: [0, 1] \to F(E \times I) \qquad (k = 1, 2, \cdots, u)$$

を，$l_k(\tau) = F(y_k, \tau)\ (0 \leqq \tau \leqq 1)$で定義する．$l_k$は$\hat{x}$と$f(y_k)$とを結ぶ曲線である．$l_k$上に連接近傍鎖$\mathscr{C}^{(k)} = \{U_v, U_2{}^{(k)}, U_3{}^{(k)}, \cdots, U_{m_k-1}{}^{(k)}, U_{i_k}\}$をとる．

$V_k \cap V_{k'} \neq \phi$であるときは，$y_k$と$y_{k'}$とを$V_k \cup V_{k'}$の中で結ぶ$C^0$曲線

$$l_{kk'}: [0, 1] \to V_k \cup V_{k'}, \quad \hat{l}_{kk'}(0) = y_k, \ \hat{l}_{kk'}(1) = y_{k'}$$

がとれる．l_kと$f \circ \hat{l}_{kk'}$とをつないでできるC^0曲線$l_k \cdot (f \circ \hat{l}_{kk'})$は明らかに$\hat{x}$と

$f(y_{k'})$を固定して $l_{k'}$ とホモトープ

$$l_k\cdot(f\circ\hat{l}_{kk'})\simeq l_{k'}$$

である．$\mathscr{C}_{k'}{}^{(k)}=\{U_v, U_2{}^{(k)}, U_3{}^{(k)}, \cdots, U_{m_k-1}{}^{(k)}, U_{i_k}, U_{i_{k'}}\}$ と $\mathscr{C}^{(k')}$ との間にホモトピーが存在するが(§19)，その長さを $m_{kk'}$ とする．上述のような k, k' のすべてについて，$m>m_{kk'}$ であるような整数 m をとる．

U_v の切片 $\varphi_v{}^{-1}\circ(\hat{\pi}^{-1}(t))$ を $Q_{v,t}$ と書くことにする($-1<t<1$)．$\varepsilon>0$ を十分小にとれば $-\varepsilon<t<\varepsilon$ のような t に対して $Q_{v,t}$ は $\hat{x}$ を支点とする長さが高々 m の連接近傍鎖の許容点を必ず含む．$z\in Q_{v,t}$ をそのような許容点とし，z を支点とする鎖としての $\mathscr{C}^{(k)}$ の特性切片を

$$Q_{v,t}, Q_{2,t}{}^{(k)}, \cdots, Q_{m_k-1,t}{}^{(k)}, Q_{i_k,t}$$

とする($k=1,2,\cdots,u$)． $V_k\cap V_{k'}\neq\phi$ であるときは，z を支点とする鎖としての $\mathscr{C}_{k'}{}^{(k)}$ の特性切片を

$$Q_{v,t},\ Q_{2,t}{}^{(k)},\ \cdots,\ Q_{m_k-1,t}{}^{(k)},\ Q_{i_k,t},\ Q_t{}^{(k,k')}$$

とすると，定理5.5から $Q_t{}^{(k,k')}=Q_{i_{k'},t}$ である．したがって，$Q_{i_k,t}$ ($k=1,2,\cdots,u$)は一つの葉 $L_{\alpha(t)}$ 上にある：

$$\bigcup_{k=1}^{u} Q_{i_k,t}\subset L_{\alpha(t)}.$$

M^n の余次元 $n-1$ の C^{r-1} 葉層構造 $\mathscr{F}'$ で，$\mathscr{F}$ と $\mathscr{F}'$ は互いに横断的であるものを考える(定理4.2)．(定理4.2のあとに注意したように，$\partial M^n\neq\phi$ の場合には $\mathscr{F}'$ は§29で定義する境界に横断的な葉層構造である．) ε を十分小にとり，$-\varepsilon<t<\varepsilon$ のような t と $p\in E$ に対して，$p\in V_k$ であるとき $f_t(p)$を

$$f_t(p)=(f(p)\text{を通る}\mathscr{F}'\text{の葉})\cap Q_{i_k,t}$$

と定義すると，ε が十分小であるから $f_t(p)$は一意的にきまる．このようにしてえられた $f_t\colon E\to M^n$ が(i),(ii),(iv)を満たすことは明らかであろう．また，$\mathscr{F}'$ の構成から(iii)も成立する．▌

定理6.3で E をコンパクトな $C^{s'}$ 多様体($s'\geqq 0$)としたが，E を有限複体としても上の証明はそのまま適用できる．

ホロノミー補助定理の系として，葉がコンパクトであるかどうかの一つの判定条件を与える次の定理を証明しておく．

定理 6.4 M^n を n 次元 C^s 多様体とし，$\mathscr{F}=\{L_\alpha; \alpha\in A\}$ を M^n の余次元1の

C^r 葉層構造$(r\geqq 2)$とする．$\mathscr{F}$ の一つの葉 L が M^n の閉集合でないとき(たとえば M^n がコンパクトで L がコンパクトでないとき)，M^n の C^1 単純閉曲線 $l:[0,1]\to M^n, l(0)=l(1)$ で，l は葉に対して横断的であって，$l([0,1])\cap L\neq\phi$ となるものが存在する．

証明 はじめに $\mathscr{F}$ が横断的に向きづけ可能である場合を証明する．この場合には，定理 4.1 によって $\mathscr{F}$ に横断的な C^{r-1} ベクトル場 $Y=\{Y(p);p\in M^n\}$ が存在する．Y の軌道曲線は $\mathscr{F}$ の葉と横断的に交わる．$\bar{L}-L\neq\phi$ であるから，$\bar{L}-L$ に一点 p がとれる．p を通る Y の軌道曲線 $\varphi_{\{p\}}$ は葉に対して横断的であって L と無限個の点で交わる．$\varphi_{\{p\}}$ の一部分を使って C^1 曲線

$$g:[0,1]\to M^n$$

で，$g(0), g(1)\in L, g(0)\neq g(1)$ となっているものをえらぶ(図 6.2).

L 上の C^1 曲線

$$f:[0,1]\to L$$

を $f(0)=g(1), f(1)=g(0)$ で，$t\neq t'$ なら $f(t)\neq f(t')$ のようにとる．f は 0 にホモトープだからホロノミー補助定理によって，$0\leqq t<\varepsilon$ に対して定理 6.3 のような C^1 曲線の族

$$f_t:[0,1]\to L_{\alpha(t)},\quad f_0=f$$

をつくることができる．定理 6.3 の証明中の $\mathscr{F}'$ (すなわち定理 4.2 の証明中のベクトル場)を適当にとって，$f_t(0)=g(1-t)$ であるようにする．いま，$g([0,1-(\varepsilon/2)])$ と $\bigcup_{0\leqq\tau\leqq 1} f_{\varepsilon(1-\tau)/2}(\tau)$ の和としてえられる C^0 曲線から $g(0)$ と $g(1-\varepsilon)$ のと

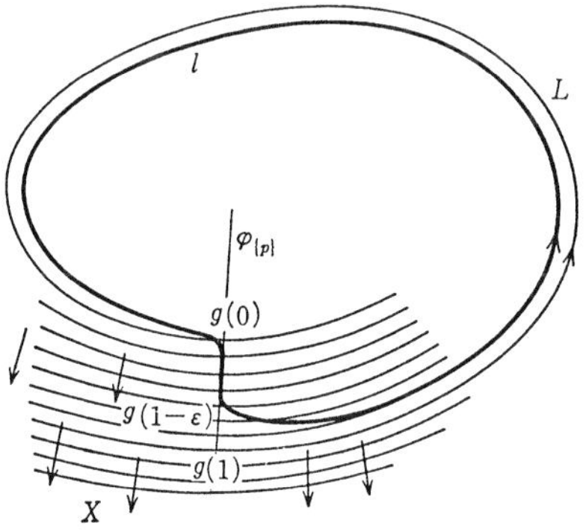

図 6.2

ころのかどを丸くしたものを l とすれば(図6.2)，これが求めるものである．

$\mathcal{F}$ が横断的に向きづけ可能でないときは，M^n の二重被覆空間 $\hat{M}^n$ で射影 $\pi:\hat{M}^n\to M^n$ によって $\mathcal{F}$ から自然にえられる $\hat{M}$ の C^r 葉層構造 $\hat{\mathcal{F}}=\{\pi^{-1}(L_\alpha)$ の弧状連結成分；$L_\alpha\in\mathcal{F}\}$ で $\hat{\mathcal{F}}$ が横断的に向きづけ可能であるものがとれる．この $\hat{M}^n,\hat{\mathcal{F}}$ について上述の方法を適用して $\hat{M}^n$ の C^1 曲線 l をつくり，$\pi\circ l$ を使って($\pi\circ l$ が単純閉曲線でなければ交点の近くで一般的な位置にずらすこと等により)求める M^n の C^1 単純閉曲線が構成される．∎

§25 S^3 の余次元1の葉層構造における コンパクトな葉の存在(Novikov の定理)

3次元球面 S^3 の余次元1の葉層構造，たとえば Reeb 葉層にはコンパクトな葉 $S^1\times S^1$ が存在するし，Reeb 葉層以外のどのようなものをつくってもつねにコンパクトな葉が存在する．このことから，S^3 の余次元1の葉層構造には必ずコンパクトな葉が存在するものと予想され **Ehresmann の予想**とよばれていたが，1964年に Novikov によってこの予想が肯定的に解決されたのである．すなわち

定理 6.5 $\mathcal{F}$ を3次元球面 S^3 の余次元1の C^r 葉層構造($r\geqq 2$)とするとき，$\mathcal{F}$ は必ずコンパクトな葉を含む．

この定理の証明にはいくつかの補助定理が必要である．以下，$\mathcal{F}$ を S^3 の余次元1の C^r 葉層構造($r\geqq 2$)とする．

$L_0\in\mathcal{F}$ を一つの葉とし，

$$f_0:S^1\to L_0$$

を L_0 の一つの $C^{r'}$ 閉曲線で0にホモトープでないものとする($0\leqq r'\leqq r$)．この f_0 に対し，t に関して連続的に変化する $C^{r'}$ 閉曲線の族

$$f_t:S^1\to S^3 \qquad (0\leqq t\leqq \varepsilon)$$

で，次の条件(i), (ii), (iii)を満たすものが存在するとき，f_0 を $\mathcal{F}$ に関する**消失サイクル**という．

(i) $f_t(S^1)$ は $\mathcal{F}$ の一つの葉 $L_{\alpha(t)}$ に含まれる．

(ii) x を固定したとき，$f_t(x)$ ($0\leqq t\leqq\varepsilon$) は t を媒介変数とする $\mathcal{F}$ の葉に横断

的な C^r 曲線である．

(iii)　f_0 は L_0 において 0 にホモトープではないが，$0<t\leqq\varepsilon$ に対しては，f_t は $L_{\alpha(t)}$ において 0 にホモトープである．

Reeb 葉層のコンパクトな葉 $S^1\times S^1$ に $C^{r'}$ 閉曲線 f_0 を $f_0(S^1)=S^1\times\{p\}(p\in S^1)$ととると，この f_0 は消失サイクルである(図 6.3).

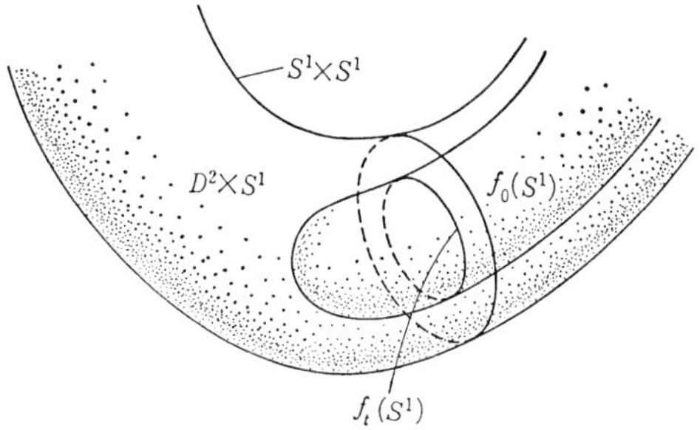

図 **6.3**

補助定理 6.6　$\mathcal{F}$ を S^3 の余次元 1 の C^r 葉層構造$(r\geqq 2)$とすると，$\mathcal{F}$ に関する消失サイクルが少なくとも一つ存在する．

証明　S^3 は単連結だから，$\mathcal{F}$ は横断的に向きづけ可能である．したがって定理 4.1 によって，S^3 の C^{r-1} ベクトル場 Y で軌道曲線がすべて $\mathcal{F}$ の葉と横断的に交わるものが存在する．S^3 の一点 p を始点とする Y の軌道曲線 $\varphi_{\{p\}}$ がもしも周期的であれば，これは C^r 単純閉曲線となって $\mathcal{F}$ の葉と横断的に交わる．また，$\varphi_{\{p\}}$ が周期的でなければ $\{\varphi_{\{p\}}(i);i\in\boldsymbol{Z}\}$ は S^3 の無限集合であって集積点をもつから，補助定理 1.13 の証明のように適当な $i,j\in\boldsymbol{Z}\,(i<j)$ をとり，

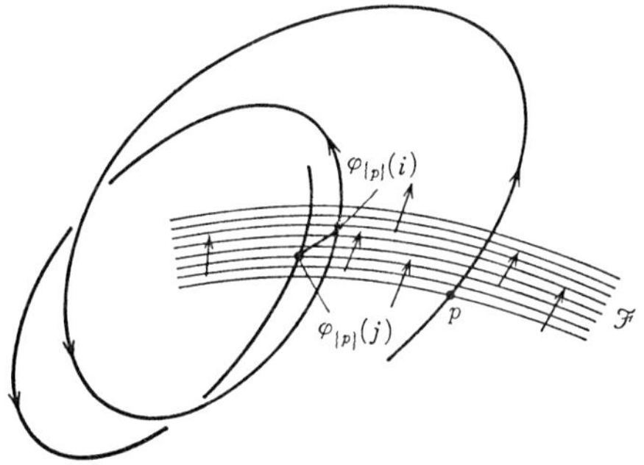

図 **6.4**

$\bigcup_{i\leq l\leq j}\varphi_{\{p\}}(t)$ の両端 $\varphi_{\{p\}}(i)$, $\varphi_{\{p\}}(j)$ を図6.4のように結んで C^r 単純閉曲線で $\mathscr{F}$ の葉と横断的に交わるものがとれる.

$l:S^1\to S^3$ を $\mathscr{F}$ の葉と横断的に交わる C^r 単純閉曲線とする. 上述のように l の存在は保証されている. S^3 は単連結であるから, 連続写像 $g:D^2\to S^3$ で $g|\partial D^2=l$ となるものが存在するが, この g を C^r はめ込みにとることができる. それは次のように考えればよい. S^3 から一点を除いて $\boldsymbol{R}^3$ とすれば, l は $\boldsymbol{R}^3$ の C^r 単純閉曲線である. l が $\boldsymbol{R}^3$ の中で図6.5(i)のようにもっとも単純な状態であれば g は図6.5の(i)に示すようにとれる. l が三葉形結び糸であれば, l 上の二点 a,b で l を二つの部分に分け(図6.5(ii)),

$$g_1:D^2\to\boldsymbol{R}^3,\ g_2:D^2\to\boldsymbol{R}^3$$

を図6.5(iii),(iv)のようにとり,

$$g(D^2)=g_1(D^2)\cup g_2(D^2)$$

になるように $g:D^2\to\boldsymbol{R}^3$ を定義すればよい. l がもっと複雑な結び糸である場合でも同様な方法が適用可能である.

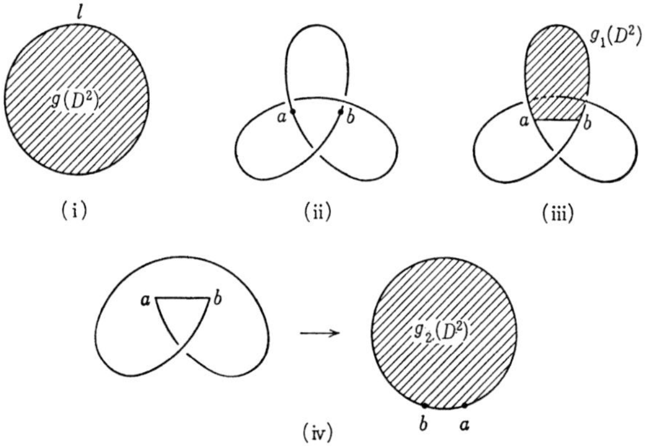

図6.5

$(U_\lambda,\varphi_\lambda)$ を特殊葉層座標近傍とし, $]-1,1[^3$ の中の曲面 $\varphi_\lambda(g(D^2)\cap U_\lambda)$ を考えよう(図6.6(i)). 必要があれば $g(D^2)$ をわずかに変動させて($g|\partial D^2$ は動かさない)葉層構造 $\mathscr{F}$ に対して一般的な位置をとることにより, $\varphi_\lambda(g(D^2)\cap U_\lambda)\cap\hat{\pi}^{-1}(t)\ (-1<t<1)$ が局所的に, すなわち $x\in U_\lambda$ に対して $x\in U_{\lambda,x}\subset U_\lambda$ のような開集合 $U_{\lambda,x}$ を適当にとり, D^2 の点 p に対して p の近傍 U を十分小にとったと

き $\varphi_\lambda(g(U)\cap U_{\lambda,x})\cap \hat{\pi}^{-1}(t)$ が次の(i)-(iv)のどれかになっているようにできる:

(i)　空集合.

(ii)　C^r 曲線(図6.6(ii)).

(iii)　一点であって，その近傍では $\varphi_\lambda(g(U)\cap U_{\lambda,x})$ は図6.6(iii)に示すようにその点を頂点とする楕円面となっている.

(iv)　一点で交わる二つの C^r 曲線であって，その交点の近傍では $\varphi_\lambda(g(D^2)\cap U_{\lambda,x})$ は図6.6(iv)に示すようにその交点を鞍点とする双曲面である.

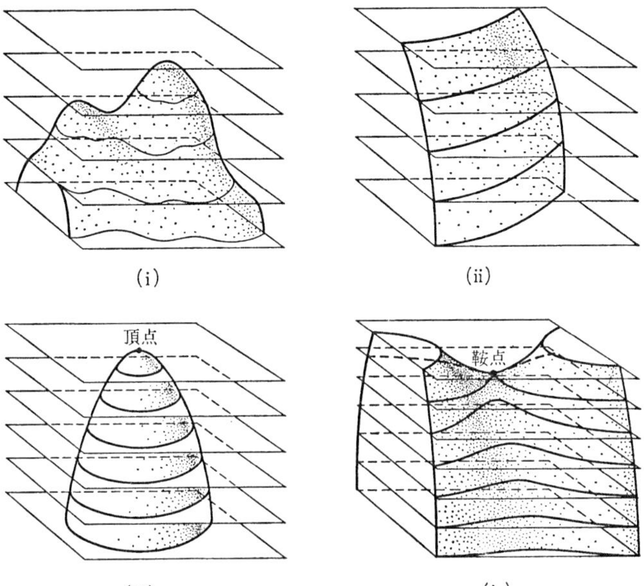

図6.6

$(U_\lambda,\varphi_\lambda)$ について上記のように $g(D^2)$ をとると，$U_\lambda\cap U_\mu\neq\phi$ のような (U_μ,φ_μ) についても $g(D^2)\cap U_\lambda\cap U_\mu$ の部分でやはり上記の条件が満たされているから，$g(D^2)$ を覆う有限個の特殊葉層座標近傍について上記の条件(i),(ii),(iii),(iv)が満たされているように $g(D^2)$ をとれば，任意の $(U_\lambda,\varphi_\lambda)$ に対して(i),(ii),(iii),(iv)が満たされている.

D^2 上に部分集合の族 $\{g^{-1}(L_\alpha);L_\alpha\in\mathcal{F}\}$ をとると，図6.7のような‘模様’ができる．この‘模様’は C^r 曲線と，$g(D^2)$ の頂点に対応する点(図6.7の c_1,c_2,c_3,

c_4)と，$g(D^2)$の鞍点に対応する点(図6.7のc_1', c_2', c_3')からなる．必要があれば$g(D^2)$をわずかに変動させて$\mathcal{F}$の一つの葉には高々一つの鞍点しかないようにとり，D^2上で鞍点に対応する点二つの間にはそれらを結ぶC^r曲線がないようにする．

いま，D^2上のC^{r-1}ベクトル場Xを次の(i), (ii), (iii)を満たすようにとる．(このように‘模様’をベクトル場で表わすことができるのはD^2が単連結だからである．)

(i)　Xの特異点は$g(D^2)$の頂点および鞍点に対応する点である．

(ii)　特異点以外のXの軌道は$g^{-1}(L_\alpha)$ $(L_\alpha \in \mathcal{F})$である．(もう少し正確にいえば$g^{-1}(L_\alpha)$から(i)の点を除いたもの．)

(iii)　Xは∂D^2では内部に向っている(図6.7).

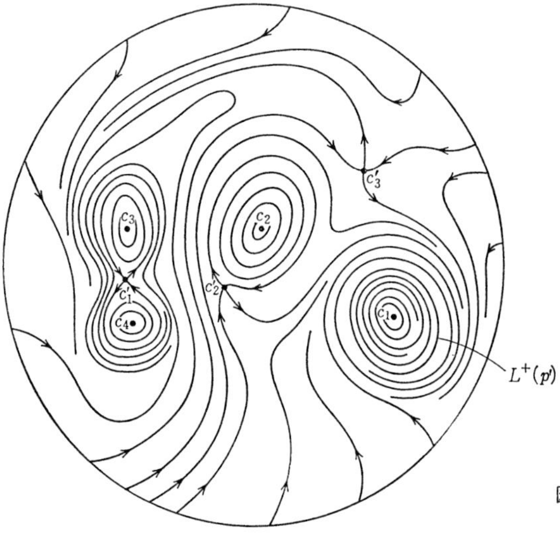

図6.7

pをD^2の一点とし，pを始点とするXの軌道曲線$\varphi_{(p)}$のω極限集合$L^+(p)$を考える．$\varphi_{(p)}(t)$ $(t>0)$がD^2の外にとび出すことはないから，

$$L^+(p) \subset D^2$$

である．

もしも，p'が$p' \in \partial D^2$の場合には，$L^+(p')$は

(a)　一点であって，したがって鞍点に対応する点，

(b)　二点以上からなる D^2 の部分集合

のいずれかである．(a)の場合には $L^+(p')$ は図 6.7 の c_2' のようになっていて，c_2' から出発する二つの C^r 曲線のうちの 1 本がまた c_2' に戻ることはあるが，そのような場合でも他の 1 本の C^r 曲線は鞍点に対応する点に行くことはなく，その C^r 曲線で示される軌道曲線の ω 極限集合は二点以上からなる D^2 の部分集合である．したがって，D^2 の点 $\hat{p}$ で $L^+(\hat{p})$ が二点以上からなるものが存在する．

$L^+(\hat{p})$ が X の特異点を含まない場合は，Poincaré–Bendixson の定理(定理 3.3)によって $L^+(\hat{p})$ は周期的軌道である(図 6.7 の右側のうずまきの場合)．また，$L^+(\hat{p})$ が特異点を含む場合には $L^+(\hat{p})$ は図 6.7 の c_1' のような鞍点に対応する点とそこから出て戻る二つの C^r 曲線からなることが，定理 3.3 の証明と同様な論法で容易に確かめられる．いずれの場合でも，或る葉 L_α に対して

$$L^+(\hat{p}) \subset g^{-1}(L_\alpha)$$

となっていて，$\varphi_{(\hat{p})}$ は $L^+(\hat{p})$ に巻きついている．

S^1 に向きをきめておいて，C^0 曲線

$$h: S^1 \to D^2$$

を $h(S^1)=L^+(p')$ であって，h は S^1 の向きを $L^+(p')$ における軌道曲線の矢印の方向に写像するように定めると

$$g \circ h: S^1 \to L_\alpha$$

は L_α で 0 にホモトープではない．なぜなら，$g\circ h$ が L_α で 0 にホモトープであると仮定すると，ホロノミー補助定理(定理 6.3)から連続写像の族

$$h_t: S^1 \to S^3 \qquad (-\varepsilon < t < \varepsilon)$$

で h_t は t に関して連続的に変化し，$x \in S^1$ をきめたとき $h_t(x)$ は葉に横断的で，$h_t(S^1)$ は $\mathscr{F}$ の一つの葉 $L_{\alpha(t)}$ の上にあり，$h_0=g\circ h$ であるものが存在する．定理 6.3 の証明中の $\mathscr{F}'$ を適当にとると(ただし $L^+(p')$ が鞍点に対応する点を含むときはその点のところで特別な注意が必要である)，

$$h_t(S^1) \subset g(D^2) \cap L_{\alpha(t)} \qquad (-\varepsilon < t \leqq 0)$$

で $g^{-1}(h_t(S^1))\,(-\varepsilon<t<0)$ は $L^+(\hat{p})$ の外側にあるようにできる．これは $L^+(\hat{p})$ の外側の近くで D^2 の‘模様’が同心円状であることを示し，$\varphi_{(\hat{p})}$ が $L^+(\hat{p})$ に外側から巻き込むことに反してしまう．よって $g\circ h$ は L_α で 0 にホモトープでない．

このことから，$L^+(\hat{p})$ が周期的軌道の場合は $L^+(\hat{p})$ (正確には $g|L^+(\hat{p})$) が L_α で0にホモトープでないし，$L^+(\hat{p})$ が鞍点に対応する点とそこから出て戻る二つの C^r 曲線である場合には，その点と二つの C^r 曲線のうちの一つからなる C^0 単純閉曲線で L_α において0にホモトープでないものがあることになる．

D^2 の'模様'における C^0 単純閉曲線 $f:S^1\to D^2$ で，

$$g\circ f : S^1 \to g(D^2)\cap L_\alpha$$

が L_α で0にホモトープでないようなもの全体の集合を H とすると，上述のことから $H\neq\phi$ である．(以下，H において像が一致する C^0 単純閉曲線はすべて同一視して話をすすめることにする．) Jordan の定理によって $f(S^1)$ $(f\in H)$ は D^2 において2次元球体を囲んでいる．それを $D(f)$ と書くことにする．$D(f)$ は軌道の和であり，$D^2-D(f)$ もそうである．$f_1, f_2\in H$ が $D(f_1)\supset D(f_2)$ であるとき，$f_1 \succ f_2$ と書くことにすると，$\succ$ は H に順序を定める．

まず，$(H, \prec)$ が帰納的な順序集合であることを示そう．H の部分集合 $\{f_\sigma : \sigma\in\Sigma\}$ が

$$\sigma, \sigma'\in\Sigma \text{ ならば，} f_\sigma \prec f_{\sigma'} \text{ 或いは } f_\sigma \succ f_{\sigma'}$$

を満たしているとする．このとき

$$D_\Sigma = \bigcap_{\sigma\in\Sigma} D(f_\sigma)$$

は有限交叉性をもつコンパクト集合の共通部分だから空でない閉集合である．

D_Σ は一点ではない．なぜなら，D_Σ が一点であると仮定すると，この点は頂点に対応する点でなければならないが，頂点の近傍では $g(D^2)$ は図6.6(iii)のようになっていて，そこでは $g(D^2)\cap L_\alpha$ はすべて L_α の中で0にホモトープであって，D_Σ の定義と矛盾するからである．

明らかに D_Σ は軌道の和である．また，容易に証明できるように $\mathrm{Int}\, D_\Sigma$ も軌道の和である(定理3.1参照)．したがって，$D_\Sigma - \mathrm{Int}\, D_\Sigma$ は軌道の和であるが実際これが

(a)　単純閉曲線,

(b)　鞍点に対応する点とそこから出て戻る一つの軌道の和,

(c)　鞍点に対応する点とそこから出て戻る二つの軌道の和

のいずれかであることを次に証明しよう．

もしも，$D_\Sigma-\mathrm{Int}\,D_\Sigma$が(a), (b), (c)以外の軌道$C(p)(p\in D_\Sigma-\mathrm{Int}\,D_\Sigma)$を含むと仮定すると，前述の論法によって$L^+(p)$或いは$L^-(p)$のいずれかが(a), (b), (c)のいずれかになる．いま，$L^+(p)$がそうであるとすると，$C(p)\subset D_\Sigma-\mathrm{Int}\,D_\Sigma$であることから，

$$L^+(p)\subset D_\Sigma-\mathrm{Int}\,D_\Sigma$$

である．仮定から

$$D_\Sigma-\mathrm{Int}\,D_\Sigma-L^+(p)\neq\phi$$

であるが，補助定理1.16の証明の論法を適用することによって，これはD_Σと$L^+(p)$の定義と矛盾することがいえる．よって$D_\Sigma-\mathrm{Int}\,D_\Sigma$は(a), (b), (c)のいずれかである．

このことから前に$L^+(p')$に対して$h:S^1\to D^2$を定義したのと全く同様な方法で，$D_\Sigma-\mathrm{Int}\,D_\Sigma$に対して$C^0$閉曲線

$$\hat{f}:S^1\to D^2$$

を$\hat{f}(S^1)=D_\Sigma-\mathrm{Int}\,D_\Sigma$のように定めることができる．この$\hat{f}$に対して，$g\circ\hat{f}:S^1\to S^3$を考えると，$g\circ\hat{f}(S^1)$は一つの葉$L_\beta$上にあるが，$g\circ\hat{f}$は$L_\beta$において0にホモトープでない．なぜなら，もしも$g\circ\hat{f}$が$L_\beta$で0にホモトープだとすると，前にすでに述べたホロノミー補助定理を使う論法によって，$D(f_\sigma)\supset D_\Sigma$である$\sigma\in\Sigma$に対して$D(f_\sigma)-D_\Sigma$はつねに一定の(空でない)点集合を含むことになり，D_Σの定義に反するからである．(a),(b)の場合には$\hat{f}$そのものを，また(c)の場合には二つの軌道のうちgによる像が0にホモトープでないものをえらぶことによって，C^0単純閉曲線

$$\hat{f}':S^1\to D^2$$

を$\hat{f}'(S^1)\subset D_\Sigma-\mathrm{Int}\,D_\Sigma$であって，$g\circ\hat{f}'$は$g\circ\hat{f}'(S^1)$を含む葉で0にホモトープでないようにとることができる．明らかに，$\hat{f}'\in H$であってすべての$f_\sigma(\sigma\in\Sigma)$に対して$\hat{f}'\prec f_\sigma$である．よって$(H,\prec)$が帰納的順序集合であることが証明された．

Zornの補題により$(H,\prec)$は極小元をもつ．次に極小元f_0に対して$g\circ f_0$が消失サイクルであることを示そう．$\mathrm{Int}\,D(f_0)$に含まれる軌道は単純閉曲線か鞍点から出て戻る軌道か頂点或いは鞍点である．なぜなら，それ以外の軌道を含めば前述のようにその軌道の極限集合から，$f_0'\in H$で$f_0'\prec f_0$となるものが

つくれるからである．鞍点に対応する点が有限個ということから，$D(f_0)$における$\partial D(f_0)$の近傍U_0を十分小にとれば，$U_0 \cap \mathrm{Int}\, D(f_0)$と交わる軌道はすべて周期的である．それらを$f_t\,(0 \leqq t \leqq \varepsilon)$とすると，$f_0$が極小ということから$g \circ f_t$はその像を含む葉で0にホモトープである．よって$g \circ f_0$は消失サイクルである．▌

補助定理 6.7 $\mathscr{F}$をS^3の余次元1のC^r葉層構造$(r \geqq 2)$とし，L_0を$\mathscr{F}$の一つの葉とする．L_0上に消失サイクル$f_0 : S^1 \to L_0$が存在するとき，L_0に十分近い葉L_0'とtに関して連続的に変化するC^0閉曲線の族

$$g_t : S^1 \to S^3 \qquad (0 \leqq t \leqq \varepsilon)$$

で次の条件(i),(ii),(iii),(iv)を満たすものが存在する．

(i) $g_t(S^1)$は$\mathscr{F}$の一つの葉$L_{\alpha(t)}'$に含まれる．ただし，$L_{\alpha(0)}' = L_0'$.

(ii) xを固定したとき，$g_t(x)\,(0 \leqq t \leqq \varepsilon)$は$t$を媒介変数とする$\mathscr{F}$の葉に横断的な$C^r$曲線であって，$g_0(x) \neq g_0(y)\,(x, y \in S^1)$ならば$g_t(x) \neq g_t(y)\,(0 \leqq t \leqq \varepsilon)$である．

(iii) g_0は消失サイクル，すなわちg_0はL_0'で0にホモトープではないが$0 < t \leqq \varepsilon$のときg_tは$L_{\alpha(t)}'$で0にホモトープである．

(iv) $\tilde{L}_{\alpha(t)}'$を$L_{\alpha(t)}'$の普遍被覆空間とし，$\tilde{g}_t : S^1 \to \tilde{L}_{\alpha(t)}'\,(0 < t \leqq \varepsilon)$を$g_t$の持ち上げとすると，$\tilde{g}_t$は単純閉曲線である(あとがきVI，注1参照).

証明 必要があればf_0を少し変動させて$f_0 : S^1 \to L_0$がC^rはめ込みであって，$f_0(x') = f_0(x'')$のような$x', x'' \in S^1$があれば$f_0(x)\,(x' - \delta < x < x' + \delta)$と$f_0(x)\,(x'' - \delta < x < x'' + \delta)$とはそこで横断的に交わっているようにとっておく．$f_0 : S^1 \to L_0$が消失サイクルであるから，定義から$t$に関して連続的に変化する$C^0$閉曲線の族$f_t : S^1 \to S^3\,(0 \leqq t \leqq \varepsilon')$で142～3頁の条件(i),(ii),(iii)を満たすものが存在する．ここでε'を十分小にとっておき，必要があれば媒介変数を適当に調節することにより，(ii)において$f_0(x) \neq f_0(y)\,(x, y \in S^1)$であれば$f_t(x) \neq f_t(y)\,(0 \leqq t \leqq \varepsilon')$となっているようにしておく．

$f_t : S^1 \to L_{\alpha(t)}\,(0 < t \leqq \varepsilon')$の$\tilde{L}_{\alpha(t)}$への持ち上げ$\tilde{f}_t$は$f_t$が$L_{\alpha(t)}$で0にホモトープであるから，

$$\tilde{f}_t : S^1 \to \tilde{L}_{\alpha(t)}$$

である．対$(x, y)\,(x, y \in S^1, x \neq y)$で或る$t$(ただし$0 < t \leqq \varepsilon'$)に対して

$$\tilde{f}_t(x) = \tilde{f}_t(y)$$

となっているものの個数は有限個でそれを w とする．いま，(x, y) をこのような対の一つとし，U, K を

$$U = \{t \in]0, \varepsilon'];\tilde{f}_t(x) = \tilde{f}_t(y)\}, \qquad K = \{t \in [0, \varepsilon']; f_t(x) = f_t(y)\}$$

と定義すると，当然 $U \subset K$ である．また，t に関する f_t の連続性から K は $[0, \varepsilon']$ の閉集合であるが，$K \neq \phi$ のときは ε' を十分小にとっておき $K = [0, \varepsilon']$ であるとする．

次に U が $[0, \varepsilon']$ の開集合であることを示そう．U が開集合でないと仮定すると，$\hat{t} \in U$ であって $\hat{t}$ に任意に近い t(ただし $t \in]0, \varepsilon']$) で $\tilde{f}_t(x) \neq \tilde{f}_t(y)$ となっているものが存在する．S^1 に基点 x_0 を定め，$\widehat{xy}$ を x_0 を含む S^1 の弧とすると，$f_{\hat{t}} | \widehat{xy}$ は $L_{\alpha(\hat{t})}$ の閉曲線であって，$\tilde{f}_{\hat{t}}(x) = \tilde{f}_{\hat{t}}(y)$ であるからこの閉曲線は $L_{\alpha(\hat{t})}$ で 0 にホモトープである．いま，

$$F: \widehat{xy} \times I \to L_{\alpha(\hat{t})}, \qquad F | \widehat{xy} \times \{0\} = f_{\hat{t}} | \widehat{xy}$$

をそのホモトピーとすると，F は $L_{\alpha(\hat{t})}$ で 0 にホモトープであるから，ホロノミー補助定理(定理 6.3)により，

$$F_\tau: \widehat{xy} \times I \to S^3 \qquad (\hat{t} - \varepsilon'' < \tau < \hat{t} + \varepsilon'')$$

で F_τ は τ に関して連続的に変化し，$F_\tau(\widehat{xy} \times I)$ は $\mathscr{F}$ の一つの葉 $L_{\beta(\tau)}$ の上にあり，$F_{\hat{t}} = F$ であるものが存在する．このことは $f_t: \widehat{xy} \to L_{\alpha(t)}$ が $\hat{t}$ に十分近い t に関して $L_{\alpha(t)}$ で 0 にホモトープで，$\tilde{f}_t(x) = \tilde{f}_t(y)$ であることを示している．これは矛盾．よって U は K の開集合である．

いま，$]t', t''[\subset U$，$t' \notin U$ とする．K は閉集合だから $t' \in K$ である．二つの閉曲線

$$f_{t'} | \widehat{xy}, \qquad f_{t'} | \widehat{yx}$$

のいずれかは $L_{\alpha(t')}$ で 0 にホモトープでない．なぜなら，$t' = 0$ の場合にはこれは f_0 が L_0 で 0 にホモトープでないことから明らかであるし，$t' > 0$ の場合には $\tilde{f}_{t'}(x) \neq \tilde{f}_{t'}(y)$ から $f_{t'} | \widehat{xy}$ は $L_{\alpha(t')}$ で 0 にホモトープでないからである．

いま，

$$f_t': S^1 \to L_{\alpha(t'+t)} \qquad (0 \leqq t \leqq t'' - t')$$

を，$f_{t'}|\widehat{xy}$ が $L_{\alpha(t')}$ で0にホモトープでない場合には $f_t'=f_{t'+t}|\widehat{xy}$, $f_{t'}|\widehat{yx}$ が $L_{\alpha(t')}$ で0にホモトープでない場合には $f_t'=f_{t'+t}|\widehat{yx}$ によって定義すると，f_0' は消失サイクルであって，対 (x,y) $(x,y\in S^1, x\neq y)$ で或る $0<t\leqq t''-t'$ に対して $\tilde{f}_t'(x)=\tilde{f}_t'(y)$ となっているものの個数は w より小さい．ε' は任意に小さくとれるから，このようにして w を減らしていって0にすることにより，求める(iv)を満たす $g_t:S^1\to S^3$ $(0\leqq t\leqq\varepsilon)$ をうる．▌

補助定理 6.8　補助定理6.7の $g_t:S^1\to S^3$ $(0\leqq t\leqq\varepsilon)$ に対して，次の条件(i)～(iv)を満たす C^0 はめ込み

$$G\colon\ ]0,\hat{\varepsilon}]\times D^2\to S^3 \qquad (0<\hat{\varepsilon}<\varepsilon)$$

が存在する(図6.8).

(i)　$x\in S^1$ のとき $G(t,x)=g_t(x)$.

(ii)　$G(\{t\}\times D^2)\subset L_{\alpha(t)}'$.

(iii)　$x\in D^2$ を固定したとき，$G(t,x)$ $(0<t\leqq\hat{\varepsilon})$ は葉に横断的な C^r 曲線である．

(iv)　$\lim_{t\to 0} G(t,x)$ が存在するような点 x 全体からなる D^2 の部分集合を V とすると，V は S^1 を含む D^2 の開集合で $V\neq D^2$ である．

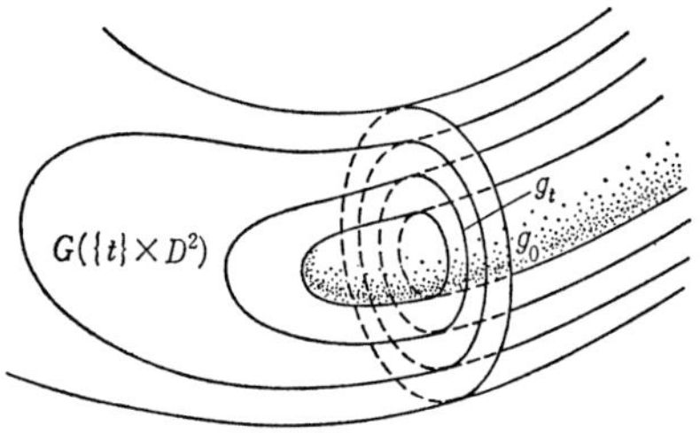

図 6.8

証明　葉 L_α の普遍被覆空間 $\tilde{L}_\alpha$ は単連結の2次元 C^r 多様体であるから，$\tilde{L}_\alpha$ は S^2 または $\boldsymbol{R}^2$ である．$\tilde{L}_\alpha$ が S^2 であれば，L_α は S^3 に埋め込まれていて向きづけ可能だから，$L_\alpha=S^2$ であるが，もしも $L_\alpha=S^2$ である葉 L_α が存在すれば，定理5.11によって $\mathcal{F}$ は底空間が S^1，ファイバーが S^2 の C^r バンドルからできるバンドル葉層となるが，この場合全空間が S^3 となることはありえない．よって $\tilde{L}_\alpha=\boldsymbol{R}^2$ である．

$0<\hat{\varepsilon}<\varepsilon$ のように $\hat{\varepsilon}$ をとる．$\tilde{g}_{\hat{\varepsilon}}:S^1\to\tilde{L}_{\alpha(\hat{\varepsilon})}'=\boldsymbol{R}^2$ の像 $\tilde{g}_{\hat{\varepsilon}}(S^1)$ が囲んでいる部分

は Jordan の定理によって2次元球体 D^2 であるから，C^0 埋め込み

$$\tilde{G}_{\hat{\varepsilon}}: D^2 \to \tilde{L}_{\alpha(\hat{\varepsilon})}'$$

で $\tilde{G}_{\hat{\varepsilon}}|S^1=\tilde{g}_{\hat{\varepsilon}}$ となるものが存在する．$\pi: \tilde{L}_{\alpha(\hat{\varepsilon})}' \to L_{\alpha(\hat{\varepsilon})}'$ を射影とし，

$$G_{\hat{\varepsilon}}: D^2 \to L_{\alpha(\hat{\varepsilon})}'$$

を $G_{\hat{\varepsilon}}(x)=\pi\circ\tilde{G}_{\hat{\varepsilon}}(x)$ で定義する．$G_{\hat{\varepsilon}}$ は C^0 はめ込みである．$G_{\hat{\varepsilon}}: D^2 \to L_{\alpha(\hat{\varepsilon})}'$ にホロノミー補助定理(定理 6.3)を適用して，C^0 はめ込みの族

$$G_t: D^2 \to S^3 \qquad (\varepsilon_1 < t \leqq \hat{\varepsilon})$$

で $G_t(D^2)$ が一つの葉に含まれるものが存在する．ただし $0 \leqq \varepsilon_1 < \hat{\varepsilon}$.

いま，

$$G:]\varepsilon_1, \hat{\varepsilon}] \times D^2 \to S^3$$

を $G(t,x)=G_t(x)$ と定義すると G は C^0 はめ込みで(定理 6.3(iv))，$G(t,x)=g_t(x)$ $(x\in S^1)$ である．もしも $\varepsilon_1 \neq 0$ なら，$\tilde{g}_{\varepsilon_1}: S^1 \to L_{\alpha(\varepsilon_1)}'$ に上の方法を適用することにより，$G:]\varepsilon_1, \hat{\varepsilon}] \times D^2 \to S^3$ を $G:]\varepsilon_2, \hat{\varepsilon}] \times D^2 \to S^3$ $(\varepsilon_2 < \varepsilon_1)$ に拡張することができるから，これをくりかえせば $G:]0, \hat{\varepsilon}] \times D^2 \to S^3$ まで拡張できる．G が C^0 はめ込みで (i), (ii), (iii) の性質をもつことは明らかであろう．

G の連続性から V は明らかに D^2 の開集合で，S^1 を含むこともまた明らかである．さらに，もしも $V=D^2$ であるとすれば，$G_0: D^2 \to L_{\alpha(0)}'$ を $G_0(x)=\lim_{t\to 0} G(t,x)$ で定義すると，G_0 の存在から g_0 が $L_{\alpha(0)}'$ で0にホモトープとなり仮定に反する．よって(iv)が成立する．▌

補助定理 6.9 $G:]0, \hat{\varepsilon}] \times D^2 \to S^3$ を補助定理 6.8 の C^0 はめ込みとするとき，与えられた $\delta>0$ に対して $0<\varepsilon'<\varepsilon''<\delta$ のような $\varepsilon', \varepsilon''$ で次の条件(i), (ii)を満たすものが存在する．

(i) $L_{\alpha(\varepsilon')}' = L_{\alpha(\varepsilon'')}'$.

(ii) 向きを保つ C^0 埋め込み

$$\hat{h}: D^2 \to \operatorname{Int} D^2$$

で

$$G(\varepsilon'', x) = G(\varepsilon', \hat{h}x)$$

となるものがとれる．

証明 補助定理 6.8(iv)の V に対して，$x\in D^2-V$ を固定すると，$G(t,x)$ $(0<t\leqq\hat{\varepsilon})$ は葉に横断的に交わる C^r 曲線であって，その長さは無限である．い

ま，点列

$$t_1'>t_2'>\cdots>t_i'>\cdots, \qquad \lim_{i\to\infty} t_i' = 0$$

を $G(t_1', x), G(t_2', x), \cdots,$ が収束するようにとり，

$$\lim_{i\to\infty} G(t_i', x) = z \qquad (z\in S^3)$$

とする．z を含む葉を L' とする．$G(t,x)\,(0<t\leqq\hat{\varepsilon})$ は葉に横断的だから，十分大きい i に対して，t_i' の近くに t_i をとり $G(t_i, x)\in L'$ であって $\lim_{i\to\infty} t_i=0$ とすることができる．

L' 上に S^3 から導入される Riemann 計量を考え，これからきまる距離を定めておく．y を V の一点とすれば $\lim_{i\to\infty} G(t_i, y)\in L_{\alpha(0)}'$ であるから，L' の C^0 曲線

$$\{G(t_i, y); y\in S^1\} \qquad (i=1,2,\cdots)$$

はこの距離に関して互いに離れたところにある．したがって，十分小さい t_i に対しては $z\in G(\{t_i\}\times D^2)$ である．$\tilde{L}'$ を L' の普遍被覆空間，$\hat{z}\in\tilde{L}'$ を z の一つの持ち上げとし $G|\{t_i\}\times D^2$ の $\hat{z}$ を含む $\tilde{L}'$ への持ち上げを

$$\tilde{G}_{t_i}: D^2\to\tilde{L}'$$

とすると，補助定理 6.8 の証明中に示しているように $\tilde{G}_{t_i}$ は C^0 埋め込みであって，上述のことから $\tilde{G}_{t_i}(D^2)$ は有限個の $\tilde{G}_{t_j}(D^2)$ しか含めない．よって，$t_k<t_i$ であって $\tilde{G}_{t_k}(D^2)\supset\tilde{G}_{t_i}(D^2)$ となるものがある．これに対し，$\hat{h}$ を $\tilde{G}_{t_k}(\hat{h}(x))=\tilde{G}_{t_i}(x)$ と定義すればよい．▌

補助定理 6.10　$\mathcal{F}$ の葉に横断的な S^3 の C^1 閉曲線で補助定理 6.7 の L_0' と交わるものは存在しない．

証明　$\mathcal{F}$ の葉に横断的な S^3 の C^1 閉曲線 $l: S^1\to S^3$ で $l(S^1)\cap L_0'\neq\phi$ であるものが存在すると仮定しよう．$\mathcal{F}$ は横断的に向きづけ可能であり，L_0' も向きづけ可能だから，$l(S^1)\cap L_0'$ は有限個の点でそこでの交わりは l が L_0' をつねに裏から表につきぬけるとしてよい．いま，l が $l(s_1)=p_1, l(s_2)=p_2\,(s_1<s_2)$ で L_0' と交わるとしよう(図 6.9)．$\hat{l}:[0,1]\to L_0'$ を L_0' 上の $\hat{l}(0)=p_1, \hat{l}(1)=p_2$ のような C^1 曲線で交わりをもたないものとし，ホロノミー補助定理(定理 6.3)を使って t に関して連続的に変化する C^1 曲線の族

$$\hat{l}_t: [0,1]\to S^3 \qquad (-\varepsilon<t<\varepsilon)$$

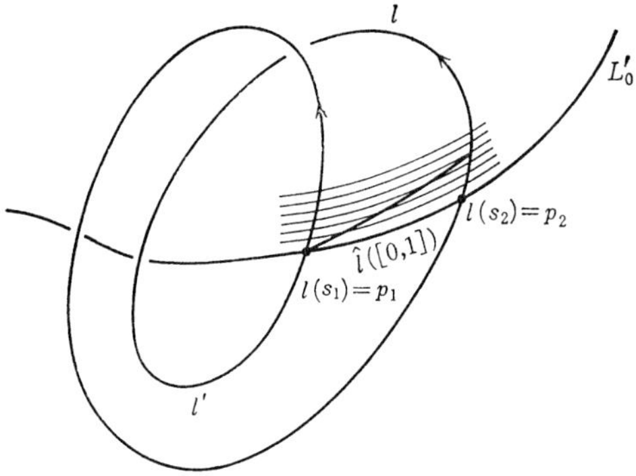

図 6.9

で，$\hat{l}_0=l$ であって，$\hat{l}_t([0,1])$ が一つの葉に含まれ，(l の媒介変数を調節して) $\hat{l}_t(0)=l(s_1+t), \hat{l}_t(1)=l(s_2+t)$ となっているものをつくる(図 6.9). $l(\widehat{s_2+\varepsilon/2\ s_1})\cup\{\hat{l}_t(2t/\varepsilon);0\leqq t\leqq\varepsilon/2\}$ を p_1 と $l(s_2+(\varepsilon/2))$ のところで角を丸くすることで定義される C^1 曲線 l' を考えると(図 6.9 参照)，l' と L_0' との交点の数は l と L_0' との交点の数より一つ少ない．必要があればこれをくりかえすことにより，はじめから l と L_0' とは一点 $l(s_0)$ で交わるとしてよい．また，同様な論法で $l(s_0)$ が L_0' の指定された一点であるように l をとれる．

補助定理 6.7 の $g_t:S^1\to S^3$ を

$$g_t(x_0)=l(s_0+t)$$

にとっておく．さらに補助定理 6.8 の G に対して，l と $G(]0,\hat{\varepsilon}]\times S^1)$ とは $G(]0,\hat{\varepsilon}]\times\{x_0\})$ でしか交わらないように G をとる．

$\varepsilon',\varepsilon''$ を補助定理 6.9 のようにとり，$[\varepsilon',\varepsilon'']\times D^2$ において (ε'',x) と $(\varepsilon',\hat{h}(x))$ (ただし $x\in D^2$) とを同一視してえられる C^0 多様体を N とする(図 6.8，図 6.

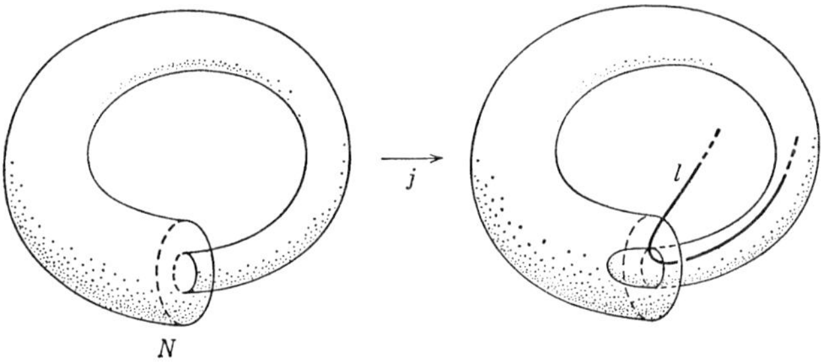

図 6.10

10)．$j: N \to S^3$ を $j(t,x)=G(t,x)$ $(\varepsilon' \leqq t \leqq \varepsilon'', x \in D^2)$ と定義すると，j は C^0 はめ込みである．l が $G(]0,\hat{\varepsilon}] \times \{x_0\})$ から $j(N)$ の中に入って行くが，$\partial N=([\varepsilon',\varepsilon''] \times S^1) \cup (\{\varepsilon'\} \times (D^2-\hat{h}(D^2)))$ であって，$j(\{\varepsilon'\} \times (D^2-\hat{h}(D^2))) \subset L_{\alpha(\varepsilon')}'$ だから l が葉を裏から表へつきぬけることから l はこの部分から $j(N)$ の外に出ることはないし，$j([\varepsilon',\varepsilon''] \times S^1)$ と l との交わりは $j([\varepsilon',\varepsilon''] \times \{x_0\})$ においてだけである．したがって l は $j(N)$ の外に出ることはできない．これは l が閉曲線という仮定と矛盾する．▌

定理 6.5 の証明　定理 6.4 によって補助定理 6.10 の L_0' はコンパクトな葉である．▌

定理 6.5 は次のように拡張できる．

定理 6.11　M^3 を基本群 $\pi_1(M^3)$ が有限群である閉じた 3 次元 C^∞ 多様体とし，$\mathcal{F}$ を M^3 の余次元 1 の C^r 葉層構造 $(r \geqq 2)$ とするとき，$\mathcal{F}$ は必ずコンパクトな葉を含む．

証明は M^3 の普遍被覆空間を考え，それに定理 6.5 の証明と同様な方法を適用すればよい．§16，例 A の $S^1 \times S^1$ の C^∞ 葉層構造 $\mathcal{F}_{a,b}=\{L_\alpha; \alpha \in A\}$ (b/a は無理数) から $\mathcal{F}'=\{L_\alpha \times S^1; \alpha \in A\}$ をつくると $\mathcal{F}'$ はコンパクトな葉をもたない $S^1 \times S^1 \times S^1$ の余次元 1 の C^∞ 葉層構造である．したがってコンパクトな葉の存在には M^3 の基本群に関する仮定は必要である．

L を定理 6.5 におけるコンパクトな葉とするとき，S^3 には $\mathcal{F}$ と横断的な C^{r-1} ベクトル場が存在する(定理 4.1)ことから，L の Euler 数 $\chi(L)$ が 0 でなければならないことがわかる．したがって L はつねに $S^1 \times S^1$ と同位相である．定理 6.11 におけるコンパクトな葉についても全く同様なことが言える．

第7章　葉層構造と微分形式

§26　微分形式

Vを実数$\boldsymbol{R}$上のn次元ベクトル空間とする．Vから$\boldsymbol{R}$への写像$\varphi: V\to\boldsymbol{R}$が線型，すなわち

$$\varphi(\lambda v+\mu w)=\lambda\varphi(v)+\mu\varphi(w) \qquad (v, w\in V,\ \lambda, \mu\in\boldsymbol{R})$$

であるとき，φをV上の**1次形式**または**1次関数**という．V上の1次形式全体の集合をV^*とする．$\varphi, \varphi'\in V^*, \lambda, \mu\in\boldsymbol{R}$に対して，$\lambda\varphi+\mu\varphi'\in V^*$を

$$(\lambda\varphi+\mu\varphi')(v)=\lambda\varphi(v)+\mu\varphi'(v) \qquad (v\in V)$$

で定義すると，V^*は$\boldsymbol{R}$上のベクトル空間である．このV^*をVの**双対空間**という．

Vの基$e_1, e_2, \cdots, e_n$に対して，$\beta_1, \beta_2, \cdots, \beta_n\in V^*$を

$$\beta_j(e_i)=\delta_{ij} \qquad (i, j=1, 2, \cdots, n)$$

により定まる元とすると，$\beta_1, \beta_2, \cdots, \beta_n$は$V^*$の基となる．したがって$V^*$は$n$次元ベクトル空間である．$\beta_1, \beta_2, \cdots, \beta_n$を$e_1, e_2, \cdots, e_n$の**双対基**という．

q個のVの直積集合$V\times V\times\cdots\times V=\{(v_1, v_2, \cdots, v_q); v_i\in V\}$から$\boldsymbol{R}$への写像

$$f: V\times V\times\cdots\times V\to\boldsymbol{R}$$

が各Vの元について線型，すなわち

$$\begin{aligned} &f(v_1, v_2, \cdots, v_{i-1}, \lambda v_i+\mu w_i, v_{i+1}, \cdots, v_q)\\ &\quad=\lambda f(v_1, v_2, \cdots, v_{i-1}, v_i, v_{i+1}, \cdots, v_q)+\mu f(v_1, v_2, \cdots, v_{i-1}, w_i, v_{i+1}, \cdots, v_q)\end{aligned}$$

であるとき，fをV上の**q次形式**という．V上のq次形式全体の集合を$T^{(q)}(V^*)$と書く．$f, f'\in T^{(q)}(V^*), \lambda, \mu\in\boldsymbol{R}$とするとき，$\lambda f+\mu f'\in T^{(q)}(V^*)$を

$$(\lambda f+\mu f')(v_1, v_2, \cdots, v_q)=\lambda f(v_1, v_2, \cdots, v_q)+\mu f'(v_1, v_2, \cdots, v_q)$$

と定義すると，$T^{(q)}(V^*)$は$\boldsymbol{R}$上のベクトル空間となる．$T^{(1)}(V^*)=V^*$である．また$T^{(0)}(V^*)=\boldsymbol{R}$と定める．

いま，前述の$\beta_j\,(j=1,2,\cdots,n)$によって，

$$\beta_{j_1j_2\cdots j_q}\in T^{(q)}(V^*) \qquad (1\leqq j_k\leqq n, k=1,2,\cdots,q)$$

を

$$\beta_{j_1j_2\cdots j_q}(v_1,v_2,\cdots,v_q)=\beta_{j_1}(v_1)\cdot\beta_{j_2}(v_2)\cdot\cdots\cdot\beta_{j_q}(v_q)$$

で定義すると，$\beta_{j_1j_2\cdots j_q}\,(1\leqq j_k\leqq n, k=1,2,\cdots,q)$は$T^{(q)}(V^*)$の基となる．したがって$T^{(q)}(V^*)$は$n^q$次元のベクトル空間である．

$f\in T^{(q)}(V^*), g\in T^{(s)}(V^*)$に対して，$f\otimes g\in T^{(q+s)}(V^*)$を

$$(f\otimes g)(v_1,v_2,\cdots,v_{q+s})=f(v_1,v_2,\cdots,v_q)\cdot g(v_{q+1},v_{q+2},\cdots,v_{q+s})$$

で定義し，$f\otimes g$をfとgとの**テンソル積**という．テンソル積について

$$(\lambda f+\mu f')\otimes g=\lambda(f\otimes g)+\mu(f'\otimes g),$$

$$f\otimes(\lambda g+\mu g')=\lambda(f\otimes g)+\mu(f\otimes g')$$

が成り立つ．また，$h\in T^{(r)}(V^*)$とするとき

$$(f\otimes g)\otimes h=f\otimes(g\otimes h)$$

が成り立つ．

$T^*=\sum_{q=0}^{\infty}T^{(q)}(V^*)$とする．$T^*$の元は$(f_0,f_1,\cdots,f_q,\cdots)$であって$f_q\in T^{(q)}(V^*)$は有限個を除いて0となっているものである(これを$\sum_q f_q$と書く)．$\sum_q f_q$, $\sum_q g_q\in T^*, \lambda,\mu\in\boldsymbol{R}$に対して

$$\lambda\sum_q f_q+\mu\sum_q g_q=\sum_q(\lambda f_q+\mu g_q)$$

と定義すると，T^*は$\boldsymbol{R}$上のベクトル空間である．さらに積を

$$\Big(\sum_q f_q\Big)\otimes\Big(\sum_q g_q\Big)=\sum_r\Big(\sum_{q+s=r}f_q\otimes g_s\Big)$$

と定義すると，T^*は$\boldsymbol{R}$上の多元環である．

V^*の双対基$\beta_1,\beta_2,\cdots,\beta_n$に対して，$\beta_{j_1}\otimes\beta_{j_2}\otimes\cdots\otimes\beta_{j_q}\,(1\leqq j_k\leqq n)$は$T^{(q)}(V^*)$の基になっている．$\beta_{j_1}\otimes\beta_{j_2}\otimes\cdots\otimes\beta_{j_q}$は前述の$\beta_{j_1j_2\cdots j_q}$に他ならない．

S_qをq個の文字$(1,2,\cdots,q)$の置換全体からなる置換群とする．$\sigma\in S_q$とするとき，σによるkの像を$\sigma(k)$と書く$(1\leqq k\leqq q)$．$\varepsilon_\sigma=\pm1$を置換σの符号とする．

$f\in T^{(q)}(V^*),\sigma\in S_q$に対して，$\sigma(f)\in T^{(q)}(V^*)$を

$$\sigma(f)(v_1,v_2,\cdots,v_q)=f(v_{\sigma(1)},v_{\sigma(2)},\cdots,v_{\sigma(q)})$$

によって定義する．もしも，$f\in T^{(q)}(V^*)$が任意の$\sigma\in S_q$に対して

$$\sigma(f)=\varepsilon_\sigma f$$

であるとき，fを**交代 q 次形式**という．交代q次形式全体は$T^{(q)}(V^*)$の部分空間をつくる．これを$\overset{q}{\wedge}V^*$と書く．ただし，$\overset{0}{\wedge}V^*=\boldsymbol{R}$とおく．$\overset{1}{\wedge}V^*=T^{(1)}(V^*)=V^*$であるから，$\overset{1}{\wedge}V^*$と$V^*$とを同一視することにする．また，$q>n$のときは定義から$\overset{q}{\wedge}V^*=\{0\}$である．

$T^{(q)}(V^*)$の線型写像$A_q: T^{(q)}(V^*)\to T^{(q)}(V^*)$を

$$A_q(f)=\frac{1}{q!}\sum_{\sigma\in S_q}\varepsilon_\sigma\sigma(f)$$

と定義する．任意の$f\in T^{(q)}(V^*)$に対し，$A_q(f)$は交代q次形式である．

$f\in\overset{q}{\wedge}V^*, g\in\overset{s}{\wedge}V^*$に対して，$f\wedge g\in\overset{q+s}{\wedge}V^*$を

$$f\wedge g=\frac{(q+s)!}{q!s!}A_{q+s}(f\otimes g)$$

で定義し，$f\wedge g$をfとgの**外積**という．外積について

$$(\lambda f+\mu f')\wedge g=\lambda(f\wedge g)+\mu(f'\wedge g),$$

$$f\wedge(\lambda g+\mu g')=\lambda(f\wedge g)+\mu(f\wedge g')$$

が成り立つ．また，$h\in\overset{r}{\wedge}V^*$とするとき，

$$(f\wedge g)\wedge h=f\wedge(g\wedge h)$$

が成り立つことが証明できる(証明略).

$\wedge V^*=\sum_{q=0}^{n}\overset{q}{\wedge}V^*$とし，$\sum_q f_q, \sum_q g_q\in\wedge V^*\ (f_q, g_q\in\overset{q}{\wedge}V^*)$の外積を

$$\left(\sum_q f_q\right)\wedge\left(\sum_q g_q\right)=\sum_r\left(\sum_{q+s=r}f_q\wedge g_s\right)$$

で定義すると，$\wedge V^*$は$\boldsymbol{R}$上の多元環となる．これをV^*の**外積多元環**という．

次の補助定理はqに関する帰納法により容易に証明できる(証明略).

補助定理 7.1 $\varphi_1,\varphi_2,\cdots,\varphi_q\in V^*$に対して，

$$(\varphi_1\wedge\varphi_2\wedge\cdots\wedge\varphi_q)(v_1,v_2,\cdots,v_q)=\begin{vmatrix}\varphi_1(v_1) & \varphi_1(v_2) & \cdots & \varphi_1(v_q)\\ \varphi_2(v_1) & \varphi_2(v_2) & \cdots & \varphi_2(v_q)\\ \vdots & \vdots & & \vdots\\ \varphi_q(v_1) & \varphi_q(v_2) & \cdots & \varphi_q(v_q)\end{vmatrix}$$

が成り立つ．ただし，$v_1, v_2, \cdots, v_q\in V$.

$\varphi_1,\varphi_2,\cdots,\varphi_q\in V^*$とし，$\sigma\in S_q$とする．テンソル積の定義から

$$(\varphi_{\sigma(1)}\otimes\varphi_{\sigma(2)}\otimes\cdots\otimes\varphi_{\sigma(q)})(v_1,v_2,\cdots,v_q)=\varphi_{\sigma(1)}(v_1)\cdot\varphi_{\sigma(2)}(v_2)\cdot\cdots\cdot\varphi_{\sigma(q)}(v_q),$$

よって

$$\Big(\sum_{\sigma\in S_q}\varepsilon_\sigma\varphi_{\sigma(1)}\otimes\varphi_{\sigma(2)}\otimes\cdots\otimes\varphi_{\sigma(q)}\Big)(v_1, v_2, \cdots, v_q)$$
$$=\sum_{\sigma\in S_q}\varepsilon_\sigma\varphi_{\sigma(1)}(v_1)\cdot\varphi_{\sigma(2)}(v_2)\cdot\cdots\cdot\varphi_{\sigma(q)}(v_q)$$

である．この右辺は補助定理7.1の右辺に等しいから，

$$(*)\qquad \varphi_1\wedge\varphi_2\wedge\cdots\wedge\varphi_q=\sum_{\sigma\in S_q}\varepsilon_\sigma\varphi_{\sigma(1)}\otimes\varphi_{\sigma(2)}\otimes\cdots\otimes\varphi_{\sigma(q)}$$

をうる．

$e_1, e_2, \cdots, e_n$ を V の基とし，$\beta_1, \beta_2, \cdots, \beta_n$ をその双対基とする．$f\in\overset{q}{\wedge}V^*$ は $f\in T^{(q)}(V^*)$ であることから，$f_{j_1j_2\cdots j_q}=f(e_{j_1}, e_{j_2}, \cdots, e_{j_q})$ とおくと

$$f=\sum_{j_1, j_2, \cdots, j_q} f_{j_1j_2\cdots j_q}\,\beta_{j_1}\otimes\beta_{j_2}\otimes\cdots\otimes\beta_{j_q}$$

と表わされる．これを書きなおすと

$$f=\sum_{j_1<j_2<\cdots<j_q}\Big(\sum_{\sigma\in S_q} f_{j_{\sigma(1)}j_{\sigma(2)}\cdots j_{\sigma(q)}}\beta_{j_{\sigma(1)}}\otimes\beta_{j_{\sigma(2)}}\otimes\cdots\otimes\beta_{j_{\sigma(q)}}\Big)$$

となる．ところで f は交代 q 次形式だから，

$$f_{j_{\sigma(1)}j_{\sigma(2)}\cdots j_{\sigma(q)}}=\varepsilon_\sigma f_{j_1j_2\cdots j_q}$$

である．よって(*)により三行上の式の右辺の括弧の中は $f_{j_1j_2\cdots j_q}\beta_{j_1}\wedge\beta_{j_2}\wedge\cdots\wedge\beta_{j_q}$ に等しい．したがって

$$f=\sum_{j_1<j_2<\cdots<j_q} f_{j_1j_2\cdots j_q}\beta_{j_1}\wedge\beta_{j_2}\wedge\cdots\wedge\beta_{j_q}$$

である．

一方，$\overset{q}{\wedge}V^*$ の $\binom{n}{q}$ 個の元 $\beta_{j_1}\wedge\beta_{j_2}\wedge\cdots\wedge\beta_{j_q}$ $(j_1<j_2<\cdots<j_q)$ は1次独立である．なぜなら，

$$\sum_{j_1<j_2<\cdots<j_q}\lambda_{j_1j_2\cdots j_q}\beta_{j_1}\wedge\beta_{j_2}\wedge\cdots\wedge\beta_{j_q}=0$$

とすると，(*)から

$$\sum_{j_1<j_2<\cdots<j_q}\lambda_{j_1j_2\cdots j_q}\sum_{\sigma\in S_q}\varepsilon_\sigma\beta_{j_{\sigma(1)}}\otimes\beta_{j_{\sigma(2)}}\otimes\cdots\otimes\beta_{j_{\sigma(q)}}=0$$

であって，これから $\lambda_{j_1j_2\cdots j_q}=0$ でなければならないからである．

以上のことから，$\binom{n}{q}$ 個の

$$\beta_{j_1}\wedge\beta_{j_2}\wedge\cdots\wedge\beta_{j_q}\qquad (j_1<j_2<\cdots<j_q)$$

は $\overset{q}{\wedge}V^*$ の基であり，$\overset{q}{\wedge}V^*$ は $\binom{n}{q}$ 次元ベクトル空間である．したがって $\wedge V^*$ は 2^n 次元ベクトル空間である．

$\varphi_1, \varphi_2, \cdots, \varphi_q,\ \psi_1, \psi_2, \cdots, \psi_s \in V^*$ に対して，補助定理 7.1 から

$$\varphi_1 \wedge \varphi_2 \wedge \cdots \wedge \varphi_q \wedge \psi_i = (-1)^q \psi_i \wedge \varphi_1 \wedge \varphi_2 \wedge \cdots \wedge \varphi_q$$

が成り立つ．これから

$$(\varphi_1 \wedge \varphi_2 \wedge \cdots \wedge \varphi_q) \wedge (\psi_1 \wedge \psi_2 \wedge \cdots \wedge \psi_s) = (-1)^{qs} (\psi_1 \wedge \psi_2 \wedge \cdots \wedge \psi_s) \wedge (\varphi_1 \wedge \varphi_2 \wedge \cdots \wedge \varphi_q)$$

であることが分かる．したがって，$f \in \overset{q}{\wedge} V^*, g \in \overset{s}{\wedge} V^*$ に対して

$$f \wedge g = (-1)^{qs} g \wedge f$$

が成り立つ．とくに

$$\varphi \wedge \psi = -\psi \wedge \varphi, \qquad \varphi \wedge \varphi = 0 \qquad (\varphi, \psi \in V^*)$$

である．

次の補助定理は補助定理 7.1 から容易に証明できる(証明略)．

補助定理 7.2 $\varphi_1, \varphi_2, \cdots, \varphi_n,\ \psi_1, \psi_2, \cdots, \psi_n \in V^*$ であって

$$\psi_i = \sum_{i=1}^{n} a_{ij} \varphi_j \qquad (i=1, 2, \cdots, n)$$

であるとすると，

$$\psi_1 \wedge \psi_2 \wedge \cdots \wedge \psi_n = \det(a_{ij})\, \varphi_1 \wedge \varphi_2 \wedge \cdots \wedge \varphi_n.$$

V, V' を $\boldsymbol{R}$ 上のベクトル空間とし，$F: V \to V'$ を線型写像，すなわち

$$F(\lambda v + \mu w) = \lambda F(v) + \mu F(w) \qquad (v, w \in V, \lambda, \mu \in \boldsymbol{R})$$

であるとする．この F に対して，写像

$$F^*: T^{(q)}(V'^*) \to T^{(q)}(V^*) \qquad (q=0, 1, 2, \cdots)$$

を，$f' \in T^{(q)}(V'^*)$ とするとき

$$(F^*(f'))(v_1, v_2, \cdots, v_q) = f'(F(v_1), F(v_2), \cdots, F(v_q)) \qquad (v_i \in V)$$

によって定義すると，F^* はベクトル空間 $T^{(q)}(V'^*)$ から $T^{(q)}(V^*)$ への線型写像である．F^* を $\overset{q}{\wedge} V'^*$ に制限すれば線型写像

$$F^*: \overset{q}{\wedge} V'^* \to \overset{q}{\wedge} V^* \qquad (q=0, 1, \cdots, \dim V')$$

がえられる．各 q についてのこの和を

$$F^*: \wedge V'^* \to \wedge V^*$$

と書く．

M^n を n 次元 C^s 多様体 $(s \geqq 1)$ とする．M^n の一点 p における M^n の接空間 $T_p(M^n)$ に対して，交代 q 次形式のつくるベクトル空間 $\overset{q}{\wedge}(T_p(M))^*$ を考える．M^n の各点 p に対して，交代 q 次形式 $\omega(p) \in \overset{q}{\wedge}(T_p(M))^*$ を対応させる写像

$$\omega : M^n \to \bigcup_{p \in M^n} (\overset{q}{\wedge}(T_p(M))^*)$$

を M^n 上の**q 次微分形式**という．

$\partial/\partial x_i$ を $\boldsymbol{R}^n$ の x_i 軸方向の単位ベクトルとすると，$\partial/\partial x_1, \partial/\partial x_2, \cdots, \partial/\partial x_n$ は n 次元ベクトル空間 $\boldsymbol{R}^n$ の基である．$(\boldsymbol{R}^n)^*$ を $\boldsymbol{R}^n$ の双対空間とし，$dx_1, dx_2, \cdots, dx_n$ を $\partial/\partial x_1, \partial/\partial x_2, \cdots, \partial/\partial x_n$ の双対基，すなわち

$$dx_i\left(\frac{\partial}{\partial x_j}\right) = \delta_{ij}$$

とすると，$\overset{q}{\wedge}(\boldsymbol{R}^n)^*$ は $dx_{j_1} \wedge dx_{j_2} \wedge \cdots \wedge dx_{j_q}$ $(j_1<j_2<\cdots<j_q)$ を基とする $\boldsymbol{R}$ 上のベクトル空間である．

$(U_\lambda, \varphi_\lambda)$ を M^n の座標近傍とする．$(U_\lambda, \varphi_\lambda)$ から §10 のように $p \in U_\lambda$ に対して同型 $\Phi_\lambda : T_p(M^n) \to \boldsymbol{R}^n$ が定まる．$\Phi_\lambda^* : (\boldsymbol{R}^n)^* \to (T_p(M^n))^*$ を

$$\Phi_\lambda^*(dx_i)(v) = dx_i(\Phi_\lambda(v)) \qquad (v \in T_p(M^n))$$

で定義すると，Φ_λ^* は同型である．同型 $(\Phi_\lambda^*)^{-1} : (T_p(M^n))^* \to (\boldsymbol{R}^n)^*$ は自然な同型（この同型を同じ記号で $(\Phi_\lambda^*)^{-1}$ と書くことにする）

$$(\Phi_\lambda^*)^{-1} : \overset{q}{\wedge}(T_p(M^n))^* \to \overset{q}{\wedge}(\boldsymbol{R}^n)^*$$

を定める．

これを使って，$p \in U_\lambda$ に対して $\omega(p)$ を次のように表わす：

$$(\Phi_\lambda^*)^{-1}\omega(p) = \sum_{j_1<j_2<\cdots<j_q} a_{j_1 j_2 \cdots j_q}(\varphi_\lambda(p))\, dx_{j_1} \wedge dx_{j_2} \wedge \cdots \wedge dx_{j_q}.$$

ただし，$a_{j_1 j_2 \cdots j_q}$ は $\varphi_\lambda(U_\lambda)$ で定義された実数値関数である．$a_{j_1 j_2 \cdots j_q}$ が $\varphi_\lambda(p)$ で C^r であるとき $(r \leqq s-1)$，ω は p で **C^r である**という．明らかにこの定義は $(U_\lambda, \varphi_\lambda)$ のとり方によらないで定まる．ω が M^n のすべての点で C^r であるとき，ω を M^n 上の **q 次 C^r 微分形式**という．0次 C^r 微分形式は M^n 上の C^r 関数である．M^n 上の q 次 C^r 微分形式全体の集合を $A_{(r)}{}^q(M^n)$ 或いは単に $A^q(M^n)$ と書く $(q=0, 1, 2, \cdots, n)$．

$\omega_1, \omega_2 \in A^q(M^n)$ に対して，$\omega_1+\omega_2 \in A^q(M^n)$ を

$$(\omega_1+\omega_2)(p) = \omega_1(p)+\omega_2(p)$$

で定義する．また，M^n 上の C^r 関数 $g : M^n \to \boldsymbol{R}$ に対して $g\omega_1 \in A^q(M^n)$ を，

$$(g\omega_1)(p) = g(p)\omega_1(p)$$

で定義する．$\omega\in A^q(M^n), \theta\in A^s(M^n)$ に対して，ω と θ の**外積** $\omega_\wedge\theta\in A^{q+s}(M^n)$ を

$$(\omega_\wedge\theta)(p) = \omega(p)_\wedge\theta(p)$$

で定義する．ただし，$q>n$ のときは $A^q(M^n)=0$ であるとする．$\omega_\wedge\theta$ に対しては

$$\omega_\wedge\theta = (-1)^{qs}\theta_\wedge\omega$$

が成り立つ．$A^q(M^n)\,(q=0,1,2,\cdots,n)$ の直和を

$$A(M^n) = \sum_{q=0}^{n} A^q(M^n)$$

と書き，$A(M^n)$ の元 $\sum_q \omega^q, \sum_q \theta^q\ (\omega^q, \theta^q\in A^q(M^n))$ の外積を

$$(\sum_q \omega^q)_\wedge(\sum_q \theta^q) = \sum_l(\sum_{q+k=l}\omega^q{}_\wedge\theta^k)$$

によって定義すると，$A(M^n)$ は $\boldsymbol{R}$ 上の多元環である．

定理 7.3 線型写像

$$d: A_{(r)}{}^q(M^n) \to A_{(r-1)}{}^{q+1}(M^n) \qquad (q=0,1,2,\cdots,n)$$

で $(r\geqq 1)$，次の条件 (i)~(iv) を満たすものが一意的に存在する．

(i) $d(\omega_1+\omega_2) = d\omega_1+d\omega_2 \qquad (\omega_1, \omega_2\in A_{(r)}{}^q(M^n))$.

(ii) $d(\omega_\wedge\theta)=d\omega_\wedge\theta+(-1)^q\omega_\wedge d\theta \qquad (\omega\in A_{(r)}{}^q(M^n), \theta\in A_{(r)}{}^k(M^n))$.

(iii) $f\in A_{(r)}{}^0(M^n)$ とすると，M^n の座標近傍 $(U_\lambda, \varphi_\lambda)$ に対して，

$$(\Phi_\lambda{}^*)^{-1}df(p) = \sum_{i=1}^{n}\frac{\partial(f\circ\varphi_\lambda{}^{-1})}{\partial x_i}(\varphi_\lambda(p))dx_i \qquad (p\in U_\lambda).$$

(iv) $f\in A_{(r)}{}^0(M^n)$ で $r\geqq 2$ のとき，$d(df)=0$.

この写像 d を**外微分**（**作用素**）といい，$d\omega$ を ω の**外微分**という．

証明 座標近傍 $(U_\lambda, \varphi_\lambda)$ に対して，$\omega\in A_{(r)}{}^q(M^n)$ は

$$(\Phi_\lambda{}^*)^{-1}\omega(p) = \sum_{j_1<j_2<\cdots<j_q} a_{j_1j_2\cdots j_q}(\varphi_\lambda(p))dx_{j_1}{}_\wedge dx_{j_2}{}_\wedge\cdots{}_\wedge dx_{j_q}$$

と表わされる．もしも (i), (ii), (iii), (iv) を満たす d が存在すれば，$d\omega$ は

$$(*) \quad (\Phi_\lambda{}^*)^{-1}d\omega(p) = \sum_{j_1<j_2<\cdots<j_q}\left(\sum_{i=1}^{n}\frac{\partial}{\partial x_i}a_{j_1j_2\cdots j_q}(\varphi_\lambda(p))dx_i\right)_\wedge dx_{j_1}{}_\wedge dx_{j_2}{}_\wedge\cdots{}_\wedge dx_{j_q}$$

となる．したがって，d が存在すれば一意的である．

いま，ω に対して $d\omega(p)\,(p\in U_\lambda)$ を $(*)$ によって定義しよう．したがって線型写像 $d: A_{(r)}{}^q(U_\lambda)\to A_{(r-1)}{}^{q+1}(U_\lambda)$ が定まるが，この d は明らかに (i), (iii) を満たしている．また，

$$(\Phi_\lambda{}^*)^{-1}d(df)=\sum_{i<j}\left(\frac{\partial^2(f\circ\varphi_\lambda{}^{-1})}{\partial x_j\partial x_i}-\frac{\partial^2(f\circ\varphi_\lambda{}^{-1})}{\partial x_i\partial x_j}\right)dx_i\wedge dx_j=0$$

であるから，(iv)も満たしている．(ii)の両辺においてdおよび外積は線型であるから，dが(ii)を満たすことを示すのに，$(\Phi_\lambda{}^*)^{-1}\omega=fdx_{i_1}\wedge dx_{i_2}\wedge\cdots\wedge dx_{i_q}$，$(\Phi_\lambda{}^*)^{-1}\theta=gdx_{j_1}\wedge dx_{j_2}\wedge\cdots\wedge dx_{j_k}$の場合を考えればよい．$d(\omega\wedge\theta)$を計算すれば

$$\begin{aligned}(\Phi_\lambda{}^*)^{-1}d(\omega\wedge\theta)&=\left(\sum_{i=1}^n\frac{\partial}{\partial x_i}(fg)dx_i\right)dx_{i_1}\wedge dx_{i_2}\wedge\cdots\wedge dx_{i_q}\wedge dx_{j_1}\wedge dx_{j_2}\wedge\cdots\wedge dx_{j_k}\\
&=\sum_{i=1}^n\left(\frac{\partial f}{\partial x_i}g+f\frac{\partial g}{\partial x_i}\right)dx_i\wedge dx_{i_1}\wedge dx_{i_2}\wedge\cdots\wedge dx_{i_q}\wedge dx_{j_1}\wedge dx_{j_2}\wedge\cdots\wedge dx_{j_k}\\
&=\left(\sum_{i=1}^n\frac{\partial f}{\partial x_i}dx_i\wedge dx_{i_1}\wedge dx_{i_2}\wedge\cdots\wedge dx_{i_q}\right)\wedge(gdx_{j_1}\wedge dx_{j_2}\wedge\cdots\wedge dx_{j_k})\\
&\quad+(-1)^q(fdx_{i_1}\wedge dx_{i_2}\wedge\cdots\wedge dx_{i_q})\wedge\left(\sum_{i=1}^n\frac{\partial g}{\partial x_i}dx_i\wedge dx_{j_1}\wedge dx_{j_2}\wedge\cdots\wedge dx_{j_k}\right)\\
&=(\Phi_\lambda{}^*)^{-1}(d\omega\wedge\theta+(-1)^q\omega\wedge d\theta)\end{aligned}$$

となる．よってdは(ii)を満たす．

各座標近傍$(U_\lambda,\varphi_\lambda)$について，(*)のように

$$d\colon A_{(r)}{}^q(U_\lambda)\to A_{(r-1)}{}^{q+1}(U_\lambda)$$

が定まるが，前述のように一意性が成り立つから，$U_\lambda\cap U_\mu\neq\phi$であるとき，$(U_\lambda,\varphi_\lambda),(U_\mu,\varphi_\mu)$で定義した$d$は$U_\lambda\cap U_\mu$で一致する．したがって定理の$d$の存在が証明された．▌

定理 7.4　定理7.3のdについて

$$d(d\omega)=0$$

が成り立つ．ただし，$r\geqq 2$とする．

証明　$(\Phi_\lambda{}^*)^{-1}\omega=fdx_{i_1}\wedge dx_{i_2}\wedge\cdots\wedge dx_{i_q}$の場合について証明すればよい．$d(d\omega)$を計算すれば

$$\begin{aligned}(\Phi_\lambda{}^*)^{-1}d(d\omega)&=\sum_{i<j}\left(\frac{\partial^2(f\circ\varphi_\lambda{}^{-1})}{\partial x_j\partial x_i}-\frac{\partial^2(f\circ\varphi_\lambda{}^{-1})}{\partial x_i\partial x_j}\right)dx_i\wedge dx_j\wedge dx_{i_1}\wedge dx_{i_2}\wedge\cdots\wedge dx_{i_q}\\
&=0.\end{aligned}$$

よって$d(d\omega)=0$である．▌

$\omega\in A_{(r)}{}^q(M^n)$が$d\omega=0$であるとき，$\omega$を**$q$次$C^r$閉微分形式**という．また，$\theta\in A_{(r)}{}^q(M^n)$に対して，$\hat{\theta}\in A_{(r+1)}{}^{q-1}(M^n)$で$d\hat{\theta}=\theta$となるものが存在するとき，

θ を **q 次 C^r 完全微分形式**という．定理 7.4 より，完全微分形式は閉微分形式である．

M^n 上の q 次 C^r 微分形式 ω に対して，$\{p\in M^n; \omega(p)\neq 0\}$ の閉包を ω の**台**という．

M, M' を C^s 多様体とし，$h: M\to M'$ を C^r 写像とする $(1\leqq r<s)$．この h に対して，微分形式の間の写像

$$h^*: A_{(r)}{}^q(M') \to A_{(r)}{}^q(M) \qquad (q=0,1,2,\cdots)$$

が，$\omega'\in A_{(r)}{}^q(M')$, $p\in M$, $v_1, v_2, \cdots, v_q\in T_p(M)$ として

$$((h^*(\omega'))(p))(v_1, v_2, \cdots, v_q) = (\omega'(h(p)))(h_*(v_1), h_*(v_2), \cdots, h_*(v_q))$$

によって定義される．h^* は外積多元環の準同型になる．

§27　微分形式の積分

M^n をコンパクトで向きが与えられている n 次元 C^s 多様体 $(s\geqq 1)$ とする．M^n が境界をもつ場合ももたない場合も一緒に考える．M^n は向きづけ可能だから，M^n の C^r 座標近傍系 $\mathcal{S}$ の部分集合 $\mathcal{S}'$ で §10 の向きづけ可能の条件 (i), (ii) を満たすものが存在する．$\mathcal{S}'$ として包含関係に関して極大なものをとることにする．

したがって，M^n の任意の点 p に対して，p における M^n の接空間 $T_p(M^n)$ に向きが定められていて，$\pi: T(M)\to M$ を接ベクトル空間の射影とすると，$p\in U_\lambda$ のような $(U_\lambda, \varphi_\lambda)\in\mathcal{S}'$ に対して，§10 のように $\tilde{\Phi}_\lambda: \pi^{-1}(U_\lambda)\to\varphi_\lambda(U_\lambda)\times \boldsymbol{R}^n$ を定めるとき，$T_p(M)$ の向きから $\boldsymbol{R}^n$ の向きが定まる．いま，この $\boldsymbol{R}^n$ の向きが，基 $\partial/\partial x_1, \partial/\partial x_2, \cdots, \partial/\partial x_n$ で与えられるものであるように $\mathcal{S}'$ をとっておく．

$U_\lambda\cap U_\mu\neq\phi$ であるような $(U_\lambda, \varphi_\lambda), (U_\mu, \varphi_\mu)\in\mathcal{S}'$ に対して，$v\in T_p(M^n)$ $(p\in U_\lambda\cap U_\mu)$ が

$$\tilde{\Phi}_\lambda(v) = (\varphi_\lambda(p), (v_1, v_2, \cdots, v_n)), \qquad \tilde{\Phi}_\mu(v) = (\varphi_\mu(p), (v_1{}', v_2{}', \cdots, v_n{}'))$$

であるとすると，$\varphi_\lambda(p)=(x_1, x_2, \cdots, x_n)$, $\varphi_\mu(p)=(z_1, z_2, \cdots, z_n)$ と書けば，§10, (＊＊) から

$$v_i{}' = \sum_{j=1}^n \frac{\partial z_i}{\partial x_j}(\varphi_\lambda(p))v_j \qquad (i=1,2,\cdots,n)$$

となっている.

$\hat{\omega}$ を M^n 上の n 次 C^r 微分形式 $(0\leqq r<s)$ であって，$(U_\lambda,\varphi_\lambda)\in\mathscr{S}'$ に対して，$\hat{\omega}$ の台が U_λ に含まれているとしよう．$\hat{\omega}$ は

$$(\Phi_\lambda{}^*)^{-1}\hat{\omega}(p)=\hat{f}(\varphi_\lambda(p))dx_1\wedge dx_2\wedge\cdots\wedge dx_n$$

と表わされる．このとき $\hat{\omega}$ の U_λ 上の**積分** $\int_U\hat{\omega}$ を

$$\int_{U_\lambda}\hat{\omega}=\int_{\varphi_\lambda(U_\lambda)}\hat{f}(\varphi_\lambda(p))dx_1dx_2\cdots dx_n$$

によって定義する.

補助定理 7.5 $(U_\lambda,\varphi_\lambda),(U_\mu,\varphi_\mu)\in\mathscr{S}'$ であって，$U_\lambda=U_\mu$ であるとき，

$$\int_{U_\lambda}\hat{\omega}=\int_{U_\mu}\hat{\omega}$$

が成り立つ.

証明 $\varphi_\mu\circ\varphi_\lambda{}^{-1}:\varphi_\lambda(U_\lambda)\to\varphi_\mu(U_\mu)$ を $(\varphi_\mu\circ\varphi_\lambda{}^{-1})(x_1,x_2,\cdots,x_n)=(z_1,z_2,\cdots,z_n)$ と書くことにし，$\hat{\omega}$ を

$$(\Phi_\mu{}^*)^{-1}\hat{\omega}(p)=\hat{g}(\varphi_\mu(p))dz_1\wedge dz_2\wedge\cdots\wedge dz_n$$

と表わす．定義から

$$\int_{U_\mu}\hat{\omega}=\int_{\varphi_\mu(U_\mu)}\hat{g}(\varphi_\mu(p))dz_1dz_2\cdots dz_n$$

であるが，よく知られている n 重積分の変数変換公式からこの右辺は

$$\int_{\varphi_\lambda(U_\lambda)}\hat{g}(\varphi_\mu(p))\left|\frac{\partial(z_1,z_2,\cdots,z_n)}{\partial(x_1,x_2,\cdots,x_n)}\right|dx_1dx_2\cdots dx_n$$

に等しい．ところが前頁の式から

$$(\Phi_\lambda{}^*)^{-1}\Phi_\mu{}^*(dz_i)=\sum_{j=1}^n\frac{\partial z_i}{\partial x_j}dx_j\qquad(i=1,2,\cdots,n)$$

であるから，補助定理 7.2 から

$$\hat{g}(\varphi_\mu(p))\left|\frac{\partial(z_1,z_2,\cdots,z_n)}{\partial(x_1,x_2,\cdots,x_n)}\right|=\hat{f}(\varphi_\lambda(p))$$

である．よって $\int_{U_\mu}\hat{\omega}=\int_{U_\lambda}\hat{\omega}$ が成り立つ．∎

ω を M^n 上の n 次 C^r 微分形式 $(0\leqq r<s)$ とする．$(U_i,\varphi_i)\in\mathscr{S}'$ $(i=1,2,\cdots,m)$ を $\{U_i\}$ が M^n の開被覆で $M^n=\bigcup_{i=1}^m U_i$ のようにとり，μ_i $(i=1,2,\cdots,m)$ を開被覆

$\{U_i\}$に従属する1の分割とする．すなわち$\mu_i:M^n\to\boldsymbol{R}$は$C^r$関数で，$\sum_{i=1}^{m}\mu_i(p)=1$であり，$\mu_i$の台は$U_i$に含まれている．$\omega$の$M^n$上の**積分**$\int_{M^n}\omega$を

$$\int_{M^n}\omega=\sum_{i=1}^{m}\int_{U_i}\mu_i\omega$$

で定義する．右辺の積分は前に定義したものである．

ωのM^n上の積分が開被覆および1の分割のとり方に無関係にきまることを証明しよう．はじめに，$\nu_i\,(i=1,2,\cdots,m)$を開被覆$\{U_i\}$に従属するもう一つの1の分割とする．補助定理7.5によって$\int_{U_i\cap U_j}\mu_i\nu_j\omega$は座標近傍のとり方によらないできまるから，

$$\begin{aligned}\sum_{i=1}^{m}\int_{U_i}\mu_i\omega&=\sum_{i=1}^{m}\int_{U_i}\left(\sum_{j=1}^{m}\mu_i\nu_j\omega\right)=\sum_{i,j=1}^{m}\int_{U_i\cap U_j}\mu_i\nu_j\omega\\&=\sum_{j=1}^{m}\int_{U_j}\left(\sum_{i=1}^{m}\mu_i\nu_j\omega\right)=\sum_{j=1}^{m}\int_{U_j}\nu_j\omega\end{aligned}$$

となって，ωのM^n上の積分は1の分割のとり方によらない．

次に，$\{U_j'\}$がM^nの開被覆になっているような$(U_j',\varphi_j')\in\mathscr{S}'\,(j=1,2,\cdots,m')$と，$\{U_j'\}$に従属する1の分割$\mu_j'\,(j=1,2,\cdots,m')$に関して，$\{U_k''\}$を$\{U_i\}$と$\{U_j'\}$とを合併した$M^n$の開被覆とすると，$\{\mu_i\}$および$\{\mu_j'\}$はそれぞれ自然に$\{U_k''\}$に従属した1の分割と見做せるから，前述のことにより

$$\sum_{i=1}^{m}\int_{U_i}\mu_i\omega=\sum_{k}\int_{U_k''}\mu_k\omega=\sum_{k}\int_{U_k''}\mu_k'\omega=\sum_{j=1}^{m'}\int_{U_j'}\mu_j'\omega$$

となって，開被覆のとり方によらないことが分かる．

M^nをコンパクトで向きが与えられているn次元C^s多様体$(s\geqq1)$とし，$\partial M^n\neq\phi$であるとする．∂M^nはコンパクトで境界をもたない$n-1$次元C^s多様体で，M^nの向きから導入される向きが与えられる(§11)．

ηをM^n上の$n-1$次C^r微分形式$(1\leqq r<s)$とすると，包含写像$\iota:\partial M^n\to M^n$に対して，$\iota^*\eta$は$\partial M^n$上の$n-1$次$C^r$微分形式である．$\eta$について次の定理が成り立つ．

定理 7.6 (Stokesの定理)

$$\int_{\partial M^n}\iota^*\eta=\int_{M^n}d\eta.$$

証明　$(U_i,\varphi_i)\in\mathscr{S}'\,(i=1,2,\cdots,m)$を$\{U_i\}$が$M^n$の開被覆であるようにとり，

$\mu_i\,(i=1,2,\cdots,m)$ を $\{U_i\}$ に従属する1の分割とする.

はじめに, $U_i\cap\partial M^n=\phi$ であるとき

$$\int_{U_i} d(\mu_i\eta)=0$$

であることを証明しよう. いま,

$$(\Phi_i{}^*)^{-1}\mu_i\eta=\sum_{j=1}^{n} g_j dx_1\wedge dx_2\wedge\cdots\wedge dx_{j-1}\wedge dx_{j+1}\wedge\cdots\wedge dx_n$$

であるとすると,

$$(\Phi_i{}^*)^{-1}d(\mu_i\eta)=\sum_{j=1}^{n}(-1)^{j-1}\frac{\partial g_j}{\partial x_j}dx_1\wedge dx_2\wedge\cdots\wedge dx_n$$

であって, $g_j\,(j=1,2,\cdots,n)$ は $\varphi_i(U_i)$ の境界の近傍で0であるから,

$$\int_{U_i} d(\mu_i\eta)=\sum_{j=1}^{n}(-1)^{j-1}\int_{\varphi_i(U_i)}\frac{\partial g_j}{\partial x_j}dx_1dx_2\cdots dx_n=0$$

となり, 求める結果がえられた.

次に, $U_i\cap\partial M^n\neq\phi$ であるとき

$$\int_{U_i\cap\partial M^n}\mu_i(\iota^*\eta)=\int_{U_i}d(\mu_i\eta)$$

であることを証明しよう. この場合には, $\varphi_i(U_i)\cap\boldsymbol{R}^{n-1}\neq\phi$ であって, $(\Phi_i{}^*)^{-1}\mu_i\eta$ を9行上の式で表わすと, $\mu_i(\iota^*\eta)$ は

$$(\Phi_i{}^*)^{-1}\mu_i(\iota^*\eta)=g_n(x_1,x_2,\cdots,x_{n-1},0)dx_1\wedge dx_2\wedge\cdots\wedge dx_{n-1}$$

と表わされる. $(\Phi_i{}^*)^{-1}d(\mu_i\eta)$ は9行上の式となるが, 7行上の式の右辺において $j\neq n$ ならば g_j は $\overline{\varphi_i(U_i)}-\varphi_i(U_i)$ の近傍で0だから

$$\int_{\varphi_i(U_i)}\frac{\partial g_j}{\partial x_j}dx_1dx_2\cdots dx_n=0$$

である. さらに,

$$\int_{\varphi_i(U_i)}\frac{\partial g_n}{\partial x_n}dx_1dx_2\cdots dx_n$$

$$=-\int_{\varphi_i(U_i)\cap\boldsymbol{R}^{n-1}}g_n(x_1,x_2,\cdots,x_{n-1},0)dx_1dx_2\cdots dx_{n-1}$$

であるから,

$$\int_{U_i}d(\mu_i\eta)=(-1)^n\int_{\varphi_i(U_i)\cap\boldsymbol{R}^{n-1}}g_n(x_1,x_2,\cdots,x_{n-1},0)dx_1dx_2\cdots dx_{n-1}$$

である．一方，∂M^n の向きのきめ方から，

$$\int_{U_i\cap\partial M^n}\mu_i(\iota^*\eta)=(-1)^n\int_{\varphi_i(U_i)\cap R^{n-1}}g_n(x_1,x_2,\cdots,x_{n-1},0)dx_1dx_2\cdots dx_{n-1}$$

であるから求める結果がえられた．

以上のことから

$$\int_{\partial M^n}\iota^*\eta=\sum_{i=1}^m\int_{U_i\cap\partial M^n}\mu_i\iota^*\eta=\sum_{i=1}^m\int_{U_i}d(\mu_i\eta)=\int_{M^n}d\eta$$

である．∎

§28 葉層構造と接平面場

M^n を n 次元 C^s 多様体($s\geqq 1$)とする．M^n の一点 p における M^n の接空間 $T_p(M)$ の(ベクトル空間としての) m 次元部分空間全体の集合を $G_p{}^m$ とする．M^n の各点 p に対して，$T_p(M)$ の m 次元部分空間を対応させる写像

$$\mathcal{D}^m: M^n\to\bigcup_{p\in M^n}G_p{}^m,\qquad \mathcal{D}^m(p)\in G_p{}^m$$

を M^n 上の **m 次元接平面場**或いは **m 次元微分式系**という($m\leqq n$)．

ただし，$\partial M^n\neq\phi$ の場合は，$p\in\partial M^n$ に対して $\mathcal{D}^m(p)$ は $T_p(\partial M^n)$ の m 次元部分空間となっているものを考えることにする．

M^n の任意の点 p に対して，p の近傍 U と U 上で定義された m 個の C^r ベクトル場

$$X_1, X_2, \cdots, X_m$$

で，p' を U の任意の点とするとき $X_1(p'), X_2(p'), \cdots, X_m(p')$ がつねに $\mathcal{D}^m(p')$ の基になっているものがとれるとき，$\mathcal{D}^m$ を **m 次元 C^r 接平面場**といい($0\leqq r<s$)，$X_1, X_2, \cdots, X_m$ は U において $\mathcal{D}^m$ を**生成する**という．

$\mathcal{D}^m$ を M^n 上の m 次元 C^r 接平面場とするとき，M^n に Riemann 計量を導入し，M^n の各点 p に対して $T_p(M^n)$ の元で $\mathcal{D}^m(p)$ に属するベクトルすべてと直交するベクトル全体のつくる $n-m$ 次元部分空間を $\bar{\mathcal{D}}^{n-m}(p)$ とすると，$\bar{\mathcal{D}}^{n-m}=\{\bar{\mathcal{D}}^{n-m}(p); p\in M^n\}$ は M^n 上の $n-m$ 次元 C^r 接平面場である．$\bar{\mathcal{D}}^{n-m}$ を $\mathcal{D}^m$ に**双対的な接平面場**という．

M^n 上の 1 次 C^r 微分形式 $\omega_1, \omega_2, \cdots, \omega_q$ で，M^n の任意の点 p において $\omega_1(p)$,

$\omega_2(p), \cdots, \omega_q(p)$が1次独立であるものに対して，$\mathcal{D}^{n-q}(p)$を

$$\mathcal{D}^{n-q}(p) = \{v \in T_p(M^n); (\omega_i(p))(v) = 0\ (i=1, 2, \cdots, q)\}$$

と定義すれば，$\mathcal{D}^{n-q} = \{\mathcal{D}^{n-q}(p); p \in M^n\}$は$M^n$上の$n-q$次元$C^r$接平面場である．この$\mathcal{D}^{n-q}$を**1次微分形式$\boldsymbol{\omega_1, \omega_2, \cdots, \omega_q}$がきめる接平面場**という．

M^n上の$n-q$次元C^r接平面場$\mathcal{D}^{n-q}$が与えられているとき，$\mathcal{D}^{n-q}$をきめるような1次微分形式$\omega_1, \omega_2, \cdots, \omega_q$が一般に存在するとは限らない．しかし$q=1$の場合には次に述べるように$M^n$の開被覆上の1次$C^r$微分形式によって$\mathcal{D}^{n-1}$をきめることができる．

$\{V_\sigma; \sigma \in \Sigma\}$を$M^n$の一つの開被覆とし，$\omega_\sigma\ (\sigma \in \Sigma)$を$V_\sigma$上の$q$次$C^r$微分形式で，$V_\sigma \cap V_\nu \neq \phi\ (\sigma, \nu \in \Sigma)$のとき$\omega_\sigma$と$\omega_\nu$とは$V_\sigma \cap V_\nu$において，

$$\omega_\sigma = \omega_\nu \quad 或いは \quad \omega_\sigma = -\omega_\nu$$

となっているとする．このような$\{\omega_\sigma; \sigma \in \Sigma\}$を$M^n$の**開被覆$\{V_\sigma; \sigma \in \Sigma\}$上の$\boldsymbol{q}$次$\boldsymbol{C^r}$微分形式**という．もしも任意の$\sigma, \nu \in \Sigma$に対して$V_\sigma \cap V_\nu$においてつねに$\omega_\sigma = \omega_\nu$ならば，$\{\omega_\sigma; \sigma \in \Sigma\}$は$M^n$上の$q$次$C^r$微分形式を定める．

$\{\omega_\sigma; \sigma \in \Sigma\}$を$\{V_\sigma; \sigma \in \Sigma\}$上の1次$C^r$微分形式で，$\omega_\sigma$は$V_\sigma$の任意の点$p$に対してつねに$\omega_\sigma(p) \neq 0$であるとする．このとき，$M^n$の各点$p$に対して，$p \in V_\sigma$のような$V_\sigma$をとり，

$$\mathcal{D}^{n-1}(p) = \{v \in T_p(M^n); \omega_\sigma(v) = 0\}$$

とすると，$\mathcal{D}^{n-1}(p)$はV_σのえらび方によらないで一意的にきまり，$\mathcal{D}^{n-1} = \{\mathcal{D}^{n-1}(p); p \in M^n\}$は$n-1$次元$C^r$接平面場になる．この$\mathcal{D}^{n-1}$を**$\{\omega_\sigma; \sigma \in \Sigma\}$がきめる接平面場**という．次の補助定理が示すようにこの逆が成立する．

補助定理 7.7　M^n上の$n-1$次元C^r接平面場$\mathcal{D}^{n-1}$が与えられたとき，M^nの或る開被覆上の1次C^r微分形式で，これがきめる$n-1$次元C^r接平面場が$\mathcal{D}^{n-1}$であるものが存在する．

証明　$\mathcal{D}^{n-1}$に双対的な1次元C^r接平面場$\bar{\mathcal{D}}^1$を考える．M^nの任意の点pに対して，pの近傍V_pを適当にとれば，V_p上のC^rベクトル場$X^{(p)}$でV_pの任意の点p'において$\|X^{(p)}{}_{(p')}\| = 1$であり且つ$\bar{\mathcal{D}}^1(p') = \{aX^{(p)}(p'); a \in \boldsymbol{R}\}$となっているものが存在するようにできる．いま，$\langle\ ,\ \rangle_{p'}$をRiemann計量として，$V_p$上の1次$C^r$微分形式$\omega_p$を

$$(\omega_p(p'))(v) = \langle v, X^{(p)}(p')\rangle_{p'}$$

と定義すれば，明らかに M^n の開被覆 $\{V_p; p\in M^n\}$ 上の C^r 微分形式 $\{\omega_p; p\in M^n\}$ は求めるものである．∎

$\mathcal{F}=\{L_\alpha; \alpha\in A\}$ を M^n の余次元 q の C^r 葉層構造とする $(r\geqq 1)$．$p\in M^n$ に対して，$p\in L_\alpha$ であるとし，$T_p(M^n)$ のベクトルで L_α に接するもの全体のつくる $n-q$ 次元部分空間 $T_p(L_\alpha)$ を考え，p に $T_p(L_\alpha)$ を対応させると M^n 上の $n-q$ 次元 C^{r-1} 接平面場がえられる．これを $\mathcal{D}(\mathcal{F})$ と書くことにする．M^n が境界をもつ場合には，$\mathcal{D}(\mathcal{F})$ は $p\in\partial M^n$ に対して $\mathcal{D}(\mathcal{F})(p)\subset T_p(\partial M^n)$ になっている．

$\mathcal{D}(\mathcal{F})$ は一般には C^{r-1} であるが，§16，例Aの特異点のない C^r ベクトル場の軌道で与えられる C^r 葉層構造の場合のように $\mathcal{D}(\mathcal{F})$ が C^r となっていることもある．

$\mathcal{D}^m$ を M^n 上の m 次元 C^r 接平面場とする．$\partial M^n\neq\phi$ である場合には，$p\in\partial M^n$ に対して $\mathcal{D}^m(p)\subset T_p(\partial M^n)$ であるとする．この $\mathcal{D}^m$ に対して，M^n の余次元 $n-m$ の $C^{r'}$ 葉層構造 $\mathcal{F}$ で，$\mathcal{D}(\mathcal{F})=\mathcal{D}^m$ となるものが存在するとき，$\mathcal{D}^m$ は**完全積分可能**であるという．ただし，r' は $r+1$ または r である．

$\mathcal{D}^m$ が完全積分可能で $\mathcal{D}(\mathcal{F})=\mathcal{D}^m$ となる $\mathcal{F}$ が存在する場合，$\mathcal{F}$ は一意的にきまることを証明しておこう．いま，M^n の二つの余次元 $n-m$ の $C^{r'}$ 葉層構造 $\mathcal{F}_1, \mathcal{F}_2$ が

$$\mathcal{D}(\mathcal{F}_1)=\mathcal{D}(\mathcal{F}_2)=\mathcal{D}^m$$

であるとする．$(U_\lambda, \varphi_\lambda)$ を $\mathcal{F}_1$ の葉層座標近傍とするとき，$\varphi_\lambda(U_\lambda)$ の一点 x に対して $\mathcal{D}'(x)$ を

$$\mathcal{D}'(x)=\{(\varphi_\lambda)_*(v); v\in\mathcal{D}^m(\varphi_\lambda{}^{-1}(x))\}$$

と定義すると，$\mathcal{D}'=\{\mathcal{D}'(x); x\in\varphi_\lambda(U_\lambda)\}$ は $\varphi_\lambda(U_\lambda)$ 上の m 次元 C^r 接平面場である．$\mathcal{F}_1{}'=\{\varphi_\lambda(U_\lambda\cap L_\alpha)$ の弧状連結成分；$L_\alpha\in\mathcal{F}_1\}$ は $\varphi_\lambda(U_\lambda)$ の余次元 $n-m$ の $C^{r'}$ 葉層構造であって，明らかに $\mathcal{D}(\mathcal{F}_1{}')=\mathcal{D}'$ となっている．一方，$\mathcal{F}_2{}'=\{\varphi_\lambda(U_\lambda\cap L_{\alpha'}{}')$ の弧状連結成分；$L_{\alpha'}{}'\in\mathcal{F}_2\}$ とすると，これもまた $\mathcal{D}(\mathcal{F}_2{}')=\mathcal{D}'$ となる．$(U_\lambda, \varphi_\lambda)$ が $\mathcal{F}_1$ の葉層座標近傍ということから，$x=(x_1, x_2, \cdots, x_n)$ とするとき，

$$\mathcal{D}'(x)=T_x(\varphi_\lambda(U_\lambda)\cap(\boldsymbol{R}^m\times\{x_{m+1}, x_{m+2}, \cdots, x_n\}))$$

となっている．このことから

$$\mathcal{F}_1{}'=\mathcal{F}_2{}'$$

が成り立つ．よって $\mathcal{F}_1$ と $\mathcal{F}_2$ は一致する．

次の例が示すように接平面場はつねに完全積分可能というわけではない．

例　$M^3=\boldsymbol{R}^3-\{0\}$ とする(0 は $\boldsymbol{R}^3$ の原点)．M^3 上の1次 C^∞ 微分形式 θ を $\boldsymbol{R}^3$ の座標を使って $\theta=xdy+ydz+zdx$ と定義する．θ は M^3 上で 0 になることはないから，上述のように θ から M^3 上の2次元 C^∞ 接平面場 $\mathcal{D}^2$ がえられる．

この $\mathcal{D}^2$ が完全積分可能でないことを証明しよう．$\mathcal{D}^2$ が完全積分可能であると仮定すると，M^3 の余次元1の C^∞ 葉層構造 $\mathcal{F}$ で $\mathcal{D}(\mathcal{F})=\mathcal{D}^2$ となるものが存在する．$(U_\lambda,\varphi_\lambda)$, $\varphi_\lambda: U_\lambda\to]-1,1[^3$ を $\mathcal{F}$ の特殊葉層座標近傍とし，射影 $\hat{\pi}:]-1,1[^3\to]-1,1[$ を§18のように定義する．簡単のため $g=\hat{\pi}\circ\varphi_\lambda$ とすると，$-1<t<1$ に対して，$g^{-1}(t)$ は $\mathcal{F}$ の一つの葉に含まれている．したがって，定理7.3(iii)から，$\mathcal{D}^2(p)\ni v$ $(p\in U_\lambda)$ に対して $dg(v)=0$ である．このことから 0 にならない C^∞ 関数 $h: U_\lambda\to\boldsymbol{R}$ を適当にとると，U_λ 上では

$$\theta = hdg$$

となる．これから U_λ 上で

$$d\theta = dh\wedge dg = \frac{dh}{h}\wedge hdg = \frac{dh}{h}\wedge\theta,$$

よって

$$\theta\wedge d\theta = \theta\wedge\frac{dh}{h}\wedge\theta = 0$$

である．しかし，$\theta\wedge d\theta$ を直接計算すると

$$\theta\wedge d\theta = (x+y+z)dx\wedge dy\wedge dz$$

であって，$\theta\wedge d\theta\neq 0$ となり矛盾．よって $\mathcal{D}^2$ は完全積分可能でない．

m 次元 C^r 接平面場 $\mathcal{D}^m$ が完全積分可能になるための条件を述べたものがこれから証明するFrobeniusの定理である．

X, Y を M^n 上の C^r ベクトル場($r\geqq 1$)とする．$(U_\lambda,\varphi_\lambda)$ を M^n の座標近傍とすると，X, Y は U_λ において

$$\Phi_\lambda(X(p)) = \sum_{i=1}^n a_i(\varphi_\lambda(p))\frac{\partial}{\partial x_i},\qquad \Phi_\lambda(Y(p)) = \sum_{i=1}^n b_i(\varphi_\lambda(p))\frac{\partial}{\partial x_i}\qquad (p\in U_\lambda)$$

と表わされる．ここに a_i, b_i は $\varphi_\lambda(U_\lambda)$ で定義された C^r 関数である．X, Y に対して，$[X, Y]$ を $p\in U_\lambda$ として

$$[X,Y](p)=\Phi_\lambda^{-1}\left(\sum_i\left(\sum_j\left(a_j\frac{\partial b_i}{\partial x_j}-b_j\frac{\partial a_i}{\partial x_j}\right)(\varphi_\lambda(p))\right)\frac{\partial}{\partial x_i}\right)$$

で定義すると，$[X,Y]$はU_λ上のC^{r-1}ベクトル場である．定義から容易に分かるように，他の座標近傍$(U_\lambda,\varphi_{\lambda}')$によって$[X,Y]$を定義しても同じものがえられる．このことから，各座標近傍に関して$[X,Y]$を考えることによって，M^n上のC^{r-1}ベクトル場$[X,Y]$がえられる．$[X,Y]$をXとYの**括弧積**という．定義から直ちに分かるように，括弧積について

(i)　$[X,X]=0,\ [X,Y]=-[Y,X]$,

(ii)　$r\geqq 2$で，ZをM^n上のC^rベクトル場とするとき，

$$[X,[Y,Z]]+[Y,[Z,X]]+[Z,[X,Y]]=0 \qquad \text{(Jacobi の法則)}$$

が成り立つ．

$\mathcal{D}^m$をM^n上のm次元C^r接平面場とする．M^nの任意の点pに対して，pの近傍UとUにおいて$\mathcal{D}^m$を生成するm個のC^rベクトル場$X_1,X_2,\cdots,X_m$で

$$[X_i,X_j](p)\in\mathcal{D}^m(p) \qquad (p\in U,\ i,j=1,2,\cdots,m)$$

となっているものがとれるとき，$\mathcal{D}^m$は**対合的**であるという．

定理 7.8 (Frobenius の定理第一型)　n次元C^s多様体M^n上のm次元C^r接平面場$\mathcal{D}^m$が完全積分可能であるためには$\mathcal{D}^m$が対合的であることが必要十分である．ただし，$r\geqq 2$とする．

証明　はじめに$\mathcal{D}^m$が完全積分可能であるとしよう．$\mathcal{F}$を$\mathcal{D}^m=\mathcal{D}(\mathcal{F})$のような$M^n$上の余次元$n-m$の$C^{r'}$葉層構造とする($r'$は$r+1$または$r$)．$(U_\lambda,\varphi_\lambda)$を$\mathcal{F}$の特殊葉層座標近傍とし，$\varphi_\lambda(U_\lambda)\ni(x_1,x_2,\cdots,x_n)$であるとする．$U_\lambda$上の$C^r$ベクトル場$X_1,X_2,\cdots,X_m$を

$$\Phi_\lambda(X_i)=\frac{\partial}{\partial x_i} \qquad (i=1,2,\cdots,m)$$

で定義すると，$X_1,X_2,\cdots,X_m$はU_λにおいて$\mathcal{D}^m$を生成していて，$[X_i,X_j](p)=0$である．よって$\mathcal{D}^m$は対合的である．

逆に$\mathcal{D}^m$が対合的であるとしよう．pをM^nの任意の点とすると，pの近傍Uにおいて$\mathcal{D}^m$を生成するm個のC^rベクトル場$X_1,X_2,\cdots,X_m$で$[X_i,X_j](p)\in\mathcal{D}^m(p)$ $(p\in U)$であるものが存在する．完全積分可能であることは局所的に決定される性質であって，$p\in U_\lambda\subset U$のような座標近傍$(U_\lambda,\varphi_\lambda)$をとって，$U_\lambda$

で $\mathscr{D}^m$ が完全積分可能であることをいえばよい．なぜなら，U_λ および U_μ の余次元 $n-m$ の C^r 葉層構造 $\mathscr{F}_\lambda$ および $\mathscr{F}_\mu$ で，

$$\mathscr{D}(\mathscr{F}_\lambda)=\mathscr{D}^m\,|\,U_\lambda, \qquad \mathscr{D}(\mathscr{F}_\mu)=\mathscr{D}^m\,|\,U_\mu$$

のものが定まっているとき，$U_\lambda \cap U_\mu \neq \phi$ であれば前述の一意性から $\mathscr{F}_\lambda$ および $\mathscr{F}_\mu$ は $U_\lambda \cap U_\mu$ 上で一致し，このことから M^n の余次元 $n-m$ の C^r 葉層構造が定まるからである．

$m=1$ の場合には §16, 例 A のようにベクトル場 X_1 の軌道によって U_λ 上の $C^{r'}$ 葉層構造 $\mathscr{F}_\lambda$ を定めると，U_λ において $\mathscr{D}^1=\mathscr{D}(\mathscr{F}_\lambda)$ となるから $\mathscr{D}^1$ は完全積分可能である．

m に関する帰納法を使って，$m-1$ まで対合的な $\mathscr{D}^{m-1}$ が完全積分可能であることが証明されていると仮定して，定理を証明する．

上述の X_1 の軌道の φ_λ による像を利用して，φ_λ を新しい $\varphi_{\bar\lambda}$ に変えそれに対して U_λ を $U_{\bar\lambda}$ にとりなおして，座標近傍 $(U_\lambda, \varphi_\lambda)$ を $(U_{\bar\lambda}, \varphi_{\bar\lambda})$ で置き換えることにより，

$$\varphi_{\bar\lambda}(p)=(0, x_2{}^{(0)}, x_3{}^{(0)}, \cdots, x_n{}^{(0)}) \in \varphi_{\bar\lambda}(U_{\bar\lambda}) \subset \boldsymbol{R}_+{}^n,$$

$$\Phi_{\bar\lambda}(X_1(\bar p))=\frac{\partial}{\partial x_1} \qquad (\bar p \in U_{\bar\lambda})$$

のようにとる．ただし，$\varphi_{\bar\lambda}(U_\lambda) \ni (x_1, x_2, \cdots, x_n)$ であるとする．さらに，$X_2, X_3, \cdots, X_m$ を $X_2', X_3', \cdots, X_m'$ に変えて，$X_1, X_2', \cdots, X_m'$ が $U_{\bar\lambda}$ において $\mathscr{D}^m$ を生成する C^r ベクトル場であって，$\bar p \in U_{\bar\lambda}$ に対して

$$\Phi_{\bar\lambda}(X_i'(\bar p))=\sum_{j=2}^n a_{ij}(\varphi_{\bar\lambda}(\bar p))\frac{\partial}{\partial x_j} \qquad (i=2, 3, \cdots, m)$$

となっているようにとる．$U_{\bar\lambda}$ の $(n-1)$ 次元部分多様体 W を

$$W=\varphi_{\bar\lambda}{}^{-1}(\{(0, x_2, x_3, \cdots, x_n) \in \varphi_{\bar\lambda}(U_{\bar\lambda})\})$$

と定義すると $p \in W$ であり，上記のとり方から $X_2', X_3', \cdots, X_m'$ は W 上の $T(W)$ の C^r 接ベクトル場であって，

$$X_2'(p'), X_3'(p'), \cdots, X_m'(p') \qquad (p' \in W)$$

は1次独立である．したがって $X_2', X_3', \cdots, X_m'$ は W 上の $m-1$ 次元 C^r 接平面場 $\mathscr{D}^{m-1}$ を定める．$[X_i', X_j'](p') \in \mathscr{D}^m(p')$ であるが $(p' \in W)$，$\Phi_{\bar\lambda}(X_i'(p))$ の形から，

$$[X_i', X_j'](p') \in \mathscr{D}^{m-1}(p')$$

であることがわかる．よって $\mathscr{D}^{m-1}$ は対合的である．帰納法の仮定から $\mathscr{D}^{m-1}$ は W において完全積分可能であって，W の余次元 $n-m$ の $C^{r'}$ 葉層構造 $\mathscr{F}'$ で，$\mathscr{D}(\mathscr{F}')=\mathscr{D}^{m-1}$ となるものが存在する．

W における $\mathscr{F}'$ の葉層座標近傍 $(U_{\lambda'}', \varphi_{\lambda'}')$ で $p\in U_{\lambda'}'$ のものをとれば，$\mathscr{F}'$ の葉 $L_{\alpha'}'$ は $L_{\alpha'}'\cap U_{\lambda'}'$ の連結成分の $\varphi_{\lambda'}'$ による像が

$$\{(y_1, y_2, \cdots, y_{n-1})\in\varphi_{\lambda'}'(U_{\lambda'}');\ y_m=c_m, y_{m+1}=c_{m+1}, \cdots, y_{n-1}=c_{n-1}\}$$

であるものとして与えられる．$U_{\bar\lambda}$ および $(U_{\lambda'}', \varphi_{\lambda'}')$ を適当にとって，$\varphi_{\bar\lambda}(W)$ と $\varphi_{\lambda'}'(U_{\lambda'}')$ とを同一視することにすれば，$y_i\,(i=1,2,\cdots,n-1)$ は $x_2, x_3, \cdots, x_n$ の C^r 関数である．

いま，$z_1, z_2, \cdots, z_n$ を

$$z_1 = x_1, \qquad z_{i+1} = y_i \qquad (i=1,2,\cdots,n-1)$$

とすると，

$$\left|\frac{\partial(z_1, z_2, \cdots, z_n)}{\partial(x_1, x_2, \cdots, x_n)}(\varphi_{\bar\lambda}(p))\right| \neq 0$$

であるから，p の近傍で $(x_1, x_2, \cdots, x_n)$ の代りに $(z_1, z_2, \cdots, z_n)$ を座標近傍にとることができる．すなわち，$p\in U_\mu\subset U_\lambda$ のような $(U_\mu, \varphi_\mu)\in\mathscr{S}$ で，$\varphi_\mu(p')\,(p'\in U_\mu)$ が上述の $z_1, z_2, \cdots, z_n$ によって

$$\varphi_\mu(p')=(z_1, z_2, \cdots, z_n)$$

と表わされるものがとれる．ベクトル場 $X_1, X_2', X_3', \cdots, X_m'$ を U_μ に制限したものを $Y_1, Y_2, \cdots, Y_m$ とし，$p'\in U_\mu$ に対して

$$\Phi_\mu(Y_i(p'))=\sum_{j=1}^{n} b_{ij}(\varphi_\mu(p'))\frac{\partial}{\partial z_j} \qquad (i=1,2,\cdots,m)$$

であるとする．$Y_1, Y_2, \cdots, Y_m$ および $z_1, z_2, \cdots, z_n$ のとり方から

$$b_{11} = 1, \qquad b_{1j} = 0 \qquad (j=2,3,\cdots,n)$$

である．仮定から U_μ 上の C^{r-1} 関数 $c_i^j\,(i,j=1,2,\cdots,m)$ で

$$[Y_1, Y_i](p') = \sum_{j=1}^{m} c_i^j(p')Y_j(p')$$

を満たすものが存在する．括弧積の定義から

$$\Phi_\mu([Y_1, Y_i](p')) = \sum_{l=1}^{n}\left(\sum_j\left(b_{1j}\frac{\partial b_{il}}{\partial z_j} - b_{ij}\frac{\partial b_{1l}}{\partial z_j}\right)(\varphi_\mu(p'))\right)\frac{\partial}{\partial z_l}$$

$$= \sum_{l=1}^{n} \frac{\partial b_{il}}{\partial z_1}(\varphi_\mu(p')) \frac{\partial}{\partial z_l}$$

となる．一方

$$\Phi_\mu([Y_1, Y_i](p')) = \sum_{j=1}^{m} c_i{}^j(p') \Phi_\mu(Y_j(p'))$$
$$= \sum_{l=1}^{n} \left(\sum_{j=1}^{m} c_i{}^j(p') b_{jl}(\varphi_\mu(p')) \right) \frac{\partial}{\partial z_l}$$

である．この二つの式から $b_{1l}, b_{2l}, \cdots, b_{ml}$ に関する連立1次微分方程式

$$\frac{\partial b_{il}}{\partial z_1}(\varphi_\mu(p')) = \sum_{j=1}^{m} c_i{}^j(p') b_{jl}(\varphi_\mu(p')) \qquad (i=1, 2, \cdots, m)$$

がえられる．$l=m+1, m+2, \cdots, n$ とすると，$(y_1, y_2, \cdots, y_{n-1})$ の定義から

$$b_{il}(0, z_2, z_3, \cdots, z_n) = 0$$

である．したがって，$z_2, z_3, \cdots, z_n$ を固定して考えれば，常微分方程式の解の一意性から

$$b_{il} = 0 \qquad (i=1, 2, \cdots, m; l=m+1, m+2, \cdots, n)$$

でなければならない．このことは $\Phi_\mu(Y_1), \Phi_\mu(Y_2), \cdots, \Phi_\mu(Y_m)$ が $\varphi_\mu(U_\mu)$ において $\partial/\partial z_1, \partial/\partial z_2, \cdots, \partial/\partial z_m$ によって表わされることを示している．よって U_μ における余次元 $n-m$ の C^r 葉層構造 $\mathcal{F}_\mu$ を

$$\mathcal{F}_\mu = \{\varphi_\mu{}^{-1}(z_1, z_2, \cdots, z_m, c_{m+1}, c_{m+2}, \cdots, c_n); c_{m+i} \text{ は定数，} i=1, 2, \cdots, n-m\}$$

と定義すれば，$\mathcal{D}(\mathcal{F}_\mu) = \mathcal{D}^m | U_\mu$ となる．これで $\mathcal{D}^m$ が完全積分可能であることが証明された．▌

定理7.8をあとの定理7.10のように微分形式で表わすために次の補助定理が必要である．

補助定理 7.9　ω を M^n 上の1次 C^r 微分形式とし，X, Y を M^n 上の C^r ベクトル場とするとき，

$$d\omega(X, Y) = X(\omega(Y)) - Y(\omega(X)) - \omega([X, Y])$$

が成り立つ．

証明　上記の式が M^n の一点 p について成立することを示せばよい．$p \in U_\lambda$ のような座標近傍 $(U_\lambda, \varphi_\lambda)$ をとり，

$$(\Phi_\lambda{}^*)^{-1}\omega = \sum_{i=1}^{n} f_i dx_i, \quad \Phi_\lambda(X) = \sum_{i=1}^{n} a_i \frac{\partial}{\partial x_i}, \quad \Phi_\lambda(Y) = \sum_{i=1}^{n} b_i \frac{\partial}{\partial x_i}$$

であるとする．ここで f_i, a_i, b_i は $\varphi_\lambda(U_\lambda)$ で定義されている C^r 関数である．定理 7.3(iii) より

$$\begin{aligned} & d\omega(p)(X(p), Y(p)) \\ &= \left(\sum_{i,j} \frac{\partial f_i}{\partial x_j}(\varphi_\lambda(p))dx_j \wedge dx_i\right)\left(\sum_{i=1}^n a_i(\varphi_\lambda(p))\frac{\partial}{\partial x_i}, \sum b_i(\varphi_\lambda(p))\frac{\partial}{\partial x_i}\right) \\ &= \sum_{j,i} a_j b_i \left(\frac{\partial f_i}{\partial x_j} - \frac{\partial f_j}{\partial x_i}\right)(\varphi_\lambda(p)) \end{aligned}$$

である(補助定理 7.1 参照)．一方，

$$\begin{aligned} X(\omega(Y))(p) &= \left(\sum_{j=1}^n a_j \frac{\partial}{\partial x_j}\left(\sum_{i=1}^n b_i f_i\right)\right)(\varphi_\lambda(p)) \\ &= \sum_{i,j}\left(a_j f_i \frac{\partial b_i}{\partial x_j} + a_j b_i \frac{\partial f_i}{\partial x_j}\right)(\varphi_\lambda(p)), \end{aligned}$$

であり，同様に

$$Y(\omega(X))(p) = \sum_{i,j}\left(b_j f_i \frac{\partial a_i}{\partial x_j} + b_j a_i \frac{\partial f_i}{\partial x_j}\right)(\varphi_\lambda(p))$$

である．また，

$$\begin{aligned} \omega(p)([X, Y](p)) &= \sum_{i=1}^n f_i \left(\sum_{j=1}^n \left(a_j \frac{\partial b_i}{\partial x_j} - b_j \frac{\partial a_i}{\partial x_j}\right)\right)(\varphi_\lambda(p)) \\ &= \sum_{i,j}\left(a_j f_i \frac{\partial b_i}{\partial x_j} - b_j f_i \frac{\partial a_i}{\partial x_j}\right)(\varphi_\lambda(p)) \end{aligned}$$

である．これらをまとめれば求める結果がえられる．▌

定理 7.10(Frobenius の定理第二型)　$\mathscr{D}^{n-q}$ を n 次元 C^s 多様体 M^n 上の $n-q$ 次元 C^r 接平面場($r \geqq 2$)とする．$\mathscr{D}^{n-q}$ が完全積分可能であるためには M^n の任意の点 p に対して，p の近傍 U と U 上の 1 次 C^r 微分形式 $\omega_1, \omega_2, \cdots, \omega_q$ で，次の条件(i), (ii)を満たすものがつねに存在することが必要十分である．

(i)　$\omega_1, \omega_2, \cdots, \omega_q$ がきめる接平面場は $\mathscr{D}^{n-q} \mid U$ である．

(ii)　$d\omega_i\ (i=1, 2, \cdots, q)$ は U で定義された 1 次 C^{r-1} 微分形式 $\theta_{ij}\ (i, j=1, 2, \cdots, q)$ で，

$$d\omega_i = \sum_{j=1}^q \omega_j \wedge \theta_{ij} \qquad (i=1, 2, \cdots, q)$$

と書き表わせる．

証明　はじめに上記の条件が十分であることを示そう．$(U_\lambda, \varphi_\lambda)$ を $p \in U_\lambda \subset U$

のようなM^nの座標近傍とする．U_λにおいて1次C^r微分形式$\omega_{q+1}, \omega_{q+2}, \cdots, \omega_n$を$\omega_1(p'), \omega_2(p'), \cdots, \omega_n(p')$が$(T_{p'}(M))^*$の基であるようにとり$(p' \in U_\lambda)$，$U_\lambda$上の$C^r$ベクトル場$X_1, X_2, \cdots, X_n$を$(\Phi_\lambda{}^*)^{-1}(\omega_1(p'))$，$(\Phi_\lambda{}^*)^{-1}(\omega_2(p'))$，$\cdots$，$(\Phi_\lambda{}^*)^{-1}(\omega_n(p'))$が$\Phi_\lambda(X_1(p')), \Phi_\lambda(X_2(p')), \cdots, \Phi_\lambda(X_n(p'))$の双対基であるようにとる$(p' \in U_\lambda)$．$U_\lambda$において$X_{q+1}, X_{q+2}, \cdots, X_n$は$\mathcal{D}^{n-q}$を生成する．$U_\lambda$において$\omega_i(X_j)=\delta_{ij}$であるから，補助定理7.9により$U_\lambda$において

$$d\omega_i(X_j, X_l) = -\omega_i([X_j, X_l]) \qquad (i=1,2,\cdots,q; j,l=q+1,q+2,\cdots,n)$$

が成り立つ．定理の仮定からこの左辺は0である．したがって

$$-\omega_i([X_j, X_l]) = 0 \qquad (i=1,2,\cdots,q; j,l=q+1,q+2,\cdots,n)$$

となり，$\mathcal{D}^{n-q}$はU_λにおいて，したがってM^n全体で対合的であり，定理7.8から$\mathcal{D}^{n-q}$は完全積分可能である．

次に上記の条件が必要であることを示そう．$\mathcal{D}^{n-q}$が完全積分可能であって，M^nの余次元qの$C^{r'}$葉層構造$\mathcal{F}$で，$\mathcal{D}(\mathcal{F})=\mathcal{D}^{n-q}$となるものが存在するとする($r'$は$r+1$または$r$)．$(U_\lambda, \varphi_\lambda)$を$p \in U_\lambda$のような$\mathcal{F}$の葉層座標近傍とすると，$\mathcal{F}$の葉$L_\alpha$に対して，$\varphi_\lambda(L_\alpha \cap U_\lambda)$の一つの連結成分は

$$\{(x_1, x_2, \cdots, x_n) \in \varphi_\lambda(U_\lambda); x_{n-q+i}=c_i \ (i=1,2,\cdots,q)\}$$

である．したがって，ω_iは$\varphi_\lambda(U_\lambda)$で定義された$C^r$関数$c_{ij}$により

$$(\Phi_\lambda{}^*)^{-1}\omega_i = \sum_{j=n-q+1}^{n} c_{ij} dx_j \qquad (i=1,2,\cdots,q)$$

と表わされる．$\omega_1, \omega_2, \cdots, \omega_q$は1次独立であるから逆に$\varphi_\lambda(U_\lambda)$で定義された$C^r$関数$e_{ij}$により

$$dx_j = \sum_{i=1}^{q} e_{ji}(\Phi_\lambda{}^*)^{-1}\omega_i \qquad (j=n-q+1, n-q+2, \cdots, n)$$

と書ける．前記の式から

$$\begin{aligned}(\Phi_\lambda{}^*)^{-1}d\omega_i &= \sum_{j=n-q+1}^{n}\left(\sum_{l=1}^{n}\frac{\partial c_{ij}}{\partial x_l}dx_l\right)\wedge dx_j \\ &= \sum_{j=n-q+1}^{n}\left(\sum_{i=1}^{q} e_{ji}(\Phi_\lambda{}^*)^{-1}\omega_i\right)\wedge\left(-\sum_{l=1}^{n}\frac{\partial c_{ij}}{\partial x_l}dx_l\right)\end{aligned}$$

となり求める結果がえられた．▌

Frobeniusの定理において，対合的なC^r接平面場$\mathcal{D}^m$に対して$\mathcal{D}(\mathcal{F})=\mathcal{D}^m$となる余次元$(n-m)$の葉層構造が存在することが証明されたが，この葉層構

造$\mathscr{F}$は一般にはC^rである．しかし，$\mathscr{F}$の葉L_αはC^{r+1}多様体である(§16, 例A参照).

$q=1$の場合は定理7.10の系として次の定理が成り立つ.

定理7.11　M^nをコンパクトなC^s多様体とし，$\mathscr{D}^{n-1}$をM^n上の$n-1$次元C^r接平面場$(r\geqq 2)$とする．$\{V_\sigma;\sigma\in\Sigma\}$を$M^n$の開被覆とし，$\omega_\sigma(\sigma\in\Sigma)$を$\mathscr{D}^{n-1}$をきめるその上の1次$C^r$微分形式とする(補助定理7.7)．このとき，$\mathscr{D}^{n-1}$が完全積分可能であるためには，$M^n$上の1次$C^{r-1}$微分形式$\theta$で，各$V_\sigma$において

$$d\omega_\sigma = \omega_\sigma \wedge \theta$$

を満たすものが存在することが必要十分である．また，この条件は

$$d\omega_\sigma \wedge \omega_\sigma = 0 \qquad (\sigma\in\Sigma)$$

と同値である.

証明　十分であることは定理7.10に含まれている．次に，$\mathscr{D}^{n-1}$が完全積分可能としてθを構成しよう．定理7.10によって，M^nの開被覆$\{U_i;i=1,2,\cdots,u\}$とU_i上の1次C^{r-1}微分形式$\theta_i\,(i=1,2,\cdots,u)$で$V_\sigma\cap U_i$において

$$d\omega_\sigma = \omega_\sigma \wedge \theta_i \qquad (\sigma\in\Sigma)$$

を満たすものが存在する．いま，$\mu_i\,(i=1,2,\cdots,u)$を開被覆$\{U_i\}$に従属する1の分割とし，

$$\theta = \sum_{i=1}^{u} \mu_i\theta_i$$

とすると，

$$\begin{aligned}\omega_\sigma \wedge \theta &= \sum_{i=1}^{u} \omega_\sigma \wedge \mu_i\theta_i = \sum_{i=1}^{u} \mu_i(\omega_\sigma \wedge \theta_i)\\ &= \sum_{i=1}^{\mu} \mu_i d\omega_\sigma = d\omega_\sigma\end{aligned}$$

が成り立つ.

また，$d\omega_\sigma=\omega_\sigma\wedge\theta$のような$\theta$が存在すれば明らかに$d\omega_\sigma\wedge\omega_\sigma=0$である．逆に$d\omega_\sigma\wedge\omega_\sigma=0\,(\sigma\in\Sigma)$ならば$V_\sigma$において

$$d\omega_\sigma = \omega_\sigma \wedge \theta_\sigma$$

となるθ_σが存在する．この$\theta_\sigma\,(\sigma\in\Sigma)$から上述の方法で$d\omega_\sigma=\omega_\sigma\wedge\theta$となる$M^n$の1次$C^{r-1}$微分形式$\theta$をつくれる．∎

第8章　葉層構造のコボルディズム

§29　葉層コボルディズム

コボルディズムは C^r 多様体に粗いが位相幾何学的に取扱いやすい分類を与えるものとして1950年代に Pontrjagin, Rohlin, Thom 等によって導入され，C^r 多様体論に重要な役割をはたすようになった．C^r 多様体に更に種々の構造がつけ加わった場合にもコボルディズムは有効な概念である．ここで葉層構造 $\mathscr{F}$ が与えられている C^r 多様体 M(以下多くの場合これを対にして$(M,\mathscr{F})$と書く)に対してコボルディズムの概念を定義しよう．

$M_1{}^n, M_2{}^n$ を n 次元 C^s 多様体とし，$\mathscr{F}_1, \mathscr{F}_2$ をそれぞれ $M_1{}^n, M_2{}^n$ の余次元 q の C^r 葉層構造とする．ただし，$0 \leqq q \leqq n, 0 \leqq r \leqq s$ である．C^r 同相写像

$$f: M_1{}^n \to M_2{}^n$$

で，$\mathscr{F}_1$ の葉を $\mathscr{F}_2$ の葉に写像するもの，すなわち $\mathscr{F}_1$ の任意の葉 L_α に対して $f(L_\alpha)$ がつねに $\mathscr{F}_2$ の葉となっているものが存在するとき，$(M_1{}^n, \mathscr{F}_1)$ と $(M_2{}^n, \mathscr{F}_2)$ は **C^r 同相**であるといい，

$$(M_1{}^n, \mathscr{F}_1) = (M_2{}^n, \mathscr{F}_2)$$

と書く．また f を $(M_1{}^n, \mathscr{F}_1)$ から $(M_2{}^n, \mathscr{F}_2)$ への**葉層構造を保つ C^r 同相写像**といい，

$$f: (M_1{}^n, \mathscr{F}_1) \to (M_2{}^n, \mathscr{F}_2)$$

などと書く．この場合 $L_{\alpha'}{}'$ を $\mathscr{F}_2$ の任意の葉とするとき，$f^{-1}(L_{\alpha'}{}')$ は $\mathscr{F}_1$ の葉である．

$M_1{}^n, M_2{}^n$ に向きが与えられている場合に，向きを保つ写像 $f: M_1{}^n \to M_2{}^n$ で $\mathscr{F}_1$ の葉を $\mathscr{F}_2$ の葉に写像するものが存在するとき，$(M_1{}^n, \mathscr{F}_1) = (M_2{}^n, \mathscr{F}_2)$ であると書き，$(M_1{}^n, \mathscr{F}_1)$ と $(M_2{}^n, \mathscr{F}_2)$ は **C^r 同相**であるという．

$(M^n, \mathscr{F})$のコボルディズムを定義するために，境界をもつ多様体に対して，§16に定義した葉層構造とは少し違った形の葉層構造を次のように導入する．M^nを境界をもつC^s多様体とする．M^nの弧状連結な部分集合L_αの集合(族) $\mathscr{F}=\{L_\alpha;\alpha\in A\}$が次の三つの条件$(\hat{\mathscr{F}}_{\rm I})$, $(\hat{\mathscr{F}}_{\rm II})$, $(\hat{\mathscr{F}}_{\rm III})$を満たすとき，$\mathscr{F}$を$M^n$の**余次元$q$の境界に横断的な$C^r$葉層構造**という．

$(\hat{\mathscr{F}}_{\rm I})$　$\alpha,\beta\in A, \alpha\neq\beta$ならば，$L_\alpha\cap L_\beta=\phi$.

$(\hat{\mathscr{F}}_{\rm II})$　$\bigcup_{\alpha\in A} L_\alpha = M.$

$(\hat{\mathscr{F}}_{\rm III})$　pをM^nの任意の点とするとき，$p\in U_\lambda$のような$(U_\lambda,\varphi_\lambda)\in\mathscr{S}^{(r)}$, $\varphi_\lambda: U_\lambda\to \boldsymbol{R}_+{}^n$で($\mathscr{S}^{(r)}$については§16参照)，$U_\lambda\cap L_\alpha\neq\phi$である$L_\alpha$ $(\alpha\in A)$に対して，$\varphi_\lambda(U_\lambda\cap L_\alpha)$の(弧状)連結成分が，

$$\{(x_1, x_2, \cdots, x_n)\in\varphi_\lambda(U_\lambda); x_1=c_1, x_2=c_2, \cdots, x_q=c_q\}$$

と表わされるものが存在する(図8.1)．ただし，$c_1, c_2, \cdots, c_q$はその連結成分によってきまる定数である．

$(M^n, \mathscr{F})$と書くこと，L_αを**葉**ということ，上記の$(U_\lambda,\varphi_\lambda)$を**葉層座標近傍**ということ等はすべて§16の場合と同じである．

$(M^n, \mathscr{F})$をM^nの余次元qの境界に横断的なC^r葉層構造とすると，$\mathscr{F}$の葉L_αで$L_\alpha\cap\partial M^n\neq\phi$であるものは$\partial M^n$と横断的に交わっていて，$p\in L_\alpha\cap\partial M^n$に対して$p\in U_\lambda$のように葉層座標近傍$(U_\lambda,\varphi_\lambda)$をとると，$\varphi_\lambda(U_\lambda\cap L_\alpha\cap\partial M^n)$の連結成分は$\varphi_\lambda(U_\lambda\cap\partial M^n)$の$n-1-q$次元$C^r$部分多様体である(図8.1)．いま，

$$\partial\mathscr{F}=\{L_\alpha\cap\partial M^n \text{ の各弧状連結成分}; \alpha\in A\}$$

とすると，$\partial\mathscr{F}$の元は∂M^nの弧状連結な部分集合であって，$\partial\mathscr{F}$は∂M^nに対して明らかに§16の$(\mathscr{F}_{\rm I})$, $(\mathscr{F}_{\rm II})$を満たしている．さらに$\partial\mathscr{S}^{(r)}=\{(U_\lambda\cap\partial M^n,$

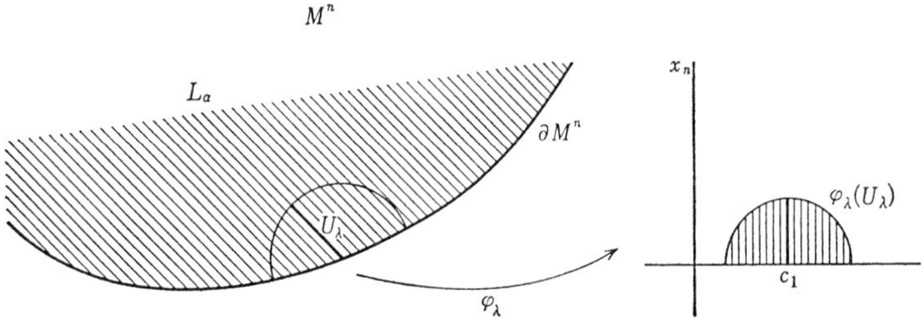

図8.1

$\varphi_\lambda|(U_\lambda\cap\partial M^n));(U_\lambda,\varphi_\lambda)\in\mathcal{S}^{(r)}\}$として，$(\partial M^n,\partial\mathcal{S}^{(r)})$を考えるとき，$(U_\lambda,\varphi_\lambda)\in\mathcal{S}^{(r)}$を$\mathcal{F}$の葉層座標近傍にとると，$(U_\lambda\cap\partial M^n)\cap(L_\alpha\cap\partial M^n)\neq\phi$である$L_\alpha\cap\partial M^n$に対して，$\varphi_\lambda(U_\lambda\cap L_\alpha\cap\partial M^n)$の連結成分は

$$\{(x_1,x_2,\cdots,x_{n-1})\in\varphi_\lambda(U_\lambda\cap\partial M^n);\ x_1=c_1,x_2=c_2,\cdots,x_q=c_q\}$$

の或る連結成分となっている．したがって，$\partial\mathcal{F}$は境界をもたない$(n-1)$次元C^s多様体∂M^nの余次元qのC^r葉層構造である．

$(M^n,\mathcal{F})$から$(\partial M^n,\partial\mathcal{F})$がえられたが，$M^n$に向きが与えられているときは，$\partial M^n$として$M^n$の向きから§11のようにきまる向きをもっているものを考えることにする．

$M_1{}^n,M_2{}^n$を向きが与えられている閉じたn次元C^s多様体とし，$(M_1{}^n,\mathcal{F}_1)$，$(M_2{}^n,\mathcal{F}_2)$を$M_1{}^n,M_2{}^n$の余次元qのC^r葉層構造とする．$(M_1{}^n,\mathcal{F}_1),(M_2{}^n,\mathcal{F}_2)$に対して，向きが与えられているコンパクトな$(n+1)$次元$C^s$多様体$W^{n+1}$の余次元$q$の境界に横断的な$C^r$葉層構造$(W^{n+1},\hat{\mathcal{F}})$で，

$$\partial W^{n+1}=M_1{}^n\cup(-M_2{}^n)$$

であり($-M_2{}^n$は$M_2{}^n$で向きを逆にしたもの)，

$$(\partial W^{n+1},\partial\hat{\mathcal{F}})=(M_1{}^n,\mathcal{F}_1)\cup(-M_2{}^n,\mathcal{F}_2)$$

となるものが存在するとき，$(M_1{}^n,\mathcal{F}_1)$と$(M_2{}^n,\mathcal{F}_2)$は(**葉層**)**コボルダント**であるといい，$(W^{n+1},\hat{\mathcal{F}})$を$(M_1{}^n,\mathcal{F}_1)$と$(M_2{}^n,\mathcal{F}_2)$との間の**葉層コボルディズム**という．

向きが与えられた閉じたn次元C^s多様体の余次元qのC^r葉層構造に関して，コボルダントという関係は容易にわかるように同値関係である．このコボルダントという同値関係による同値類を**葉層コボルディズム類**といい，葉層コボルディズム類全体の集合を$\mathcal{F}\Omega_{n,q}{}^r$と書き，$(M^n,\mathcal{F})$の属するコボルディズム類を$[(M^n,\mathcal{F})]$と書く．

$S^q\times S^{n-q}$において，$\mathcal{F}_0=\{\{x\}\times S^{n-q};\ x\in S^q\}$とすると，$(S^q\times S^{n-q},\mathcal{F}_0)$は$S^q\times S^{n-q}$の余次元$q$の$C^r$葉層構造でバンドル葉層である．$S^q\times D^{n-q+1}$において，$\hat{\mathcal{F}}_0=\{\{x\}\times D^{n-q+1};\ x\in S^q\}$とすれば，$(S^q\times D^{n-q+1},\hat{\mathcal{F}}_0)$は余次元$q$の境界に横断的な$C^r$葉層構造であって，$S^q\times S^{n-q},S^q\times D^{n-q+1}$に適当な向きを与えれば

$$(\partial(S^q\times D^{n-q+1}),\partial\hat{\mathcal{F}}_0)=(S^q\times S^{n-q},\mathcal{F}_0)$$

となる．

さて,

$$[(M_1{}^n, \mathscr{F}_1)], [(M_2{}^n, \mathscr{F}_2)] \in \mathscr{F}\Omega_{n,q}{}^r$$

に対して，和を

$$[(M_1{}^n, \mathscr{F}_1)] + [(M_2{}^n, \mathscr{F}_2)] = [(M_1{}^n \cup M_2{}^n, \mathscr{F}_1 \cup \mathscr{F}_2)]$$

により定義すると，$\mathscr{F}\Omega_{n,q}{}^r$ は可換群となる．$\mathscr{F}\Omega_{n,q}{}^r$ の単位元は$[(S^q \times S^{n-q}, \mathscr{F}_0)]$である．$[(M^n, \mathscr{F})]$の逆元は$[(-M^n, \mathscr{F})]$である．なぜなら，$\mathscr{F} \times I = \{L_\alpha \times I; L_\alpha \in \mathscr{F}\}$と定義すれば，$(M^n \times I, \mathscr{F} \times I)$は$M^n \times I$の余次元$q$の境界に横断的な$C^r$葉層構造であって，$M^n \times I$に向きを適当に与えると

$$(\partial(M^n \times I), \partial(\mathscr{F} \times I)) = (M^n, \mathscr{F}) \cup (-M^n, \mathscr{F})$$

となるからである．$\mathscr{F}\Omega_{n,q}{}^r$ を**余次元 q の n 次元 C^r 葉層コボルディズム群**という．

向きが与えられた閉じた n 次元 C^r 多様体に関して，$M_1{}^n, M_2{}^n$ がコボルダントとは向きが与えられたコンパクトな$(n+1)$次元 C^r 多様体 W^{n+1} で，$\partial W^{n+1} = M_1{}^n \cup (-M_2{}^n)$となるものが存在することをいう．この関係は同値関係で，その同値類を**コボルディズム類**といい，コボルディズム類の集合を Ω_n と書く．$\mathscr{F}\Omega_{n,q}{}^r$ の場合と同様に Ω_n は可換群で，Ω_n を **n 次元 C^r コボルディズム群**といい，M^n が属する類を$[M^n]$と書く．

いま，写像

$$f: \mathscr{F}\Omega_{n,q}{}^r \to \Omega_n$$

を，$f([(M^n, \mathscr{F})]) = [M^n]$と定義すれば，明らかに f は準同型写像である．§31 において示されるように，この写像は1対1ではない．$n=3, q=1, r=\infty$ の場合にすでに $f^{-1}(0)$ は連続濃度以上の元からなるのである．

葉層構造をもつ多様体は，多様体そのものより当然複雑多様である．したがってこのすぐあとで述べる例からみてもその完全な分類はほとんど不可能であって，葉層コボルディズムによる分類である $\mathscr{F}\Omega_{n,q}{}^r$ は葉層構造をもつ多様体の‘分類’として都合のいいものである．

M^n を向きが与えられている閉じた n 次元 C^s 多様体$(s \geqq 2)$とし，$\mathscr{F}$ を M^n の余次元1の C^r 葉層構造とする．$\mathscr{F}$ に対して定理4.2のように $\mathscr{F}'$ を定め，$\mathscr{F}'$ の一つの葉 L_α に補助定理6.6の証明中に用いた方法を適用することにより，M^n の C^r 単純閉曲線

$$l: S^1 \to M^n$$

で $\mathscr{F}$ の葉と横断的に交わるものをつくることができる．この l に対して，C^r 埋め込み

$$g: D^{n-1} \times S^1 \to M^n$$

で，$g|\{0\} \times S^1 = l$ であり，$g(D^{n-1} \times \{y\})$ $(y \in S^1)$ が $\mathscr{F}$ の一つの葉に含まれるものがとれる(図8.2(i))．$\mathscr{F}$ を $g(D^{n-1} \times S^1)$ および $M^n - g(\mathrm{Int}\, D^{n-1} \times S^1)$ に制限すれば，それぞれ余次元1の境界に横断的な C^r 葉層構造 $\mathscr{F}_1$ および $\mathscr{F}_2$ となる．$D^{n-1} \times S^1$ の余次元1の C^∞ 葉層構造 $\overline{\mathscr{F}}'$ を，§16, 例Bの $D^2 \times S^1$ の場合と全く同様に§16, 例Bの関数 f を使って，$\overline{\mathscr{F}}'$ の葉は $S^{n-2} \times S^1$ および

$$L_\alpha = \{((x_1, x_2, \cdots, x_{n-1}), \exp 2\pi(\alpha + f((x_1{}^2 + x_2{}^2 + \cdots + x_{n-1}{}^2)^{1/2}))i);$$
$$(x_1, x_2, \cdots, x_{n-1}) \in D^{n-1}\}$$

によって定義する．$\overline{\mathscr{F}}'$ の葉の g による像は $g(D^{n-1} \times S^1)$ の余次元1の C^r 葉層構造を定める．これを $g(\overline{\mathscr{F}}')$ と書くことにしよう．$\mathscr{F}_1$ について，各々の葉 $g(D^{n-1} \times \{x\})$ のへりを $g(D^{n-1} \times S^1)$ の境界 $g(S^{n-2} \times S^1)$ に巻き込んだものが $g(\overline{\mathscr{F}}')$ である(図8.2(ii))．同様に $\mathscr{F}_2$ について，葉を $g(S^{n-2} \times S^1)$ の近傍において $g(S^{n-2} \times S^1)$ に巻き込み $g(S^{n-2} \times S^1)$ を一つの葉として加えることにより $M^n - g(\mathrm{Int}\, D^{n-1} \times S^1)$ の余次元1の C^r 葉層構造 $\overline{\mathscr{F}}_2$ がえられる．$\overline{\mathscr{F}} = g(\overline{\mathscr{F}}') \cup \overline{\mathscr{F}}_2$ とすると，$\overline{\mathscr{F}}$ は M^n の余次元1の C^r 葉層構造である．$\overline{\mathscr{F}}$ には $\mathscr{F}$ にはなかったコンパクトな葉 $g(S^{n-2} \times S^1)$ が存在するから $\overline{\mathscr{F}} \neq \mathscr{F}$ である．このようにして M^n の一つの葉層構造から異なる葉層構造 $\overline{\mathscr{F}}$ がつくられる．

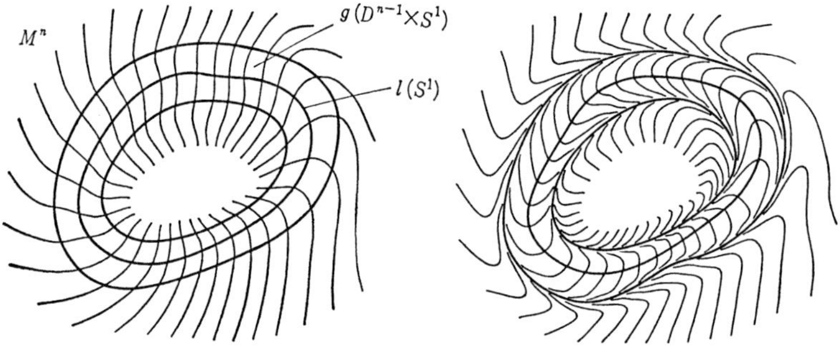

(i)　　　　　　　　　　(ii)

図8.2

しかし，次に示すように上述の $\mathcal{F}$ と $\overline{\mathcal{F}}$ とはコボルダントである．はじめに，$M^n \times I$ に余次元 1 の境界に横断的な C^r 葉層構造 $\hat{\mathcal{F}} = \{L_\alpha \times I; L_\alpha \in \mathcal{F}\}$ を考える．いま，

$$\hat{l} : S^1 \to M^n \times I$$

を

$$\hat{l}(y) = (l(y), 1) \qquad (y \in S^1)$$

と定義すると，$\hat{l}$ は C^r 埋め込みである．$D_-^n = \{(x_1, x_2, \cdots, x_n) \in D^n; x_n \leqq 0\}$ とすると，$\hat{l}$ に対して C^r 写像

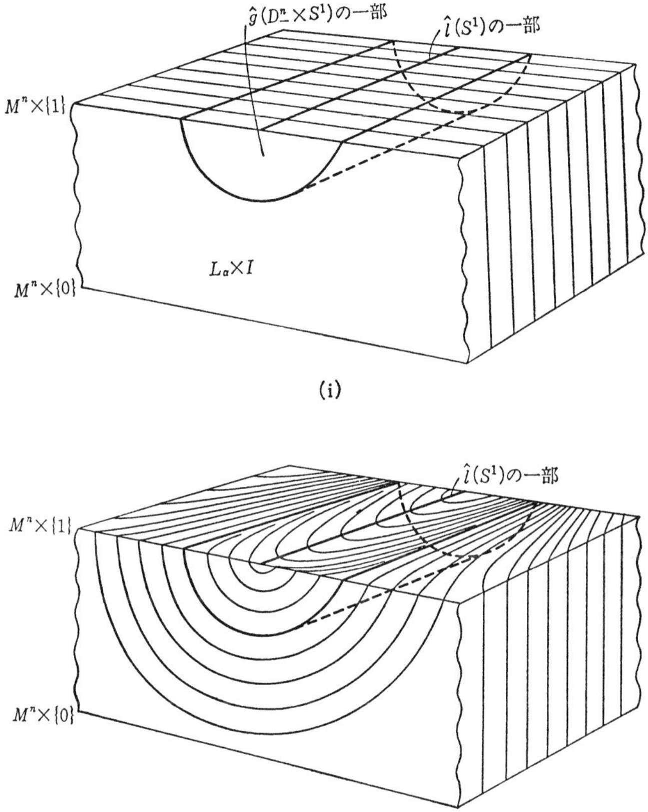

(i)

(ii)

図 8.3

$$\hat{g}: D_-^n \times S^1 \to M^n \times I$$

で次の性質(i),(ii),(iii),(iv)を満たすものが存在する(図8.3(i)).

(i) $\hat{g}|(D_-^n - D^{n-1}) \times S^1$ は C^r 埋め込みである.

(ii) $\hat{g}|(D_-^n \cap \mathrm{Int}\, D^n) \times S^1$ は C^r 埋め込みである.

(iii) $\hat{g}(D_-^n \times \{y\})$ は $\hat{\mathcal{F}}$ の一つの葉に含まれる($y \in S^1$).

(iv) $x \in D^{n-1}$ とすると $\hat{g}((x, y)) = (g(x, y), 1)$.

$\hat{\mathcal{F}}$ を $\hat{g}(D_-^n \times S^1)$ に制限したものおよび $M^n \times I - \hat{g}((D_-^n \cap \mathrm{Int}\, D^n) \times S^1)$ に制限したものそれぞれについて，一つ一つの葉を $\hat{g}((D_-^n \cap S^{n-1}) \times S^1)$ のところに巻き込み，$\hat{g}((D_-^n \cap S^{n-1}) \times S^1)$ を一つの葉として加えると，$M^n \times I$ の余次元1の境界に横断的な C^r 葉層構造がえられる(図8.3(ii)). これを $\hat{\mathcal{F}}_1$ とすると,

$$\hat{\mathcal{F}}_1 | M^n \times \{0\} = \mathcal{F}, \qquad \hat{\mathcal{F}}_1 | M^n \times \{1\} = \overline{\mathcal{F}}$$

であるから,

$$(\partial(M^n \times I), \partial\hat{\mathcal{F}}_1) = (M^n, \mathcal{F}) \cup (-M^n, \overline{\mathcal{F}})$$

であり，$\mathcal{F}$ と $\overline{\mathcal{F}}$ とはコボルダントとなる.

M^n を境界をもつ C^s 多様体とする. M^n の各点 p に対して $T_p(M^n)$ の m 次元部分空間を対応させる写像

$$\mathcal{D}^m : M^n \to \bigcup_{p \in M^n} G_p{}^m$$

で，次の条件(i),(ii)を満たしているものを M^n 上の**境界に横断的な m 次元 C^r 接平面場**という.

(i) $p \in \partial M^n$ の場合には $\mathcal{D}^m(p) \cap T_p(\partial M^n)$ は $T_p(\partial M^n)$ の $m-1$ 次元部分空間になっている.

(ii) 任意の点 $p \in M^n$ に対して，p の或る近傍 U 上で定義された C^r ベクトル場 $X_1, X_2, \cdots, X_m$ で，$p' \in U$ とするとき $X_1(p'), X_2(p'), \cdots, X_m(p')$ が $\mathcal{D}^m(p')$ の基になっているものがとれる.

$\mathcal{F} = \{L_\alpha; \alpha \in A\}$ を M^n の余次元 q の境界に横断的な C^r 葉層構造とする($r \geqq 1$). M^n の各点 p に対して，$T_p(M^n)$ のベクトルで L_α ($p \in L_\alpha$) に接するもの全体のつくる $n-q$ 次元接平面 $T_p(L_\alpha)$ を対応させると，M^n 上の境界に横断的な $n-q$ 次元 C^{r-1} 接平面場がえられる. これを $\mathcal{D}(\mathcal{F})$ と書く.

M^n 上の境界に横断的な $n-q$ 次元 C^r 接平面場 $\mathcal{D}^{n-q}$ に対して，M^n の余次

元 q の境界に横断的な $C^{r'}$ 葉層構造 $\mathscr{F}$ で(r' は $r+1$ または r),

$$\mathscr{D}(\mathscr{F}) = \mathscr{D}^{n-q}$$

となるものが存在するとき，$\mathscr{D}^{n-q}$ は**完全積分可能**であるという．

境界に横断的な $n-q$ 次元 C^r 接平面場 $\mathscr{D}^{n-q}$ が完全積分可能であるための必要十分条件として，Frobenius の定理(定理 7.8，定理 7.10)がそのまま成り立つ．また，M^n がコンパクトで $q=1$ の場合には定理 7.11 がそのまま成り立つ．

§30　葉層コボルディズム不変量(Godbillon-Vey 数)

M^n をコンパクトで弧状連結な n 次元 C^s 多様体($s \geqq 4$)とする．M^n は境界をもつ場合ももたない場合もある．$\mathscr{F}$ を M^n の余次元 1 の C^r 葉層構造或いは余次元 1 の境界に横断的な C^r 葉層構造とする($r \geqq 4$)．補助定理 7.7 により，M^n の開被覆 $\{V_\sigma ; \sigma \in \Sigma\}$ 上の 1 次 C^{r-1} 微分形式 $\{\omega_\sigma ; \sigma \in \Sigma\}$ でこれがきめる $n-1$ 次元 C^{r-1} 接平面場が $\mathscr{D}(\mathscr{F})$ であるものが存在する．定理 7.11 から M^n 上の 1 次 C^{r-2} 微分形式 θ で各 ω_σ に対して V_σ において

$$d\omega_\sigma = \omega_\sigma \wedge \theta$$

を満たすものがとれる．この θ を使って M^n 上の 3 次 C^{r-3} 微分形式 Γ を

$$\Gamma = \theta \wedge d\theta$$

によって定義し，$\mathscr{F}$ の **Godbillon-Vey 微分形式**という．($r \geqq 4$ としたが，$r=3$ の場合でも $\mathscr{D}(\mathscr{F})$ が C^3 であるときには Γ が定義できる．)

補助定理 8.1　Γ は 3 次 C^{r-3} 閉微分形式である．

証明　$d\omega_\sigma = \omega_\sigma \wedge \theta$ より

$$0 = d(d\omega_\sigma) = d\omega_\sigma \wedge \theta - \omega_\sigma \wedge d\theta = \omega_\sigma \wedge \theta \wedge \theta - \omega_\sigma \wedge d\theta = -\omega_\sigma \wedge d\theta$$

である．よって，V_σ 上の 1 次 C^{r-3} 微分形式 η_σ で V_σ において

$$d\theta = \omega_\sigma \wedge \eta_\sigma$$

となるものが存在する．これから V_σ において

$$d\Gamma = d(\theta \wedge d\theta) = d\theta \wedge d\theta = \omega_\sigma \wedge \eta_\sigma \wedge \omega_\sigma \wedge \eta_\sigma = 0$$

をうる．▌

補助定理 8.2　θ の代りに各 ω_σ に対して V_σ で $d\omega_\sigma = \omega_\sigma \wedge \theta'$ となる別の 1 次 C^{r-2} 微分形式 θ' をとり，これから $\Gamma' = \theta' \wedge d\theta'$ を定義すると，$\Gamma - \Gamma'$ は 3 次

C^{r-3} 完全微分形式である.

証明　$d\omega_\sigma=\omega_\sigma\wedge\theta=\omega_\sigma\wedge\theta'$ から,

$$\omega_\sigma\wedge(\theta'-\theta)=0$$

である. よって V_σ 上の C^{r-2} 関数 f_σ で, V_σ において

$$\theta'-\theta=f_\sigma\omega_\sigma$$

となるものが存在する. $V_\sigma\cap V_\nu\neq\phi\ (\sigma,\nu\in\Sigma)$ のとき, $V_\sigma\cap V_\nu$ において, $\omega_\sigma=\pm\omega_\nu$ に従って $f_\sigma=\pm f_\nu$ となる. よって, V_σ において

$$\begin{aligned}\theta'\wedge d\theta' &= (\theta+f_\sigma\omega_\sigma)\wedge d(\theta+f_\sigma\omega_\sigma)\\ &= (\theta+f_\sigma\omega_\sigma)\wedge(d\theta+df_\sigma\wedge\omega_\sigma+f_\sigma d\omega_\sigma)\\ &= \theta\wedge d\theta-d(f_\sigma\theta\wedge\omega_\sigma)+f_\sigma{}^2\omega_\sigma\wedge d\omega_\sigma\\ &= \theta\wedge d\theta-d(f_\sigma\theta\wedge\omega_\sigma)\end{aligned}$$

となる. 前述のことから, $V_\sigma\cap V_\nu$ において

$$f_\sigma\theta\wedge\omega_\sigma=f_\nu\theta\wedge\omega_\nu$$

であるから, $f_\sigma\theta\wedge\omega_\sigma\ (\sigma\in\Sigma)$ は M^n 上の1次 C^{r-2} 微分形式をきめている. これを η とすれば

$$\theta\wedge d\theta-\theta'\wedge d\theta'=d\eta$$

である. ▌

補助定理 8.3　$\{\omega_\sigma;\sigma\in\Sigma\}$ の代りに M^n の開被覆 $\{V_{\sigma'}';\sigma'\in\Sigma'\}$ 上の1次 C^{r-1} 微分形式 $\{\omega_{\sigma'}';\sigma'\in\Sigma'\}$ でこれがきめる C^{r-1} 接平面場が $\mathscr{D}(\mathscr{F})$ であるものから,

$$d\omega_{\sigma'}'=\omega_{\sigma'}'\wedge\theta''\qquad(\sigma'\in\Sigma')$$

のような θ'' を定め, θ'' から

$$\Gamma''=\theta''\wedge d\theta''$$

と M^n 上の3次 C^{r-3} 微分形式 Γ'' を定めると, $\Gamma-\Gamma''$ は3次 C^{r-3} 完全微分形式である.

証明　M^n の開被覆 $\{V_\sigma\cap V_{\sigma'}';\sigma\in\Sigma,\sigma'\in\Sigma'\}$ を Σ'' とし, ω_σ および $\omega_{\sigma'}'$ を $V_{\sigma''}''=V_\sigma\cap V_{\sigma'}'$ に制限したものをそれぞれ $\omega_{\sigma''}$ および $\omega_{\sigma''}'$ とする. 必要があれば, $\{\omega_\sigma;\sigma\in\Sigma\}$ および $\{\omega_{\sigma'}';\sigma'\in\Sigma'\}$ を $\{\omega_{\sigma''};\sigma''\in\Sigma''\}$ および $\{\omega_{\sigma''}';\sigma''\in\Sigma''\}$ でおきかえることにより, はじめから $\Sigma=\Sigma'$ としてよい.

仮定から, V_σ 上の C^{r-1} 関数 g_σ で

$$\omega_\sigma'=g_\sigma\omega_\sigma$$

となるものが存在する．g_σ は V_σ 上で 0 になることはない．いま $\omega_{\sigma'}'$ を $-\omega_{\sigma'}'$ でおきかえても

$$d(-\omega_{\sigma'}') = (-\omega_{\sigma'}')\wedge\theta''$$

が成り立つから，$V_{\sigma'}$（の各弧状連結成分）で $\pm\omega_{\sigma'}'$ の符号をえらび，$\{\omega_{\sigma'}'; \sigma'\in\Sigma\}$ を $\{\pm\omega_{\sigma'}'; \sigma'\in\Sigma\}$ で置き換えることにより，g_σ は正値関数と考えてよい．$V_\sigma\cap V_\nu\neq\phi$ のとき，$V_\sigma\cap V_\nu$ 上で $g_\sigma=\pm g_\nu$ であるから，$g_\sigma\,(\sigma\in\Sigma)$ をすべて正値にとれば，$g_\sigma\,(\sigma\in\Sigma)$ は M^n 上の C^{r-1} 関数 g を定める．

定義から，V_σ 上で

$$\omega_\sigma' = g\omega_\sigma,$$

よって

$$\begin{aligned} d\omega_\sigma' &= dg\wedge\omega_\sigma + gd\omega_\sigma \\ &= \omega_\sigma\wedge(-dg+g\theta) \\ &= \omega_\sigma'\wedge\left(\frac{-dg}{g}+\theta\right) \end{aligned}$$

となる．よって θ'' として $-d(\log g)+\theta$ をとることができる．ところで，

$$d\theta'' = d(-d(\log g)+\theta) = d\theta$$

であるから

$$\begin{aligned} \theta''\wedge d\theta'' &= (-d(\log g)+\theta)\wedge d\theta \\ &= d((-\log g)d\theta)+\theta\wedge d\theta \end{aligned}$$

となる．∎

これらの補助定理によって，3 次 C^{r-3} 閉微分形式 Γ は 3 次 C^{r-3} 完全微分形式を除いて C^r 葉層構造 $\mathcal{F}$ によってきまる．

一般にコンパクトな n 次元 C^r 多様体 $(r\geqq 1)$ において，q 次 C^r 閉微分形式全体のつくるベクトル空間の q 次 C^r 完全微分形式全体のつくる部分空間による商ベクトル空間を $H_D{}^q(M^n, \boldsymbol{R})$ と書き，q 次元 **de Rham コホモロジー群**といい，その元を q 次元 **de Rham コホモロジー類**という．上記の Γ が含まれる 3 次元 de Rham コホモロジー類 $[\Gamma]$ は余次元 1 の葉層構造 $\mathcal{F}$ により定まる量である．この $[\Gamma]$ を $\mathcal{F}$ の **Godbillon-Vey 特性類**という．

例 1　E を閉じた n 次元 C^r 多様体，$\pi: E\to S^1$ を C^r バンドルとし $(r\geqq 4)$，$\mathcal{F}=\{\pi^{-1}(y); y\in S^1\}$ を余次元 1 の C^r バンドル葉層とする．閉区間 $[0,1]$ の点をそ

の座標 y で表わし，$[0,1]$ から $\{0\}$ と $\{1\}$ とを同一視して S^1 ができていると考えるとき，dy は S^1 上の1次 C^∞ 微分形式である．$\mathcal{D}(\mathcal{F})$ は π^*dy がきめる $n-1$ 次元 C^{r-1} 接平面場で，$d(dy)=0$ から

$$d(\pi^*dy)=0$$

であって，θ として0をとれる．よってバンドル葉層の Godbillon-Vey 微分形式 Γ は0である．

例2　S^3 の Reeb 葉層 $\mathcal{F}_R$(§16，例B)の Godbillon-Vey 微分形式を計算しよう．D^2 の点を極座標によって (r,ϕ) $(0\leqq r\leqq 1, 0\leqq\phi<2\pi)$ と表わし，$D^2\times S^1\ni(r,\phi,y)$ $(y\in S^1)$ とする．$f\colon]-1,1[\to\boldsymbol{R}$ を§16，例Bの C^∞ 関数とする．また，

$$h\colon[0,1]\to[0,1]$$

を単調減少な C^∞ 関数で，0の近傍で1，1の近傍で0であるとする(補助定理1.5参照)．S^3 上の1次 C^∞ 微分形式 ω を

$\mathrm{Int}\,D_1{}^2\times S_1{}^1$ 上では

$$\omega=h(r)\left(dy-\frac{df(r)}{dr}dr\right)+(1-h(r))\left(\left(1\Big/\frac{df(r)}{dr}\right)dy-dr\right)$$

$\partial D_1{}^2\times S_1{}^1$ 上では　　$\omega=dr$

と定義し，$D_2{}^2\times S_2{}^1$ 上では符号を変えたものと定義すると，ω がきめる S^3 上の2次元 C^∞ 接平面場が $\mathcal{D}(\mathcal{F}_R)$ である．簡単な計算により $\mathrm{Int}\,D_1{}^2\times S_1{}^1$ 上で

$$d\omega=-\omega\wedge\frac{d}{dr}\left(\log\left(h(r)+(1-h(r))\Big/\frac{df(r)}{dr}\right)\right)dr$$

となる．したがって，Reeb 葉層の Godbillon-Vey 微分形式 Γ は0である．

M^3 を向きが与えられている閉じた3次元 C^s 多様体 $(s\geqq 4)$ とし，$\mathcal{F}$ を M^3 の余次元1の C^r 葉層構造 $(r\geqq 4)$ とする．$\mathcal{F}$ から上述のように M^3 上の3次 C^{r-3} 微分形式 Γ が定まる．Γ の M^3 上の積分

$$\int_{M^3}\Gamma$$

を **Godbillon-Vey 数**といい，G.V.$(M^3,\mathcal{F})$ と書く．前述のように，Γ は3次 C^{r-3} 完全微分形式を除いて $\mathcal{F}$ によってきまる．いま，

$$\Gamma'=\Gamma+d\Theta\qquad(\Theta \text{ は } M^3 \text{ 上の2次 } C^{r-2} \text{ 微分形式})$$

とすると，Stokes の定理(定理7.6)により

$$\int_M \Gamma' = \int_M \Gamma + \int_M d\Theta = \int_M \Gamma$$

であるから，Godbillon-Vey 数は $\mathscr{F}$ によって完全にきまる．

次の定理が示すように Godbillon-Vey 数は葉層コボルディズム不変量である．

定理 8.4 M_1^3, M_2^3 を向きが与えられている閉じた 3 次元 C^s 多様体とし，$(M_1^3, \mathscr{F}_1), (M_2^3, \mathscr{F}_2)$ を余次元 1 の C^r 葉層構造 $(r \geqq 4)$ とする．$(M_1^3, \mathscr{F}_1)$ と $(M_2^3, \mathscr{F}_2)$ が葉層コボルダントであれば，それぞれの Godbillon-Vey 数は等しい：

$$\mathrm{G.V.}(M_1^3, \mathscr{F}_1) = \mathrm{G.V.}(M_2^3, \mathscr{F}_2).$$

証明 $(W^4, \mathscr{F})$ を $(M_1^3, \mathscr{F}_1)$ と $(M_2^3, \mathscr{F}_2)$ との間の葉層コボルディズムとし，

$$(\partial W^4, \partial \mathscr{F}) = (M_1^3, \mathscr{F}_1) \cup (-M_2^3, \mathscr{F}_2)$$

とする．$\{U_\sigma; \sigma=1, 2, \cdots, u\}$ を W^4 の開被覆とし，$\{\omega_\sigma; \sigma=1, 2, \cdots, u\}$ を $\{U_\sigma\}$ 上の 1 次 C^{r-1} 微分形式で $\mathscr{D}(\mathscr{F})$ をきめるものとする．$U_\sigma\,(\sigma=1, 2, \cdots, u)$ のうち，$U_\sigma \cap M_1^3 \neq \phi$ であるものを $U_{i_1}, U_{i_2}, \cdots, U_{i_{u'}}$ とし，$U_\sigma \cap M_2^3 \neq \phi$ であるものを $U_{j_1}, U_{j_2}, \cdots, U_{j_{u''}}$ とすると，$\{M_1^3 \cap U_{i_k}; k=1, 2, \cdots, u'\}$ および $\{M_2^3 \cap U_{j_k}; k=1, 2, \cdots, u''\}$ は M_1^3 および M_2^3 の開被覆である．ω_{i_k} を $M_1^3 \cap U_{i_k}$ に制限したものを ω_{i_k}' とし，ω_{j_k} を $M_2^3 \cap U_{j_k}$ に制限したものを ω_{j_k}'' とすれば，$\{\omega_{i_k}'; k=1, 2, \cdots, u'\}$ および $\{\omega_{j_k}''; k=1, 2, \cdots, u''\}$ はそれぞれ $\mathscr{D}(\mathscr{F}_1)$ および $\mathscr{D}(\mathscr{F}_2)$ をきめる．

いま，$\{\omega_\sigma; \sigma=1, 2, \cdots, u\}$ から定理 7.11 により W^4 上の 1 次 C^{r-2} 微分形式 θ を定め，$\Gamma = \theta \wedge d\theta$ を Godbillon-Vey 微分形式とする．上述のことから，

$$\iota_1 : M_1^3 \to W^4, \qquad \iota_2 : M_2^3 \to W^4$$

を包含写像とし，

$$\theta_1 = \iota_1{}^* \theta, \qquad \theta_2 = \iota_2{}^* \theta$$

とすると，θ_1 および θ_2 はそれぞれ $\{\omega_{i_k}'; k=1, 2, \cdots, u'\}$ および $\{\omega_{j_k}''; k=1, 2, \cdots, u''\}$ から定理 7.11 のように定まる M_1^3 および M_2^3 上の 1 次 C^{r-2} 微分形式であって，

$$\Gamma_1 = \theta_1 \wedge d\theta_1, \qquad \Gamma_2 = \theta_2 \wedge d\theta_2$$

はそれぞれ $\mathscr{F}_1, \mathscr{F}_2$ の Godbillon-Vey 微分形式である．$\iota_1{}^*\Gamma = \Gamma_1$，$\iota_2{}^*\Gamma = \Gamma_2$ であるから，$\iota : \partial W^4 \to W^4$ を包含写像とするとき，

$$\mathrm{G.V.}(M_1^3, \mathscr{F}_1) - \mathrm{G.V.}(M_2^3, \mathscr{F}_2) = \int_{M_1^3} \Gamma_1 - \int_{M_2^3} \Gamma_2$$

$$= \int_{\partial W^4} \iota^* \Gamma = \int_{W^4} d\Gamma$$
$$= 0$$

となる. ▌

Godbillon-Vey 数が実際意味のある不変数であることを次の§31で示そう.

§31 S^3 の葉層構造のコボルディズム(Thurston の定理)

複素平面 $\boldsymbol{C}$ の上半平面 $H=\{z=x+yi;\, y>0\}$ を考える. $z=x+yi$ と (x,y) を対応させると, H を $\boldsymbol{R}_+{}^2-\boldsymbol{R}^1=\{(x,y);\, y>0\}$ と同一視することができる.

行列$\begin{pmatrix} a & b \\ c & d \end{pmatrix}$で, a,b,c,d は実数であり, $ad-bc=1$ となっているもの全体の集合を $SL(2,\boldsymbol{R})$ と書く. $SL(2,\boldsymbol{R})$ は行列の積により群となる. $SL(2,\boldsymbol{R})$ の一つの元$\begin{pmatrix} a & b \\ c & d \end{pmatrix}$が与えられたとき, z に対して $\dfrac{az+b}{cz+d}$ を対応させる1次変換を $\tau:\boldsymbol{C}\to\boldsymbol{C}$ と書くことにする. 明らかに $\tau(H)=H$ であって, τ を H に制限すれば変換

$$\tau: H \to H$$

がえられる.

$\boldsymbol{C}$ の円または直線は

$$(*) \qquad Az\bar{z}+Bz+\bar{B}\bar{z}+C=0$$

という形で書ける. ただし, A, C は実数で $B\bar{B}-AC>0$ である. いま, $w=\dfrac{az+b}{cz+d}$ とすると $z=\dfrac{-dw+b}{cw-a}$ であって, これを上の式に代入すれば,

$$(**) \qquad A'w\bar{w}+B'w+\bar{B}'\bar{w}+C'=0,$$

ただし

$$A'=Ad^2+Cc^2-(B+\bar{B})cd, \qquad B'=Bad+\bar{B}bc-Abd-Cac,$$
$$C'=Ab^2+Ca^2-(B+\bar{B})ab$$

となる. A', C' は実数で $B'\bar{B}'-A'C'>0$ であるから, これも $\boldsymbol{C}$ の円または直線を表わす. すなわち1次変換 τ により円または直線は円または直線に写像されることがわかった. とくに(*)において B が実数の場合は円(*)の中心は実軸上にあり, このとき円(**)の中心も実軸上にある.

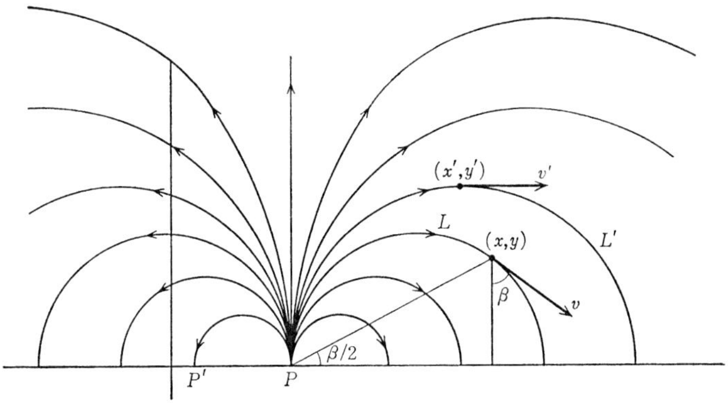

図 8.4

実軸上に中心をもつ円周と上半平面 H との共通部分を **H における円弧**といい L などと書くことにする．中心が ∞ になったものとして虚軸に平行な直線と H との共通部分も H における円弧という．H における円弧に向きを定めたとき，その向きが図 8.4 のように実軸上の点 P から P' へ向っている場合にそれを **P から出発する H における円弧**という．L, L' を H における円弧で向きが定められたものとするとき，$SL(2, \boldsymbol{R})$ の元からきまる 1 次変換で L を L' に向きを保って写像するものが存在することは明らかであろう．

z に $1/\bar{z}$ を対応させる写像を

$$r' : H \to H$$

とする．$S^1 = \{z; |z| = 1\}$ とすると，$H \cap S^1$ の各点は r' によって不動である．この r' を $H \cap S^1$ に関する**反転**という．H における円弧 L が与えられたとき，$H \cap S^1$ を L に写像する 1 次変換を τ とするとき，$\tau \circ r' \circ \tau^{-1} : H \to H$ を L に関する反転という．L の各点は $\tau \circ r' \circ \tau^{-1}$ によって不動である．

2 次元 C^∞ 多様体 H に Riemann 計量

$$ds^2 = \frac{1}{y^2}(dx^2 + dy^2)$$

を導入する（あとがき VIII，注 1 参照）．実は H における円弧 L はこの Riemann 計量の測地線になっているのである．よく知られているように L を H における‘直線’と考えることにより，Lobachefsky の非 Euclid 幾何のモデルが得られる．二つの‘直線’L, L' が実軸上の同一の点 P に限りなく近づくとき，L と L'

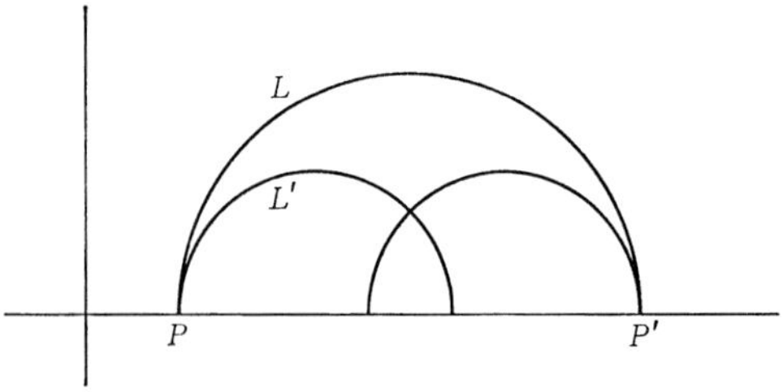

図 8.5

とは平行であると定義すると平行線公理以外の公理は満たされるが，一つの‘直線’に対し，‘直線’外の一点を通る平行線は2本存在する(図8.5).

$\tau: H\to H$ を $SL(2,\boldsymbol{R})$ の元から定まる1次変換とすると，τ が H における円弧を H における円弧に写像することから，$\langle\ ,\ \rangle_z$ を上述の Riemann 計量による内積とするとき，

$$\langle \tau_* u, \tau_* v\rangle_{\tau(z)} = \langle u, v\rangle_z \qquad (u, v\in T_z(H))$$

が成り立つ．すなわち，上述の Riemann 計量はこのような1次変換で不変な Riemann 計量である.

H の接空間 $T(H)$ の元は $(z,v)(v\in T_z(H))$ 或いは $z=x+yi$ として (x,y,v) と表わされる．(x,y,v) に $((x,y),v)$ を対応させることによって，$T(H)$ は C^∞ 多様体として $H\times\boldsymbol{R}^2$ に C^∞ 同相である.

H の接球面バンドル

$$\{(x,y,v)\in T(H);\ \|v\|=1\}$$

を E とし，

$$\hat{\pi}: E\to H \qquad (\hat{\pi}(x,y,v)=(x,y))$$

を C^∞ バンドルの射影とする．E は3次元 C^∞ 多様体であって (x,y,v) に $((x,y),v)$ を対応させることにより $H\times S^1$ と C^∞ 同相である．H における上記の Riemann 計量と，S^1 の普通の意味での Riemann 計量によって E に Riemann 計量を導入しておく.

L, L' を向きが与えられている H における円弧で同一の点 P から出発するものとし，$(x,y)\in L, (x',y')\in L'$ とする(図8.4)．いま，

$$v\in T_{(x,y)}(H), \qquad v'\in T_{(x',y')}(H)$$

を v および v' はそれぞれ L および L' に接し，その方向が L および L' の方向

に向っているベクトルとする．このような関係にある二つのベクトル v, v' を**平行**という(図 8.4)．E において，v と v' が平行であるとき，

$$(x, y, v) \sim (x', y', v')$$

と定めると関係$\sim$は同値関係であって，この同値関係による同値類を $L_\alpha (\alpha \in A)$ とすると，$\mathscr{F} = \{L_\alpha ; \alpha \in A\}$ は E の余次元 1 の C^∞ 葉層構造である．(これは後述の E 上の 1 次 C^∞ 微分形式 ω が $d\omega \wedge \omega = 0$ を満たすことから確められる．)

実軸上(∞ を含めて)に一点 P をとり，P から出発する H における円弧の集合族を考える(図 8.4)．この集合族に属する L について，L の接ベクトルで方向も L の方向であって長さが 1 のものすべてからなる集合が一つの葉 L_α である．したがって，P の座標を $\alpha \in \boldsymbol{R} \cup \{\infty\}$ として，$A = \boldsymbol{R} \cup \{\infty\}$ にとることができる．葉 L_α を式で書き表わすと次のようになる．

$(x, y, v) \in L_\alpha$ とする．H 上で v を図 8.4 のように表わしたときの虚軸の負の方向と v の方向の間の角を β とすると(図 8.4)，

$$\tan \frac{\beta}{2} = \frac{y}{x - \alpha}$$

となる．v を角 β によって表わすことにすれば，これが葉 L_α を表わす式である．

この式の外微分 d をとり上の関係式を用いると，

$$d\beta + \frac{2\sin^2(\beta/2)}{y} dx - \frac{\sin \beta}{y} dy = 0$$

となる．したがって，E 上の 1 次 C^∞ 微分形式 ω を

$$\omega = d\beta + \frac{2\sin^2(\beta/2)}{y} dx - \frac{\sin \beta}{y} dy$$

と定義すれば，ω がきめる E 上の接平面場は $\mathscr{D}(\mathscr{F})$ である．τ を $SL(2, \boldsymbol{R})$ の元がきめる 1 次変換とすると，前述のように τ は H における円弧を H における円弧に変換する．また，前述の Riemann 計量は τ で不変で $\tau_* : T(H) \to T(H)$ を E に制限した写像を同じ τ_* で書くと，

$$\tau_* : E \to E$$

で τ_* は C^∞ 同相である．この τ_* に関して $L_\alpha \in \mathscr{F}$ のとき $\tau_*(L_\alpha) \in \mathscr{F}$，すなわち $\mathscr{F}$ は $SL(2, \boldsymbol{R})$ 不変であることおよび

$$(\tau_*)^*\omega = \omega,$$

すなわち ω も $SL(2, \boldsymbol{R})$ 不変であることがわかる(あとがきⅧ, 注2参照).

次に ω の Godbillon–Vey 微分形式 Γ を計算しよう. ω の外微分 $d\omega$ は

$$d\omega = -\frac{2\sin^2(\beta/2)}{y^2}dy_\wedge dx + \frac{\sin\beta}{y}d\beta_\wedge dx - \frac{\cos\beta}{y}d\beta_\wedge dy$$

であるから,

$$\theta = \frac{\sin\beta}{y}dx - \frac{\cos\beta}{y}dy$$

とすると,

$$d\omega = \omega_\wedge\theta$$

となる. (したがってとくに $d\omega_\wedge\omega=0$ である.) よって

$$\Gamma = \theta_\wedge d\theta = \frac{-1}{y^2}dx_\wedge dy_\wedge d\beta$$

である. $-\Gamma$ は前述の H の Riemann 計量に同伴した体積要素である. 容易に確かめられるようにここで θ も $SL(2, \boldsymbol{R})$ 不変となっている.

上半平面 H においていくつかの H における円弧でかこまれた'凸多角形'を K とする(図8.6). '凸多角形'とは H における円弧を'直線'と見做した凸多角形ということである. K の'辺'を $s_1, s_2, \cdots, s_q$, '頂点'を $p_1, p_2, \cdots, p_q$ とし, s_1 を含む H における円弧に関する反転による K の像を K', s_i の像を s_i', p_i の像を p_i' とする(図8.6). ただし, $i=1, 2, \cdots, q$ であって, $s_1=s_1'$, $p_1=p_1'$, $p_q=p_q'$ である. 容易に分かるように, 各 i についてこの反転による対応 $s_i \to s_i'$ は

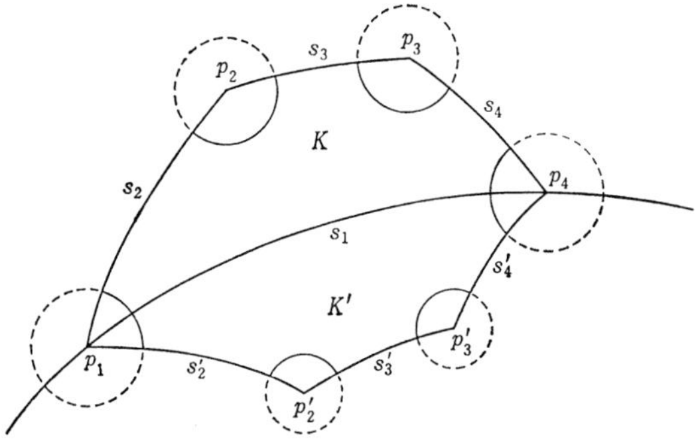

図8.6

$SL(2,\boldsymbol{R})$の元によって定まる1次変換

$$\tau_i : s_i \rightarrow s_i'$$

によって(一意的に)実現される.

以下，Hに前述のRiemann計量からきまる距離を考える．$\varepsilon>0$を十分小であるとし，各p_i, p_i'に対しε近傍$U_\varepsilon(p_i), U_\varepsilon(p_i')$をとる．いま,

$$\hat{K} = K \cup K' - \bigcup_{i=1}^{q} U_\varepsilon(p_i) - \bigcup_{i=1}^{q} U_\varepsilon(p_i')$$

とし，$\hat{\pi}^{-1}(\hat{K}) = \hat{E}$とする．また,

$$\hat{K} \cap s_i = \hat{s}_i, \quad \hat{K} \cap s_i' = \hat{s}_i'$$

とし，$\tau_i : s_i \rightarrow s_i'$を$\hat{s}_i$に制限した写像を

$$\hat{\tau}_i : \hat{s}_i \longrightarrow \hat{s}_i'$$

と書く．$\hat{K}$から$i=2,3,\cdots,q$について，$\hat{s}_i$と$\hat{s}_i'$とを$\hat{\tau}_i$で同一視してできる2次元C^∞多様体をV^2とすると，V^2はS^2にq個の穴をあけたもので,

$$V^2 = S^2 - \bigcup_{i=1}^{q} \operatorname{Int} D_i^2$$

である．$\hat{E}$から$i=2,3,\cdots,q$について，$\hat{\pi}^{-1}(\hat{s}_i)$と$\hat{\pi}^{-1}(\hat{s}_i')$とを

$$(\hat{\tau}_i)_* : \hat{\pi}^{-1}(\hat{s}_i) \longrightarrow \hat{\pi}^{-1}(\hat{s}_i')$$

で同一視してできる3次元C^∞多様体をM^3とし,

$$\kappa : \hat{E} \longrightarrow M^3$$

をこの同一視から定まる写像とする．$\hat{\pi} : E \rightarrow H$から自然にきまる射影を

$$\pi' : M^3 \longrightarrow V^2$$

とすると，π'はC^∞バンドルでこのファイバーはS^1である．V^2が境界を持つコンパクトな2次元多様体であることから，このπ'は積バンドルで$M^3 = V^2 \times S^1$である(あとがきⅧ，注3参照).

$\mathscr{F}$が$SL(2,\boldsymbol{R})$不変であることから，$(\hat{\tau}_i)_* : \hat{\pi}^{-1}(\hat{s}_i) \rightarrow \hat{\pi}^{-1}(\hat{s}_i')$によって，$L_\alpha \cap \hat{\pi}^{-1}(\hat{s}_i)\,(L_\alpha \in \mathscr{F})$は$L_{\alpha'} \cap \hat{\pi}^{-1}(\hat{s}_i')\,(L_{\alpha'} \in \mathscr{F})$に写像される.

したがって，各iについて$L_\alpha \cap \hat{\pi}^{-1}(\hat{s}_i)$と$L_{\alpha'} \cap \hat{\pi}^{-1}(\hat{s}_i')$とを同一視することにより，$\mathscr{F}$を$\hat{E}$に制限したものから自然に$M^3$の境界に横断的な余次元1の$C^\infty$葉層構造がきまる．これを$\overline{\mathscr{F}}$と書くことにする.

全く同様に，ωが$SL(2,\boldsymbol{R})$不変であることから，ωを$\hat{E}$に制限したものか

ら自然に M^3 上の1次 C^∞ 微分形式 $\bar{\omega}$ がきまる．$\bar{\omega}$ がきめる C^∞ 接平面場は $\mathcal{D}(\overline{\mathscr{F}})$ である．また，前述の θ が $SL(2,\boldsymbol{R})$ 不変であることから，θ を $\hat{E}$ に制限したものから M^3 の1次 C^∞ 微分形式 $\bar{\theta}$ がきまり，定義から

$$d\bar{\omega} = \bar{\omega}\wedge\bar{\theta}$$

が成り立つ．

$U_{2\varepsilon}(p_i), U_{2\varepsilon}(p_i')$ を p_i, p_i' の H における 2ε 近傍とする．$U_{2\varepsilon}(p_i)$ および $U_{2\varepsilon}(p_i')$ に p_i および p_i' を原点とする‘極座標’をとり，$U_{2\varepsilon}(p_i)$ および $U_{2\varepsilon}(p_i')$ の点を (r,ψ) で表わす．ただし，$0\leqq r<2\varepsilon$ である．いま，

$$P_i = \{(r,\psi,v);\,(r,\psi)\in U_{2\varepsilon}(p_i)-U_\varepsilon(p_i),\, v\in T_{(r,\psi)}(H),\, \|v\|=1\},$$
$$P_i' = \{(r,\psi,v);\,(r,\psi)\in U_{2\varepsilon}(p_i')-U_\varepsilon(p_i'),\, v\in T_{(r,\psi)}(H),\, \|v\| = 1\}$$

とすると，$P_i, P_i'\subset\hat{E}$ である．$(r,\psi,v)\in P_i$（或いは $\in P_i'$）に対して $\bar{v}\in T_{p_i}(H)$（或いは $\in T_{p_i'}(H)$）を v に平行で方向も v と同調するようにとり，$\bar{v}$ と虚数軸の負の方向とのなす角を $\gamma_i(r,\psi,v)$（或いは $\gamma_i'(r,\psi,v)$）と定義すると，C^∞ 関数

$$\gamma_i\colon P_i\to\boldsymbol{R},\qquad \gamma_i'\colon P_i'\to\boldsymbol{R}$$

をうる．$\gamma_i=$(定数)(或いは $\gamma_i'=$(定数))によって $\mathscr{F}$ の P_i（或いは P_i'）の部分の葉が定まる．

$v\in T_{p_i}(H)$ が虚数軸の負の方向となす角と，$(\hat{t}_i)_*(v)\in T_{p_i'}(H)$ が虚数軸の負の方向となす角との差を δ_i とすると，γ_i, γ_i' の定義から $(r,\psi,v)\in P_i$ に対して，

$$\gamma_i'((\hat{t}_i)_*(r,\psi,v)) = \gamma_i(r,\psi,v)+\delta_i \qquad (i=1,2,\cdots,q)$$

が成り立つ．したがって，$d\gamma_i, d\gamma_i'$ を $P_i\cap\hat{\pi}^{-1}(\hat{s}_i), P_i'\cap\hat{\pi}^{-1}(\hat{s}_i')$ に制限したものは $(\hat{t}_i)_*$ 不変であって，$d\gamma_i, d\gamma_i'$ から自然に $\kappa((P_i\cup P_i')\cap\hat{E})$ 上の1次 C^∞ 微分形式が定まる．これを $d\hat{\gamma}_i$ と書くことにする $(i=1,2,\cdots,q)$．$\kappa((P_i\cup P_i')\cap\hat{E})$ において $d\hat{\gamma}_i$ は $\bar{\omega}$ と同じ接平面場 $\mathcal{D}(\overline{\mathscr{F}})$ をきめるから，C^∞ 関数

$$g\colon\kappa((P_i\cup P_i')\cap\hat{E})\to\boldsymbol{R}-\{0\}$$

で，$\kappa((P_i\cup P_i')\cap\hat{E})$ において

$$d\hat{\gamma}_i = g\bar{\omega}$$

となるものが存在する．

いま，単調減少な C^∞ 関数

$$h\colon[\varepsilon, 2\varepsilon]\to[0,1]$$

を，$\varepsilon\leqq t\leqq 4\varepsilon/3$ のとき $h(t)=1$，$5\varepsilon/3\leqq t\leqq 2\varepsilon$ のとき $h(t)=0$ のようにとる（補助

定理 1.5 参照). M^3 上の 1 次 C^∞ 微分形式 ω' を

(i)　$M^3-\bigcup_{i=1}^{q}\kappa((P_i\cup P_i')\cap\hat{E})$ では $\omega'=\bar{\omega}$,

(ii)　$\kappa((P_i\cup P_i')\cap\hat{E})$ では

$$\omega'(\kappa(r,\phi,v))=(1-h(r))\bar{\omega}(\kappa(r,\phi,v))+h(r)d\hat{\gamma}_i(\kappa(r,\phi,v))$$

と定義する．この定義から明らかなように ω' がきめる M^3 上の C^∞ 接平面場は $\bar{\omega}$ がきめるものと同じ $\mathcal{D}(\bar{\mathcal{F}})$ である．

$d\omega'$ を $\kappa((P_i\cup P_i')\cap\hat{E})$ 上で計算すれば，

$$\begin{aligned}d\omega' &= -\frac{dh}{dr}dr\wedge\bar{\omega}+(1-h)d\bar{\omega}+\frac{dh}{dr}dr\wedge d\hat{\gamma}_i\\ &=\bar{\omega}\wedge\left(\frac{dh}{dr}dr\right)+(1-h)\bar{\omega}\wedge\bar{\theta}+\bar{\omega}\wedge\left(-g\frac{dh}{dr}dr\right)\\ &=\bar{\omega}\wedge\left((1-g)\frac{dh}{dr}dr+(1-h)\bar{\theta}\right)\\ &=\frac{1}{(1-h)+gh}\omega'\wedge\left((1-g)\frac{dh}{dr}dr+(1-h)\bar{\theta}\right)\end{aligned}$$

である．よって

$$\theta'=\frac{1}{(1-h)+gh}\left((1-g)\frac{dh}{dr}dr+(1-h)\bar{\theta}\right)$$

とすれば，

$$d\omega'=\omega'\wedge\theta'$$

となる．$M^3-\bigcup_{i=1}^{q}\kappa((P_i\cup P_i')\cap\hat{E})$ では $d\bar{\omega}=\bar{\omega}\wedge\bar{\theta}$ であったから，そこでは $\theta'=\bar{\theta}$ とすれば

$$d\omega'=\omega'\wedge\theta'$$

が成り立つ．

$\bar{\omega}$ の Godbillon-Vey 微分形式 $\bar{\Gamma}=\bar{\theta}\wedge d\bar{\theta}$ と，ω' の Godbillon-Vey 微分形式 $\Gamma'=\theta'\wedge d\theta'$ の差を上の θ' の式から求めよう．$M^3-\bigcup_{i=1}^{q}\kappa((P_i\cup P_i')\cap\hat{E})$ では $\bar{\Gamma}=\Gamma'$ である．また，$\kappa((P_i\cup P_i')\cap\hat{E})$ 上で

$$\bar{\Gamma}-\Gamma'=g_i dr\wedge d\phi\wedge d\beta\qquad(i=1,2,\cdots,q)$$

とすると，簡単な計算により，$\varepsilon\to 0$ に対して εg_i は有界であることがわかる．このことから

$$\lim_{\varepsilon\to 0}\int_{M^3}\bar{\Gamma}-\Gamma' = 0$$

である．

次に境界に横断的な M^3 の C^∞ 葉層構造 $\bar{\mathscr{F}}$ を境界の近傍で変形して，境界 ∂M^3 の連結成分が一つの葉であるような§16の意味の C^∞ 葉層構造を M^3 に定義しよう．はじめに，単調減少な C^∞ 関数

$$\bar{h}: [\varepsilon, 2\varepsilon] \to \boldsymbol{R}$$

を，$\varepsilon \leqq t \leqq 10\varepsilon/9$ のとき $\bar{h}(t)=1$，$10\varepsilon/9<t<11\varepsilon/9$ のとき $0<\bar{h}(t)<1$，$11\varepsilon/9 \leqq t \leqq 2\varepsilon$ のとき $\bar{h}(t)=0$ のようにとる．M^3 上の1次 C^∞ 微分形式 ω'' を

(i) $M^3-\bigcup_{i=1}^{q}\kappa((P_i\cup P_i')\cap\hat{E})$ では $\omega''=\omega'$,

(ii) $\bigcup_{i=1}^{q}\kappa((P_i\cup P_i')\cap\hat{E})$ では

$$\omega''(\kappa(r,\psi,v)) = (1-\bar{h}(r))\omega'(\kappa(r,\psi,v))+\bar{h}(r)dr$$

と定義する．ω'' がきめる C^∞ 接平面場を $\mathscr{D}$ とすると，$M^3-\bigcup_{i=1}^{q}\kappa(((U_{4\varepsilon/3}(p_i)-U_\varepsilon(p_i))\cup(U_{4\varepsilon/3}(p_i')-U_\varepsilon(p_i')))\cap\hat{E})$ では $\mathscr{D}$ は ω' のきめる C^∞ 接平面場であるからここでは $\mathscr{D}$ は完全積分可能である．また，$\kappa(((U_{4\varepsilon/3}(p_i)-U_\varepsilon(p_i))\cup(U_{4\varepsilon/3}(p_i')-U_\varepsilon(p_i')))\cap\hat{E})$ では

$$\omega'' = (1-\bar{h})d\hat{\gamma}_i+\bar{h}dr$$

であるから，

$$d\omega'' = \frac{-d\bar{h}}{dr}dr\wedge d\hat{\gamma}_i$$

となり，

$$\omega''\wedge d\omega'' = 0$$

が成り立ち，Frobeniusの定理(定理7.11)によって ω'' はここで完全積分可能である．よって ω'' は M^3 の余次元1の C^∞ 葉層構造を定める．これを $\mathscr{F}'$ と書くことにする．ω'' の定義(ii)から ∂M^3 の連結成分が $\mathscr{F}'$ の一つの葉となっている．

前述のように，$M^3=V^2\times S^1$ で，$V^2=S^2-\bigcup_{i=1}^{q}D_i^2$ であった．$D^2=V^2\cup D_1^2\cup D_2^2\cup\cdots\cup D_{q-1}^2$ であるから

$$D^2\times S^1 = (V^2\cup D_1^2\cup\cdots\cup D_{q-1}^2)\times S^1 = M^3\cup(D_1^2\times S^1)\cup\cdots\cup(D_{q-1}^2\times S^1)$$

となる．$D_i^2\times S^1$ に Reeb 葉層を与えると $(i=1,2,\cdots,q-1)$，M^3 の $\mathscr{F}'$ と合せ

て，$D^2\times S^1$ の余次元 1 の C^∞ 葉層構造がえられる．これを $\mathscr{F}''$ とする．さらに，§16, 例 B のように $S^3=(D^2\times S^1)\cup(S^1\times D^2)$ として，$D^2\times S^1$ に $\mathscr{F}''$ を，$S^1\times D^2$ に Reeb 葉層を与えると，S^3 の余次元 1 の C^∞ 葉層構造をうる．これを $\mathscr{F}(K,\varepsilon)$ と書くことにする．

$(S^3,\mathscr{F}(K,\varepsilon))$ の Godbillon–Vey 数を計算しよう．ω'' から定まる C^∞ 葉層構造では ∂M^3 の連結成分が一つの葉となっているから，$D_i{}^2\times S^1\,(i=1,2,\cdots,q-1)$ および上記の $S^1\times D^2$ に Reeb 葉層を定める 1 次 C^∞ 微分形式を考えると (§30, 例 2)，それらをすべて合せて S^3 の 1 次 C^∞ 微分形式 ω_ε で $\mathscr{F}(K,\varepsilon)$ を定めるものがえられる．ω_ε から S^3 上の Godbillon–Vey 微分形式 Γ_ε を計算するのであるが，§30, 例 2 に示したことから，$D_i{}^2\times S^1$ および $S^1\times D^2$ では $\Gamma_\varepsilon=0$ としてよい．$M^3=V^2\times S^1$ では $\omega_\varepsilon=\omega''$ だから Γ_ε は次のようになる．

M^3 の開被覆

$$\{M^3-\bigcup_{i=1}^{q}\kappa(((\overline{U_{10\varepsilon/9}(p_i)-U_\varepsilon(p_i)})\cup(\overline{U_{10\varepsilon/9}(p_i{}')-U_\varepsilon(p_i{}')}))\cap\hat{E}),$$
$$\kappa(((U_{11\varepsilon/9}(p_i)-U_\varepsilon(p_i))\cup(U_{11\varepsilon/9}(p_i{}')-U_\varepsilon(p_i{}')))\cap\hat{E})\quad(i=1,2,\cdots,q)\}$$

を考え，これに従属する 1 の分割を $\mu,\mu_i\,(i=1,2,\cdots,q)$ とする．

$M^3-\bigcup_{i=1}^{q}\kappa(((\overline{U_{10\varepsilon/9}(p_i)-U_\varepsilon(p_i)})\cup(\overline{U_{10\varepsilon/9}(p_i{}')-U_\varepsilon(p_i{}')}))\cap\hat{E})$ では上述の θ' を使って，$\theta_1{}''$ を

$$\theta_1{}''=\frac{1}{1-\bar{h}}\frac{d\bar{h}}{dr}dr+\theta'$$

とおくと，

$$d\omega''=\omega''\wedge\theta_1{}''$$

である．また，$\kappa(((U_{11\varepsilon/9}(p_i)-U_\varepsilon(p_i))\cup(U_{11\varepsilon/9}(p_i{}')-U_\varepsilon(p_i{}')))\cap\hat{E})$ では

$$\omega''=(1-\bar{h})d\hat{\gamma}_i+\bar{h}dr$$

だから

$$d\omega''=\frac{-d\bar{h}}{dr}dr\wedge d\hat{\gamma}_i$$

となり，

$$\theta_{2,i}{}''=\frac{-1}{\bar{h}}\frac{d\bar{h}}{dr}d\hat{\gamma}_i$$

とおくと，

$$d\omega'' = \omega'' \wedge \theta_{2,i}''$$

となる．よって

$$\theta'' = \mu\theta_1'' + \sum_{i=1}^{q} \mu_i\theta_{2,i}''$$

とおくと，

$$d\omega'' = \omega'' \wedge \theta''$$

が成り立つ．これから M^3 上では

$$\Gamma_\varepsilon = \theta'' \wedge d\theta''$$

である．前述の $\bar{\Gamma}-\Gamma''$ の場合と全く同様に直接計算によって，

$$\lim_{\varepsilon\to 0}\int_{M^3} \Gamma'' - \Gamma_\varepsilon = 0$$

であることが分かる．前述のことと合せると

$$\lim_{\varepsilon\to 0}\int_{M^3} \Gamma_\varepsilon = \lim_{\varepsilon\to 0}\int_{M^3} \bar{\Gamma}$$

が成り立つ．ところで

$$\lim_{\varepsilon\to 0}\int_{M} \bar{\Gamma} = \int_{K\cup K'} \frac{-1}{y^2} dxdyd\beta$$

であった．この右辺の値を $a(K\cup K')$ とすると

$$\mathrm{G.V.}(S^3, \mathcal{F}(K, \varepsilon)) = \int_{S^3} \Gamma_\varepsilon = \int_{M^3} \Gamma_\varepsilon$$

は $\varepsilon\to 0$ のとき $a(K\cup K')$ に収束する．$a(K\cup K')$ は $K\cup K'$ の面積に符号 $-$ をつけたもので 0 でない．

S^3 の余次元1の C^∞ 葉層構造 $\mathcal{F}(K, \varepsilon)$ と $\mathcal{F}(K, \varepsilon')$ とを比べてみよう．$S^3\times I$ に境界に横断的な余次元1の C^∞ 葉層構造 $\tilde{\mathcal{F}}$ を，$t\in I$ に対して $\tilde{\mathcal{F}}$ を $S^3\times\{t\}$ で切った $\{L_\alpha\cap(S^3\times\{t\}); L_\alpha\in\tilde{\mathcal{F}}\}$ が $S^3\times\{t\}$ に葉層構造 $\mathcal{F}(K, \varepsilon+t(\varepsilon'-\varepsilon))$ を与えるように定めると，明らかに

$$(\partial(S^3\times I), \partial\tilde{\mathcal{F}}) = (S^3, \mathcal{F}(K, \varepsilon))\cup(-S^3, \mathcal{F}(K, \varepsilon'))$$

であって，$(S^3, \mathcal{F}(K, \varepsilon))$ と $(S^3, \mathcal{F}(K, \varepsilon'))$ とはコボルダントである．よって定理8.4から，

$$\mathrm{G.V.}(S^3, \mathcal{F}(K, \varepsilon)) = \mathrm{G.V.}(S^3, \mathcal{F}(K, \varepsilon'))$$

である．このことから $\mathrm{G.V.}(S^3, \mathcal{F}(K, \varepsilon))$ は ε の如何によらず $a(K\cup K')$ に等し

い.

K のとり方を変えれば $a(K \cup K')$ は連続的に変化するから，定理 8.4 によって次の定理が証明された.

定理 8.5 (Thurston)　S^3 の余次元 1 の C^∞ 葉層構造で，その Godbillon–Vey 数が異なるものが連続濃度以上存在する．したがって，コボルディズム類の集合 $\mathcal{F}\Omega_{3,1}{}^\infty$ は少なくとも連続濃度の集合である.

(3 次元 C^∞ コボルディズム群 Ω_3 について，$\Omega_3=0$ であることが知られている.)

あとがき

文中の[ ]の中の数字は葉層構造論文献における番号を示す.

I

第1章, §1に述べたPoincaréの四つの論文とは'Mémoire sur les courbes définies par une équation différentielle'という同一の題名で, それぞれJour. Math. pures et appl., 3ᵉ série, 7(1881), 375–424; ibid. 3ᵉ série, 8(1882), 251–296; ibid. 4ᵉ série, 1(1885), 167–244; ibid. 4ᵉ série, 2(1886), 151–217に発表されたものである. Poincaréの位相的思考はさらに約10年後に発表された

Analysis situs, Jour. Ecole Polytechn., 2ᵉ série, 1(1895), 1–121

および五つのComplémentにおける位相幾何学の確立に続いている.

論文'微分方程式によって定義される曲線について'は現在'力学系の理論'とよばれているものに発展した. 力学系の理論については

斎藤利弥, 位相力学　共立出版(1971),

白岩謙一, 力学系の理論(数学選書)　岩波書店(1974)

を参照されたい. 前者は本書の第1章と共通する部分を含んでいる.

第1章の内容はDenjoy[17], Siegel[132]の紹介である. あとのPoincaré-Bendixsonの定理との関係で後半で証明の一部を変えてある.

(注1)　常微分方程式の解の存在と一意性については, 常微分方程式の本例えば　木村俊房, 常微分方程式　共立出版(1974), 或いは　中岡稔, 位相数学入門　朝倉書店(1971)等を参照されたい.

(注2)　これはトーラスがコンパクトであることからの帰結である. トーラスが正方形から辺の同一視によってできると考えれば(図1.5), 正方形で定義された連続関数が有界であることからこの結論がえられる.

(注3)　$\overline{\{\varphi(t,p)\,;\,-\infty<t\leqq s\}}$　$(s\in\,]-\infty,0])$はコンパクトなTの閉集合であって有限交叉性をもつからそれらの共通部分は空でない閉集合である(§8参

照).

(注4) Diophantus近似については整数論の入門書例えば 高木貞治，初等整数論講義(第2版) 共立出版(1970)を参照されたい.

(注5) (注2)と同様にトーラスが正方形から辺の同一視によってえられると考えれば，これはよく知られている正方形での点列の場合に帰着される.

(注6) 閉曲面およびそのEuler数による分類については位相幾何学の入門書例えば 田村一郎，トポロジー(岩波全書) 岩波書店(1972) を参照されたい. Euler数の計算方法と写像度もそこで述べられている.

II

第2章ではC^r多様体(微分可能多様体)の定義と基礎概念を述べた. 本書で必要とする範囲に話を限ったので，さらにC^r多様体について学びたい人は多様体の入門書例えば 田村一郎，微分位相幾何学I(岩波講座基礎数学) (1983)，服部晶夫，多様体(岩波全書) (1976) を読むことをおすすめする.

(注1) 陰関数定理，逆関数定理については解析学の入門書例えば 高木貞治，解析概論(改訂第3版) 岩波書店(1961)を参照されたい.

(注2) 定理2.6は証明を簡単なものにするために，M^nをコンパクトとした. しかし，実際には次に述べるようにこの定理はコンパクトという仮定なしに成立する. すなわち，M^nが局所コンパクトなHausdorff空間で可算基をもつことから，M^nはパラコンパクト(M^nの任意の開被覆に対して局所有限な開被覆でその細分となっているものがとれる)となり，このことから定理2.6の証明と同様に$\{\mu\sigma\,;\,\sigma\in\Sigma\}$を構成することができる.

(注3) はじめに次の補助定理を証明しよう.

補助定理 fを$\boldsymbol{R}^n$における原点Oの凸な近傍Vで定義されているC^∞関数で，$f(0)=0$であるとする. このとき，Vで定義されたC^∞関数$g_i(i=1,2,\cdots,n)$で

$$\text{(i)}\quad f(x_1,x_2,\cdots,x_n)=\sum_{i=1}^n x_ig_i(x_1,x_2,\cdots,x_n)\qquad (x_1,x_2,\cdots,x_n)\in V,$$

$$\text{(ii)}\quad g_i(0)=\frac{\partial f}{\partial x_i}(0)\qquad (i=1,2,\cdots,n)$$

を満たすものが存在する.

証明 $f(x_1, x_2, \cdots, x_n)$ は次のように表わされる：

$$f(x_1, x_2, \cdots, x_n) = \int_0^1 \frac{df(tx_1, tx_2, \cdots, tx_n)}{dt} dt$$
$$= \int_0^1 \sum_{i=1}^{n} \frac{\partial f}{\partial x_i}(tx_1, tx_2, \cdots, tx_n)\, x_i dt.$$

よって，

$$g_i(x_1, x_2, \cdots, x_n) = \int_0^1 \frac{\partial f}{\partial x_i}(tx_1, tx_2, \cdots, tx_n)\, dt \qquad (i=1, 2, \cdots, n)$$

とおけば g_i は求める条件を満たしている．▌

さて，$U_\lambda \subset U$ を $\varphi_\lambda(p)=0$ で $\varphi_\lambda(U_\lambda)$ が凸であるようにとり，この補助定理を $f\circ\varphi_\lambda^{-1}(x_1, x_2, \cdots, x_n) - f(p)$ に適用すると

$$f\circ\varphi_\lambda^{-1}(x_1, x_2, \cdots, x_n) - f(p) = \sum_{i=1}^{n} x_i g_i(x_1, x_2, \cdots, x_n)$$

と表わされる．ここで

$$g_i(0) = \frac{\partial(f\circ\varphi_\lambda^{-1})}{\partial x_i}(0)$$

であるから，さらに $g_i(x_1, x_2, \cdots, x_n) - \dfrac{\partial(f\circ\varphi_\lambda^{-1})}{\partial x_i}(0)$ に補助定理を適用すれば

$$g_i(x_1, x_2, \cdots, x_n) = \frac{\partial(f\circ\varphi_\lambda^{-1})}{\partial x_i}(0) + \sum_{j=1}^{n} x_j f_{ij}(x_1, x_2, \cdots, x_n)$$

と表わされる．ただし，f_{ij} は $\varphi_\lambda(U_\lambda)$ で定義された C^∞ 関数である．これら二つの式から求める式がえられる．

（注 4） （注 2）の注意を適用すればよい．

（注 5） 距離の公理の (ii)，(iii) が満たされることは明らかであるが，(i) を満たすことを正確に言うには測地線を考える必要がある．

III

第 3 章では力学系に関する三つの結果を述べた．§13 の Poincaré–Bendixson の定理は **I** にあげた Poincaré の仕事に続いて行われた次の論文でえられたものである：

I. Bendixson, Sur les courbes définies par les équations différentielles, Acta Math., 24 (1901), 1–88.

この力学系の定理を特にここで証明しておいたのはあとで§25の Novikov の定理の証明に本質的に使用されているためである．

§14 は Schweitzer[129]の紹介である．この結果は§6の Denjoy の C^1 ベクトル場と密接に関係しているとともに第6章でのコンパクトな葉の破壊に再登場してくる．Seifert 予想については[130]参照．

§15 では Wilson[154]にしたがって§14 と対応する Wilson の C^∞ ベクトル場について述べた．

(注1)　特異点のない C^r ベクトル場と Euler 数との関係については例えば河田敬義編，位相幾何学 (現代数学演習叢書)　岩波書店(1965)，第6章を参照されたい．

(注2)　M_1, M_2 を C^r 多様体$(r\geqq 1)$とし，射影 $\pi_i: M_1\times M_2\to M_i (i=1,2)$ を $\pi_i(x_1, x_2)=x_i\ (x_1\in M_1, x_2\in M_2)$ と定義するとき，$T_{x_1}(M_1)\ni v_1$ に対して $T_{(x_1,x_2)}(M_1\times M_2)\ni v$ で $(\pi_1)_*(v)=v_1, (\pi_2)_*(v)=0$ となるものが一意的にきまる．この v を v_1 と書くことにする．同様に $T_{x_2}(M_2)$ に対して $T_{(x_1,x_2)}(M_1\times M_2)\ni v_2$ が定義できる．

IV

第4章で葉層構造の定義を与えた．C^r バンドルが定めるバンドル葉層は葉層構造の特殊な例であって，一般の葉層構造とこれとを対比することは，葉層構造における幾何学とは何であるかを端的に示す一つの方法である．

(注1)　$(M, \mathscr{S}), (M', \mathscr{S}')$ を C^r 多様体とし，$C^r(M, M')$ を M から M' への C^r 写像全体の集合とする．$f\in C^r(M, M')$ に対して，$f(U_\lambda)\subset U'_{\lambda'}$ のような $(U_\lambda, \varphi_\lambda)\in\mathscr{S}$, $(U'_{\lambda'}, \varphi'_{\lambda'})\in\mathscr{S}'$ をとり，U_λ に含まれるコンパクトな集合 K に関して，$\varphi'_{\lambda'}\circ f\circ\varphi_\lambda^{-1}$ と $\varphi'_{\lambda'}\circ g\circ\varphi_\lambda^{-1}$ とが $\varphi_\lambda(K)$ において第 r 次の偏導関数まで或る近い値をとるとき，$g\in C^r(M, M')$ は f の近傍に属すると定め，このような近傍で生成される位相を $C^r(M, M')$ の C^r 位相という．

(注2)　M^n を C^r 多様体$(r\geqq 2)$で，Riemann 計量が定められているとする．p を M^n の一点とし，$v\in T_p(M^n)$ とするとき，$\|v\|$ が十分小であれば測地線 $g:[0,1]\to M^n$ で $g(0)=p$, $\dfrac{dg}{dt}(0)=v$ であるものが一意的に存在する．このとき，$\mathrm{Exp}(v)$ を

$$\mathrm{Exp}(v)=g(1)$$

によって定義する．

(注3)　Lebesgue数については例えば　田村一郎，トポロジー(岩波全書)の補助定理4.6を参照．

V

第5章ではReebの本[102]の主要な結果を紹介した．本書の連接近傍系の定義はReebの本のものと少し違った形をとっている．安定性定理について最近Thurstonにより新しい結果がえられている[147]．

(注1)　基本群については位相幾何の入門書を参照．

(注2)　Reeb[102]，(A, Ⅲ, c)参照．

VI

第6章，§23を書くのにあたって，

西森敏之，S^3上のclosed orbitをもたないvector field，京都大学数理解析研究所講究録173，「力学系の総合的研究」

を参考にした．§25はNovikov[92]の紹介であるが，主にHaefliger[45]にしたがって述べた．

(注1)　$L_{\alpha(t)}'$の普遍被覆空間とは，$L_{\alpha(t)}'$を底空間とする被覆空間のうち全空間が連結でその基本群が単位元のみからなるものをいう．実際にこの条件を満たすものが存在することが知られている．$\pi:\tilde{L}_{\alpha(t)}'\to L_{\alpha(t)}'$を射影とし，$g:A\to L_{\alpha(t)}'$を写像とするとき($A$は一般に位相空間)，$\tilde{g}:A\to\tilde{L}_{\alpha(t)}'$で$\pi\circ\tilde{g}=g$を満たすものを$g$の**持ち上げ**という．

VII

すでに第1章の例が示すように，葉層構造ではC^rのrの価が重要な意味をもつ．第7章では微分形式はすべてC^rで考察し，例えばFrobeniusの定理もC^r葉層構造との関連において記述した．

VIII

第8章はThurston[144]についてその細部を補ったものである．Milnorの Thurstonに対するcommentおよび水谷忠良，西森敏之両君のセミナー用ノートを参考にした．

（注1）　一般に，M^nにRiemann計量$\{\langle\ ,\ \rangle_p ; p\in M^n\}$が与えられているとき，$M^n$の座標近傍$(U_\lambda, \varphi_\lambda)$に対して，$\varphi_\lambda(U_\lambda)\ni(x_1, x_2, \cdots, x_n)$として，$g_{ij}: U_\lambda \to \boldsymbol{R}$を

$$g_{ij}(p') = \left\langle (\Phi_\lambda{}^*)^{-1}\left(\frac{\partial}{\partial x_i}\right),\ (\Phi_\lambda{}^*)^{-1}\left(\frac{\partial}{\partial x_j}\right)\right\rangle_{p'} \qquad (p'\in U)$$

で定義し，U_λにおけるRiemann計量を

$$ds^2 = \sum_{i,j} g_{ij}\, dx_i dx_j$$

と表わす．

（注2）　zに対して$\dfrac{az+b}{cz+d}$を対応させる1次変換τは向きが与えられているHにおける円弧Lを向きが与えられているHにおける円弧L'に写像する．いま，$(x, y, v)\in L_\alpha$であって，vは$(x, y)\in L$におけるLの接ベクトルで$\|v\| = 1$であるとし，

$$\tau_*(x, y, v) = (x', y', v')$$

とすると，上述のことからv'は$(x', y')\in L'$におけるL'の接ベクトルで，Riemann計量がτによって不変であるから$\|v'\|=1$である．したがって，$(x', y', v')\in L_{\tau(\alpha)}$であって，$\tau_*$は葉$L_\alpha$を葉$L_{\tau(\alpha)}$に写像する．よって$\mathscr{F}$は$\tau_*$で不変である．

次に$(\tau_*)^*\omega=\omega$を証明しよう．簡単のため

$$\tau(x) = x', \qquad \tau(y) = y', \qquad \tau(\alpha) = \alpha', \qquad \tau_*(\beta) = \beta'$$

とする．ただし，αは図8.4におけるPの座標である．

上述のことから，$\tan\dfrac{\beta}{2} = \dfrac{y}{x-\alpha}$が成り立つのと全く同様に

$$\tan\frac{\beta'}{2} = \frac{y'}{x'-\alpha'}$$

が成り立つ．また，明らかに

$$x' = \frac{(ax+b)(cx+d)+acy^2}{(cx+d)^2+c^2y^2}, \qquad y' = \frac{y}{(cx+d)^2+c^2y^2},$$

$$\alpha' = \frac{a\alpha+b}{c\alpha+d}$$

である．

対応 $(x, y, \beta) \longmapsto (x', y', \beta')$ を次のように三つの対応に分ける：

$$(x, y, \beta) \longmapsto (x, y, \alpha) \longmapsto (x', y', \alpha') \longmapsto (x', y', \beta').$$

第1番目の対応に関して，$\alpha = x - y\cot\dfrac{\beta}{2}$ であるから

$$\frac{\partial x}{\partial\beta} = \frac{\partial y}{\partial\beta} = 0, \qquad \frac{\partial\alpha}{\partial\beta} = \frac{(x-\alpha)^2+y^2}{2y},$$

第2番目の対応に関して

$$\frac{\partial x'}{\partial\alpha} = \frac{\partial y'}{\partial\alpha} = 0, \qquad \frac{\partial\alpha'}{\partial\alpha} = \frac{1}{(c\alpha+d)^2}$$

であり，第3番目の対応に関して

$$\frac{\partial x'}{\partial\alpha'} = \frac{\partial y'}{\partial\alpha'} = 0, \qquad \frac{\partial\beta'}{\partial\alpha'} = \frac{2y'}{(x'-\alpha')^2+y'^2}$$

である．また，直接計算によって

$$(x'-\alpha')^2+y'^2 = \frac{(x-\alpha)^2+y^2}{((cx+d)^2+c^2y^2)(c\alpha+d)^2}$$

となるから，

$$\frac{\partial\beta'}{\partial\alpha'} = \frac{2y(c\alpha+d)^2}{(x-\alpha)^2+y^2}$$

が成り立つ．

上述の結果を使って $(\tau_*)_*\left(\dfrac{\partial}{\partial\beta}\right) = \dfrac{\partial}{\partial\beta'}$ を証明する：

$$\begin{aligned}
(\tau_*)_*\left(\frac{\partial}{\partial\beta}\right) &= \frac{\partial x'}{\partial\beta}\frac{\partial}{\partial x'} + \frac{\partial y'}{\partial\beta}\frac{\partial}{\partial y'} + \frac{\partial\beta'}{\partial\beta}\frac{\partial}{\partial\beta'} \\
&= \frac{\partial\beta'}{\partial\beta}\frac{\partial}{\partial\beta'} = \left(\frac{\partial\beta'}{\partial\alpha}\frac{\partial\alpha}{\partial\beta} + \frac{\partial\beta'}{\partial x}\frac{\partial x}{\partial\beta} + \frac{\partial\beta'}{\partial y}\frac{\partial y}{\partial\beta}\right)\frac{\partial}{\partial\beta'} \\
&= \frac{\partial\beta'}{\partial\alpha}\frac{\partial\alpha}{\partial\beta}\frac{\partial}{\partial\beta'} = \left(\frac{\partial\beta'}{\partial\alpha'}\frac{\partial\alpha'}{\partial\alpha} + \frac{\partial\beta'}{\partial x'}\frac{\partial x'}{\partial\alpha} + \frac{\partial\beta'}{\partial y'}\frac{\partial y'}{\partial\alpha}\right)\frac{\partial\alpha}{\partial\beta}\frac{\partial}{\partial\beta'} \\
&= \frac{\partial\beta'}{\partial\alpha'}\frac{\partial\alpha'}{\partial\alpha}\frac{\partial\alpha}{\partial\beta}\frac{\partial}{\partial\beta'} \\
&= \frac{\partial}{\partial\beta'}.
\end{aligned}$$

前述のように$\mathscr{F}$はτ_*によって不変であるから，C^∞写像$f:E\to \boldsymbol{R}$で

$$(\tau_*)^*\omega = f\omega$$

を満たすものが存在する．したがって

$$((\tau_*)^*\omega)\left(\frac{\partial}{\partial\beta}\right) = (f\omega)\left(\frac{\partial}{\partial\beta}\right) = f$$

であるが，一方上述の計算から

$$((\tau_*)^*\omega)\left(\frac{\partial}{\partial\beta}\right) = \omega\left((\tau_*)_*\left(\frac{\partial}{\partial\beta}\right)\right) = \omega\left(\frac{\partial}{\partial\beta'}\right) = 1$$

となり，$f=1$でなければならない．したがって$(\tau_*)^*\omega=\omega$である．

（注3）　ファイバーがS^1のC^rバンドルの分類空間は複素射影空間$\boldsymbol{CP}^N$であるが(Nは十分大)，写像$V^2\to\boldsymbol{CP}^N$はつねに0にホモトープだから，V^2を底空間としファイバーがS^1のC^rバンドルは積バンドルとなる．

本書を読み終えて葉層構造に興味をもった人には，手に入りやすいBott[9]，田村・水谷[139]を次に読むことをおすすめする．また，Lawson[73]は葉層構造論の概観をうるのに役立つと思う．

葉層構造論文献

[1] N. A'Campo, Feuilletages de codimension 1 sur les variétés de dimension 5, C. R. Acad. Sci. Paris, 273(1971), 603–604.

[2] J. Alexander, A lemma on systems of knotted curves, Proc. Nat. Acad. Sci., 9 (1923), 93–95.

[3] D. Anosov, Geodesic flows on closed Riemannian manifolds of negative curvature, Proc. Steklov Inst., 90(1967), A. M. S. Transl., 1969.

[4] J. Arraut, A 2-dimensional foliations of S^7, Topology, 12(1973), 243–246.

[5] I. Bernstein–B. Rosenfel'd, Characteristic classes of foliations, Funct. Anal., 6 (1972), 60–61.

[6] I. Bernstein–B. Rosenfel'd, Homogeneous spaces of infinite-dimensional Lie algebras and characteristic classes of foliations, Russian Math. Surveys(1973), 107–142.

[7] R. Bott, On a topological obstruction to integrability, A. M. S. Proc. Symp. in pure Math., 16(1970), 127–131.

[8] R. Bott, On topological obstructions to integrability, Actes Congrès int. math., Tome 1, 27–36, Gauthier-Villars, Paris, 1970.

[9] R. Bott, Lectures on characteristic classes and foliations, Lectures on Algebraic and Differential Topology, Lecture notes in Math., 279(1972), Springer Verlag.

[10] R. Bott, The Lefschetz formula and exotic characteristic classes, Proc. of the Diff. Geom. Conf., Symposia Math. 10, Rome(1972), 95–105.

[11] R. Bott, Some remarks on continuous cohomology, Manifolds Tokyo 1973, 161–170, Univ. of Tokyo Press, 1975.

[12] R. Bott–A. Haefliger, On characteristic classes of Γ-foliations, Bull. Amer. Math. Soc., 78(1972), 1039–1044.

[13] R. Bott–J. Heitsch, A remark on the integral cohomology of $B\Gamma_q$, Topology, 11 (1972), 141–146.

[14] J. Cheeger–J. Simons, Differential characters and geometric invariants (to appear).

[15] S. S. Chern–J. Simons, Characteristic forms and geometric invariants, Ann. of Math., 99(1974), 48–69.

[16] M. Craioveau, Sur les sous-feuilletages d'une structure feuilletage, C. R. Acad. Sci. Paris, 272(1971), 731–733.

[17] A. Denjoy, Sur les courbes définies par les équations différentielles à la surface du tore, J. Math. pure et appl., 11(1932), 333–375.

[18] A. Durfee, Foliations of odd dimensional spheres, Ann. of Math., 96(1972), 407–411.

[19] A. Durfee–H. Lawson, Fibred knots and foliations of highly connected manifolds, Invent. Math., 17(1972), 203–215.

[20] C. Ehresmann, Sur la théorie des variétés feuilletées, Univ. Roma Rend. Mat. e Appl., 10(1951), 64–82.

[21] C. Ehresmann–G. Reeb, Sur les champs d'élément de contact de dimension p complètement intégrable dans une variété continuement différentiable, C. R. Acad. Sci. Paris, 218(1944), 955–957.

[22] D. Epstein, On the simplicity of certain groups of homeomorphisms, Comp. Math., 22(1970), 165–173.

[23] D. Epstein, Periodic flows on 3-manifolds, Ann. of Math., 95(1972), 68–82.

[24] D. Epstein, Foliations with all leaves compact (to appear).

[25] E. Fedia, Structures différentielles sur le branchement simple et équations différentielles dans le plan, C. R. Acad. Sci. Paris, 276(1973), 1657–1659.

[26] D. Fuks, Characteristic classes of foliations, Russian Math. Surveys, 28(1973), 1–16.

[27] K. Fukui, Codimension 1 foliations on simply connected 5-manifolds, Proc. Japan Acad., 49(1973), 432–434.

[28] K. Fukui, An application of the Morse theory to foliated manifolds, Nagoya Math. J., 59(1974), 165–178.

[29] K. Fukui–S. Ushiki, On the homotopy type of FDiff$(S^3, \mathcal{F}_R)$, J. Math. Kyoto Univ., 15(1975), 201–210.

[30] D. Gauld, Submersions and foliations of topological manifolds, Math. Chronicle, 1(1971), 139–146.

[31] I. Gel'fand, The cohomology of infinite-dimensional Lie algebras ; some questions of integral geometry, Proc. Int. Congress Math. (Nice 1970), vol. 1, 95–111, Gauthier-Villars.

[32] I. Gel'fand–D. Fuks, The cohomology of the Lie algebra of tangent vector fields on a smooth manifold, I, Funct. Anal., 3(1969), 32–52 ; II, 4(1970), 23–32.

[33] I. Gel'fand–D. Fuks, Cohomology of the Lie algebra of formal vector fields, Izv. Akad. Nauk SSSR, 34(1970), 327–342.

[34] I. Gel'fand–D. Fuks, PL foliations, I, Funct. Anal., 7(1974), 278–284; II, Ibid, 8(1974), 197–200.

[35] I. Gel'fand–B. Feigin–D. Fuks, Cohomologies of the Lie algebra of formal vector fields with coefficients in its adjoint space and variations of characteristic classes of foliations, Funct. Anal., 7(1974), 99–112.

[36] R. Gérard–J. Jouanolous, Étude de l'existence de feuilles compactes pour certaines feuilletages analytiques complexes, C. R. Acad. Paris, 277(1973), 311–314.

[37] R. Gérard–A. Sec, Feuilletages des Painlevé, Bull. Soc. Math. France, 100 (1972), 47–72.

[38] C. Godbillon, Fibrés en droite et feuilletages du plan, Enseign. Math., 18(1972), 213–224.

[39] C. Godbillon, Cohomologies d'algèbres de Lie de champs de vecteurs formels, Séminaire Bourbaki, 1972/73, no. 421.

[40] C. Godbillon–J. Vey, Un invariant des feuilletages de codimension 1, C. R. Acad. Sci. Paris, 273(1971), 92–95.

[41] M. Gromov, Stable mappings of foliations into manifolds, Izv. Akad. Nauk SSSR, 33(1969), 707–734.

[42] S. Guelorget–G. Joubert, Algèbre de Weil et classes caractéristiques d'un feuilletage, C. R. Acad. Paris, 273(1971), 92–95.

[43] A. Haefliger, Structures feuilletées et cohomologie à valeur dans un faisceau de groupoids, Comm. Math. Helv., 32(1958), 249–329.

[44] A. Haefliger, Variétés feuilletées, Ann. Scuola Norm. Sup. Pisa(3) 16(1962), 367–397.

[45] A. Haefliger, Travaux de Novikov sur les feuilletages, Séminaire Bourbaki, 1967/68, no. 339.

[46] A. Haefliger, Feuilletages sur les variétés ouvertes, Topology, 9(1970), 183–194.

[47] A. Haefliger, Homotopy and integrability, Lecture notes in Math., 197(1971), 133–163, Springer Verlag.

[48] A. Haefliger, Lectures on Gromov's theorem, Lecture notes in Math., 209(1971), 128–141, Springer Verlag.

[49] A. Haefliger, Sur les classes caractéristiques des feuilletages, Séminaire Bourbaki, 1971/72, no 412.

[50] A. Haefliger–G. Reeb, Variétés(non séparées) à une dimension et structures feuilletées du plan, Enseign. Math., 3(1957), 107–125.

[51] G. Hector, Sur un théorème de structure des feuilletages de codimension un, Thesis, Univ. de Strasbourg, 1972.

[52] J. Heitsch, The cohomologies of classifying spaces for foliations, Thesis, Univ. of Chicago, 1971.

[53] J. Heitsch, A cohomology for foliated manifolds, Bull. Amer. Math. Soc., 79 (1973), 1283–1285.

[54] J. Heitsch, Deformations of secondary characteristic classes, Topology, 12(1973), 381–388.

[55] M. Herman, Simplicité du groupe des difféomorphismes de class C^∞, isotope à l'identité, du tore de dimension n, C. R. Acad. Sci. Paris, 273(1971), 232–234.

[56] M. W. Hirsch, Stability of compact leaves of foliations, Proc. Int. Conf., Salvador, Brasil, 1971, Dynamical Systems, 135–153, Academic Press, 1973.

[57] M. W. Hirsch–C. Pugh, Smoothness of horocyclic foliations, J. Diff. Geometry, 10 (1975), 225–228.

[58] H. Imanishi, Sur l'existence des feuilletages S-invariantes, J. Math. Kyoto Univ., 12(1972), 297–307.

[59] H. Imanishi, On the theorem of Denjoy-Sacksteder for codimension one foliations without holonomy, J. Math. Kyoto Univ., 14(1974), 607–634.

[60] H. Imanishi, Structure of codimension one foliations which are almost without holonomy, J. Math. Kyoto Univ. (to appear).

[61] H. Imanishi–K. Yagi, On Reeb components (to appear).

[62] G. Joubert–R. Moussu, Feuilletage sans holonomie d'une variété fermée, C. R. Acad. Sci. Paris, 270(1970), 507–509.

[63] G. Joubert–R. Moussu–D. Tischler, Sur les classes caractéristiques des feuilletages produits, C. R. Acad. Sci. Paris, 275(1972), 171–174.

[64] E. Kamber–P. Tondeur, Cohomologie des algèbre de Weil relative tranquées, C. R. Acad. Sci. Paris, 276(1973), 459–462 ; and three other papers, ibid., 1177–1179, 1407–1410, 1449–1452.

[65] F. Kamber–P. Tondeur, Characteristic invariants of foliated bundles, Manuscripta Math., 11(1974), 51–89.

[66] F. Kamber–P. Tondeur, Foliated bundles and Characteristic classes, Lecture Notes in Math. 493(1975), Springer Verlag.

[67] K. Kodaira–D. C. Spencer, Multifoliated structures, Ann. of Math., 74(1961), 52–100.

[68] C. Lamoureux, The structure of foliations without holonomy on noncompact manifolds with fundamental group $\boldsymbol{Z}$, Topology, 13(1974), 219–224.

[69] C. Lamoureux, Quelques conditions d'existence de feuilles compactes, Ann. Inst. Fourier, 24(1974), 229–240.

[70] P. Landweber, Complex structures on open manifolds, Topology, 13(1974), 69–75.

[71] F. Laudenbach-R. Roussarie, Un exemple de feuilletage sur S^3, Topology, 9 (1970), 63–70.

[72] H. Lawson, Codimension one foliations of spheres, Ann. of Math., 94(1971), 494–503.

[73] H. Lawson, Foliations, Bull. Amer. Math. Soc., 80(1974), 369–418.

[74] J. Leslie, A remark on the group of automorphisms of a foliation having a dense leaf, J. Diff. Geometry, 7(1972), 597–601.

[75] W. Lickorish, A foliation for 3-manifolds, Ann. of Math., 82(1965), 414–420.

[76] E. Lima, Commuting vector fields on S^3, Ann. of Math., 81(1965), 70–81.

[77] J. Mather, On Haefliger's classifying space 1, Bull. Amer. Math. Soc., 77(1971), 1111–1115.

[78] J. Mather, Integrability in codimension 1, Comm. Math. Helv., 49(1974), 195–233.

[79] J. Mather, Simplicity of certain groups of diffeomorphisms, Bull. Amer. Math. Soc., 80(1974), 271–273.

[80] J. Mather, Loops and foliations, Manifolds Tokyo 1973, 175-180, Univ. of Tokyo Press, 1975.

[81] J. Milnor, Foliations and foliated vector bundles, mimeographed, 1970.

[82] T. Mizutani, Remarks on codimension one foliations of spheres, J. Math. Soc. Japan, 24(1972), 732–735.

[83] T. Mizutani, Foliated cobordisms of S^3 and examples of foliated 4-manifolds, Topology, 13(1974), 353–362.

[84] T. Mizutani, Foliations and foliated cobordisms of spheres in codimension one, J. Math. Soc. Japan, 27(1975), 264–280.

[85] T. Mizutani-I. Tamura, Foliations of even dimensional manifolds, Manifolds Tokyo 1973, 189–194, Univ. of Tokyo Press, 1975.

[86] P. Molino, Propriétés cohomologiques et propriétés topologiques des feuilletages à connexion transverse projetable, Topology, 12(1973), 317–325.

[87] R. Moussu, Sur les feuilletages de codimension un, Thesis, Orsay, 1971.

[88] S. Nishikawa-H. Sato, On characteristic classes of Riemannian, conformal and projective foliations, J. Math. Soc. Japan (to appear).

[89] T. Nishimori, Isolated ends of open leaves of codimension 1 foliations, Quarterly J. Math. Oxford, 26(1975), 159–167.

[90] T. Nishimori, Compact leaves with abelian holonomy, Tôhoku Math. J., 27 (1975), 259–272.

[91] T. Nishimori, Behavior of leaves of codimension-one foliations (to appear).

[92] S. P. Novikov, Topology of foliations, Trudy Mosc. Mat. Ob. 14(1965), 248-278, Trans. Moscow Math. Soc. (1965), 268-304.

[93] J. Pasternak, Foliations and compact Lie group actions, Comm. Math. Helv., 46(1971), 467-477.

[94] J. Pasternak, Classifying spaces for Riemannian foliations, Proc. Symp. Pure Math., 27(1975), 303-310.

[95] A. Phillips, Submersions of open manifolds, Topology, 6(1967), 171-206.

[96] A. Phillips, Foliations of open mainfolds I, Comm. Math. Helv., 43(1968), 204-211 ; II, Ibid., 44(1969), 367-370.

[97] A. Phillips, Smooth maps transverse to a foliation, Bull. Amer. Math. Soc., 76 (1970), 792-797.

[98] J. Plante, Asymptotic properties of foliations, Comm. Math. Helv., 47(1972), 449-456.

[99] J. Plante, A generalization of the Poincaré-Bendixson theorem for foliations of codimension one, Topology, 12(1973), 177-181.

[100] J. Plante, On the existence of exceptional minimal sets in foliations of codimension one, J. Diff. Equations, 15(1974), 178-194.

[101] C. Pugh, The closing lemma, Amer. J. Math., 89(1967), 956-1009.

[102] G. Reeb, Sur certains propriétés topologiques des variétés feuilletées, Actualité Sci. Indust. 1183, Hermann, Paris, 1952.

[103] G. Reeb, Sur les structures feuilletées de codimension 1 et sur un théorème de M. A. Denjoy, Ann. Inst. Fourier, 11(1961), 185-200.

[104] B. Reinhart, Foliated manifolds with bundle-like metrics, Ann. of Math., 69 (1959), 119-132.

[105] B. Reinhart, Harmonic integrals on foliated manifolds, Amer. J. Math., 18 (1959), 529-536.

[106] B. Reinhart, Closed metric foliations, Michigan Math. J., 8(1961), 7-9.

[107] B. Reinhart, Cobordism and foliations, Ann. Inst. Fourier, 14(1964), 49-52.

[108] B. Reinhart, Characteristic numbers of foliated manifolds, Topology, 6(1967), 467-471.

[109] B. Reinhart, Automorphisms and integrability of plane fields, J. Diff. Geometry, 6(1971), 263-266.

[110] B. Reinhart, Indices for foliations of the 2-dimensional torus(to appear).

[111] B. Reinhart-J. Wood, A metric formula for the Godbillon-Very invariant for foliations (to appear).

[112] H. Rosenberg, Actions of $\boldsymbol{R}^n$ on manifolds, Comm. Math. Helv., 41(1966), 170–178.

[113] H. Rosenberg, Foliations by planes, Topology, 7(1968), 131–138.

[114] H. Rosenberg, The qualitative theory of foliations, Univ. of Montreal, 1972.

[115] H. Rosenberg–G. Chatelet, Un théorème de conjugaison des feuilletages, Ann. Inst. Fourier, 21(1971), 95–106.

[116] H. Rosenberg–R. Roussarie, Reeb foliations, Ann. of Math., 91(1970), 1–24.

[117] H. Rosenberg–R. Roussarie, Topological equivalence of Reeb foliations, Topology, 9(1970), 231–242.

[118] H. Rosenberg–R. Roussarie, Les feuilles exceptionnelles ne sont pas exceptionnelles, Comm. Math. Helv., 46(1971), 43–49.

[119] H. Rosenberg–R. Roussarie, Some remarks on stability of foliations, J. Diff. Geometry, 10(1975), 207–219.

[120] H. Rosenberg–R. Roussarie–D. Weil, A classification of closed orientable 3-manifolds of rank two, Ann. of Math., 91(1970), 449–464.

[121] H. Rosenberg–W. Thurston, Some remarks on foliations, Proc. Int. Conf., Salvador, Brazil, 1971, Dynamical Systems, 463–478, Academic Press, 1973.

[122] R. Roussarie, Sur les feuilletages des variétés de dimension 3, Ann. Inst. Fourier, 21(1971), 13–81.

[123] R. Roussarie, Plongements dans les variétés feuilletées et classification de feuilletages sans holonomie, Publ. Math. I. H. E. S., no. 43, 1974.

[124] R. Sacksteder, Some properties of foliations, Ann. Inst. Fourier, 14(1964), 21–30.

[125] R. Sacksteder, On the existence of exceptional leaves in foliations of codimension-one, Ann. Inst. Fourier, 14(1964), 221–226.

[126] R. Sacksteder, Foliations and pseudogroups, Amer. J. Math., 87(1965), 79–102.

[127] R. Sacksteder–A. Schwarz, Limit sets for foliations, Ann. Inst. Fourier, 15 (1965), 201–214.

[128] H. Shulman, Secondary obstructions to foliations, Topology, 13(1974), 177–183.

[129] P. Schweitzer, Counterexamples to Seifert conjecture and opening closed leaves of foliations, Ann. of Math., 100(1974), 386–400.

[130] H. Seifert, Closed integral curves in 3-space and isotopic two-dimensional deformations, Proc. Amer. Math. Soc., 1(1950), 287–302.

[131] Y. Shikata, On a homology theory associated to foliations, Nagoya Math. J., 38 (1970), 53–61.

[132] C. L. Siegel, Note on differential equations on the torus, Ann. of Math., 46 (1945), 423–428.

[133] H. Suzuki, Characteristic classes of foliated principal GL_r-bundles. Hokkaido Math. J., 4(1975), 159–168.

[134] I. Tamura, Every odd dimensional homotopy sphere has a foliation of codimension one, Comm. Math. Helv., 47(1972), 164–170.

[135] I. Tamura, Foliations of total spaces of sphere bundles over spheres, J. Math. Soc. Japan, 24(1972), 698–700.

[136] I. Tamura, Spinnable structures on differentiable manifolds, Proc. Japan Acad., 48(1972), 293–296.

[137] I. Tamura, Foliations and spinnable structures on manifolds, Ann. Inst. Fourier, 23(1973), 197–214.

[138] I. Tamura, Specially spinnable manifolds, Manifold Tokyo 1973, 181–188, Univ. of Tokyo Press, 1975.

[139] 田村一郎・水谷忠良，葉層構造の存在について，数学，第25巻第2号(1973年4月)，134–147.

[140] R. Thom, On singularities of foliations, Manifold Tokyo 1973, 171–174, Univ. of Tokyo Press, 1975.

[141] E. Thomas, Vector fields on manifolds, Bull. Amer. Math. Soc., 75(1969), 643–683.

[142] E. Thomas, Secondary obstructions to integrability, Proc. Conf. on Dynamical Systems and Foliations, Bahia, 1971.

[143] W. Thurston, Foliations of 3-manifolds which are circle bundles, Thesis, Univ. of California, Berkeley, 1972.

[144] W. Thurston, Non-cobordant foliations of S^3, Bull. Amer. Math. Soc., 78(1972), 511–514.

[145] W. Thurston, Foliations and groups of diffeomorphisms, Bull. Amer. Math. Soc., 80(1974), 304–307.

[146] W. Thurston, The theory of foliations of codimension greater than one, Comm. Math. Helv., 49(1974), 214–231.

[147] W. Thurston, A generalization of the Reeb stability theorem, Topology, 13 (1974), 347–352.

[148] W. Thurston, On the structure of the group of volume-preserving diffeomorphisms (to appear).

[149] W. Thurston, A local construction of foliations for three-manifolds (to appear).

[150] W. Thurston, Existence of codimension one foliations (to appear).

[151] D. Tischler, Totally parallelizable 3-manifolds, Topological Dynamics, edited by Auslander and Gottschalk, 471–492, Benjamin, 1968.

[152] D. Tischler, On fibering certain foliated manifolds over S^1, Topology, 9(1970), 153–154.

[153] S. Vishik, Singularity of analytic foliations and characteristic classes, Funct. Anal., 7(1973), 1–12.

[154] F. Wilson, On the minimal sets of non-singular vector fields, Ann. of Math., 84 (1966), 529–536.

[155] H. E. Winkelnkemper, Manifolds as open books, Bull. Amer. Math. Soc., 79 (1973), 45–51.

[156] J. Wood, Foliations on 3-manifolds, Ann. of Math., 89(1969), 336–358.

[157] J. Wood, Foliations of codimension-one, Bull. Amer. Math. Soc., 76(1970), 1107–1111.

[158] J. Wood, Bundles with totally disconnected structure group, Comm. Math. Helv., 46(1971), 257–273.

[159] Ka. Yamato, Qualitative theory of codimension one foliations, Nagoya Math. J., 49(1973), 155–229.

[160] Ke. Yamato, Examples of foliations with non-trivial exotic characteristic classes, Proc. Japan Acad., 50(1974), 127–129.

索　　引

あ　行

α 極限集合(α limit set)　82
η 成分(η component)　12
位相(topology)　3, 44
位相空間(topological space)　44
位相多様体(topological manifold)　50, 76
1次関数(linear function)　157
1次形式(linear form)　157
1次微分形式がきめる接平面場　170
一側型(one sided)　128
1の分割(partition of unity)　62
陰関数定理(theorem on implicit function)　59
Wilson, F　93
埋め込み(imbedding, embedding)　58, 77
H における円弧　193
n 次元球体(n disk)　48
n 次元球面(n sphere)　48
M^n の向きから導入される ∂M^n の向き(induced orientation)　78
ε 近傍(ε neighborhood)　3, 10, 46
エルゴード的(ergodic)　17
エルゴード点(ergodic point)　25
Ehresmann の予想　142
Euler 数(Euler number)　85
横断的(transverse)　35, 72
横断的な C^r ベクトル場(transverse C^r-vector field)　73, 104
横断的に交わる(transversely intersect)　72
横断的に向きづけ可能(transversely orientable)　103
ω 極限集合(ω limit set)　17, 82

か　行

開区間(open interval)　6
開集合(open set)　4, 11, 44
開集合系　44
階数(rank)　56
外積(exterior product)　159, 163
外積多元環(exterior algebra)　159
外微分(exterior differentiation)　163
外微分作用素　163
開被覆(open covering)　47
開被覆上の q 次 C^r 微分形式　170
　——がきめる接平面場　170
可算基(countable basis)　44
可算基をもつ　44
括弧積(bracket product)　173
完全積分可能(completely integrable)　171, 187
完全微分形式(exact differential form)　165
基(base)　44
軌道(orbit, trajectry)　16, 82
軌道曲線(integral curve, trajectry)　6, 14, 80
逆関数定理(inverse function theorem)　57

q 次形式(q-form) 157
q 次微分形式(q-differential form) 162
境界(boundary) 46, 76
境界をもつ C^r 多様体(C^r-manifold with boundary) 76
境界点(boundary point) 46, 76
境界に横断的な m 次元 C^r 接平面場 186
境界に横断的な C^r 葉層構造(C^r foliation transverse to the boundary) 181
境界のない C^r 多様体(C^r-manifold without boundary) 76
極限集合(limit set) 17, 82
極限点(limit point) 4, 11, 47
局所安定性定理(local stability theorem) 126, 135
極小集合(minimal set) 83
局所座標系(coordinate neighborhood system) 11
局所自明なファイバー空間(locally trivial fibre space) 107
局所稠密な(葉)(locally dense) 102
局所定値な(バンドル)(locally constant) 107
局所有限(locally finite) 62
曲線(curve) 13
曲線 l 上の連接近傍鎖 120
許容点(admissible point) 120
距離(metric) 3, 9, 46
距離空間(metric space) 46
距離の公理 3, 9
距離 ρ に関する開集合 46
距離 ρ の定める位相空間 46
近傍(neighborhood) 44
ξ 成分(ξ-component) 12
弧(arc) 48
交代 q 次形式(alternating q-form) 159
弧状連結(arcwise connected) 48
弧状連結成分(arcwise connected component) 48
Godbillon–Vey 数(Godbillon–Vey number) 190
Godbillon–Vey 特性類(Godbillon–Vey characteristic class) 189
Godbillon–Vey 微分形式(Godbillon–Vey differential form) 187
コボルダント(cobordant) 182
コボルディズム群(cobordism group) 183
コボルディズム類(cobordism class) 183
コンパクト(compact) 47
コンパクトな葉(compact leaf) 102

さ 行

Seifert 予想 87
座標(coordinate) 3
座標近傍(coordinate neighborhood) 51, 76
座標近傍系(coordinate neighborhood system) 76
座標系(coordinate system) 106
座標軸(coordinate axis) 3
Thurston, W. 203
三角不等式 3
C^r 埋め込み(C^r imbedding, C^r embedding) 58, 77
C^r 関数 (C^r function) 50
C^r 完全微分形式(C^r exact differential form) 165
C^r 曲線(C^r curve) 6, 13
C^r 座標近傍系(C^r coordinate neighborhood system) 51, 53
C^r しずめ込み(C^r submersion) 60
C^r 写像(C^r map) 51, 55, 77

C^r 接平面場(C^r tangent plane field)　169
C^r 多様体(C^r manifold)　51, 76
C^r 単純閉曲線(C^r simple curve)　14, 58
C^r である(C^r)　5, 13, 23, 51, 54, 55, 162
C^r 同相(C^r diffeomorphic)　55, 77, 180
C^r 同相写像(C^r diffeomorphism)　55, 77
C^r はめ込み(C^r immersion)　57, 77
C^r バンドル(C^r bundle)　106
C^r 微分可能多様体(C^r differentiable manifold)　51
C^r 微分形式(C^r differential form)　162
C^r 微分構造(C^r differentiable structure)　53
C^r 微分同相(C^r diffeomorphic)　55
C^r 微分同相写像(C^r diffeomorphism)　55
C^r ファイバー・バンドル(C^r fibre bundle)　106
C^r 閉曲線(C^r closed curve)　13
C^r 閉微分形式(C^r closed differential form)　164
C^r ベクトル場(C^r vector field)　5, 13, 72, 73
C^r 葉層構造(C^r foliation, C^r foliated manifold)　97, 181
C^r 葉層コボルディズム群(foliated cobordism group)　183
C^k 曲線(C^k curve)　63
C^k 写像(C^k map)　55
C^0 はめ込み(C^0 immersion)　58
Siegel, C. L.　2, 22
指数写像(exponential map)　110
しずめ込み(submersion)　60
射影(projection)　106
写像度(mapping degree)　39
Schweitzer, P.　87
周期的(periodic)　16, 82
周期的軌道(periodic orbit)　17, 82
周期点(periodic point)　25
集積点(accumlating point)　4, 11
収束(convergence)　46
消失サイクル(vanishing cycle)　142
上半平面(upper half plane)　75
常微分方程式の解の初期値についての微分可能性の定理　8
常微分方程式の解の存在と一意性の定理　7
触点　4, 11
Jordan の定理(theorem of Jordan)　148
真葉(proper leaf)　102
Stokes の定理(theorem of Stokes)　167
生成する(generate)　169
成分(component)　5
積空間(product space)　45
積多様体(product manifold)　54
積バンドル(product bundle)　107
積分(integral)　166, 167
積分曲線(integral curve)　6, 14, 80
接球面バンドル(tangent sphere bundle)　107
接空間(tangent vector space)　64, 68
接バンドル(tangent bundle)　107
接平面(tangent plane)　12
接平面場(tangent plane field)　169
接ベクトル(tangent vector)　6, 12, 14, 64, 79
接ベクトル空間(tangent vector space)　64, 68
接ベクトル・バンドル(tangent vector bundle)　107
切片(slice)　110
全空間(total spase)　106
相対位相(relative topology)　45

双対基(dual base) 157
双対空間(dual space) 157
双対的な接平面場(dual tangent plane field) 169
束縛ベクトル(fixed vector) 5

た 行

台(support) 61, 165
大域安定性定理(global stability theorem) 131
対合的(involutive) 173
代表元(representative) 8
互いに横断的な葉層構造 105
多元環(algebra) 158, 159, 163
多様体(manifold) 51, 76
単位円(unit circle) 4
単位接ベクトル(unit tangent vector) 66
単純閉曲線(simple closed curve) 14, 58
単純葉層(simple foliation) 107
Denjoy, A. 2, 22, 25, 32
稠密(dense) 11, 46
直交座標系(orthogonal coordinate system) 3
直交する(orthogonal) 73
底空間(base space) 106
Diophantus 近似(Diophantine approximation) 19
適合する(compatible) 52
点(point) 44
点 x を支点とする鎖(——chain) 112
点 x を支点とする連接近傍鎖(——chain of coherent neighborhood) 120
テンソル積(tensor product) 158
点 p_0 を始点とする X の軌道曲線 8
点 p を始点とする X の軌道曲線 15, 80
点 P におけるベクトル(vector at P) 4
同相(homeomorphic) 48, 55, 77, 180
同相写像(homeomorphism) 24, 48, 55, 77
同値類(equivalence class) 8
特異点(singular point) 72
特異点のないベクトル場(non-singular vector field) 5, 12, 72
特殊葉層座標近傍(distinguished foliated coordinate neighborhood) 110
特性切片(characteristic slice) 112
閉じた C^r 多様体(closed C^r manifold) 76
トーラス(torus) 8
de Rham コホモロジー群(de Rham cohomology group) 189
de Rham コホモロジー類(de Rham cohomology class) 189

な 行

内点(inner point) 3, 11
内部(interior) 4, 11, 46, 48
長さ(length) 73, 74, 75, 112, 123
二側型(two sided) 128
Novikov, P. S. 142
Novikov の定理(theorem of Novikov) 142

は 行

Hausdorff 空間(Hausdorff space) 45
はめ込み(immersion) 57, 77
反転(inversion) 193
バンドル葉層(bundle foliation) 107
P から出発する H における円弧 193
被覆空間(covering space) 108
微分(differential) 71
微分形式(differential form) 162

微分式系(differential system)　169
ファイバー(fibre)　106
部分多様体(submanifold)　59, 77
不変集合(invariant set)　17, 82
Frobenius の定理(theorem of Frobenius)　173
Frobenius の定理第二型　177
閉軌道(closed orbit)　82
閉曲線(cloced curve)　13
閉集合(closed set)　4, 11, 44
閉微分形式(closed differential form)　164
閉包(closure)　4, 11, 46
ベクトル場(vector field)　5, 12, 13, 72
Poincaré, H.　1, 2
Poincaré–Bendixson の定理(theorem of Poincaré–Bendixson)　84, 147
Hopf 写像(Hopf map)　86
ホモトピー(homotopy)　123
ホロノミー(holonomy)　134
ホロノミー群(holonomy group)　134
ホロノミー補助定理(holonomy lemma)　138

ま　行

向きが与えられている(oriented)　70
向きづけ可能(orientable)　69
向きを保つ(orientation-preserving)　71
向きを保つ写像(orientation-preserving map)　24
結ぶ弧　48
メービウスの帯(Möbius band)　108

や　行

Jacobi 行列(Jacobi matrix)　56
Jacobi の法則(Jacobi's law)　173
有限交叉性(finite intersection property)　47
有向線分(oriented segment)　**4**
葉(leaf)　97, 181
葉 L_α における位相　102
葉層構造(foliation, foliated manifold)　96, 97, 181
葉層構造を保つ C^r 同相写像　180
葉層コボルダント(foliated cobordant)　182
葉層コボルディズム(foliated cobordism)　182
葉層コボルディズム類(foliated cobordism class)　182
葉層座標近傍(foliated coordinate neighborhood　98, 181
葉層座標近傍系(foliated coordinate neighborhood system)　98
余次元 q の C^r 葉層構造(C^r foliation of codimension q)　97
余次元 q の境界に横断的な C^r 葉層構造(C^r foliation of codimension q transverse to the bounday)　181

ら　行

力学系(dynamical system)　16, 79
離散位相空間(discrete topological space)　45
Reeb 葉層(Reeb foliation)　101
Riemann 計量(Riemannian metric)　73
Lebesgue 数(Lebesgue's number)　113
例外葉(exceptional leaf)　102
零点(zero point)　72
零ベクトル(zero vector)　5, 12
連結(connected)　45
連結成分(connected componnent)　45
連接近傍系(coherent neighborhood system)　119

■岩波オンデマンドブックス■

葉層のトポロジー

1976年4月30日　第1刷発行
2005年6月10日　第3刷発行
2017年6月13日　オンデマンド版発行

著　者　田村一郎（たむらいちろう）

発行者　岡本　厚

発行所　株式会社　岩波書店
〒101-8002　東京都千代田区一ツ橋2-5-5
電話案内　03-5210-4000
http://www.iwanami.co.jp/

印刷／製本・法令印刷

ISBN 978-4-00-730625-9　　Printed in Japan